#영재_특목고대비
#최강심화문제_완벽대비

최강 TOT

Chunjae
Makes
Chunjae

▼

[최강 TOT] 초등 수학 4단계

기획총괄	김안나
편집개발	김정희, 김혜민, 최수정, 최경환
디자인총괄	김희정
표지디자인	윤순미, 여화경
내지디자인	박희춘
제작	황성진, 조규영

발행일	2023년 10월 15일 2판 2023년 10월 15일 1쇄
발행인	(주)천재교육
주소	서울시 금천구 가산로9길 54
신고번호	제2001-000018호
고객센터	1577-0902

최강

TOT

4 단계

초등수학 4학년

Structure | 구성과 특징

창의·융합, 창의·사고 문제, 코딩 수학 문제와 같은 새로운 문제를 풀어 봅니다.

STEP 1 경시 기출 유형 문제

경시대회 및 영재교육원에서 자주 출제되는 문제의 유형을 뽑아 주제별로 출제 경향을 한눈에 알아볼 수 있도록 구성하였습니다.

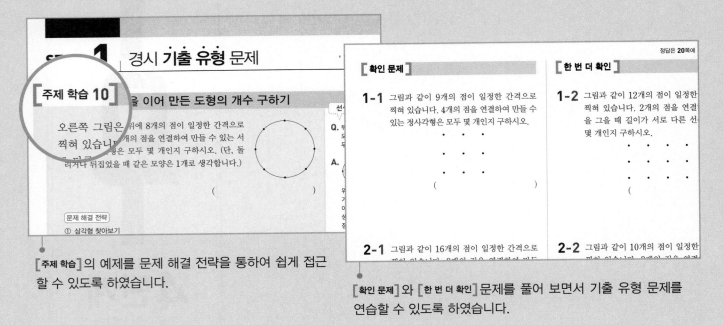

[주제 학습]의 예제를 문제 해결 전략을 통하여 쉽게 접근할 수 있도록 하였습니다.

[확인 문제]와 [한 번 더 확인]문제를 풀어 보면서 기출 유형 문제를 연습할 수 있도록 하였습니다.

STEP 2 실전 경시 문제

경시대회 및 영재교육원에서 출제되었던 다양한 유형의 문제를 수록하였고, 전략을 이용하여 스스로 문제를 해결할 수 있도록 구성하였습니다.

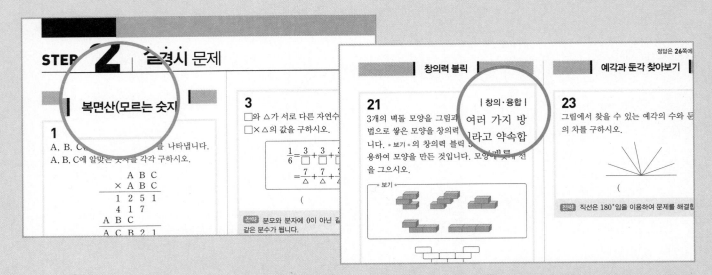

컴퓨터적 사고 기반을 접목하여 문제 해결을 위한 절차와 과정을 중심으로 코딩 유형 문제를 수록하였습니다.

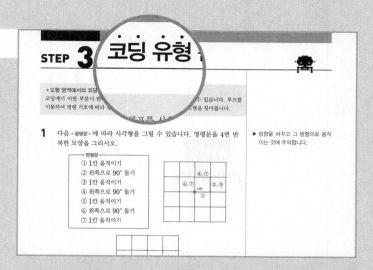

종합적 사고를 필요로 하는 문제들과 창의·융합 문제들을 수록하여 최상위 문제에 도전할 수 있도록 하였습니다.

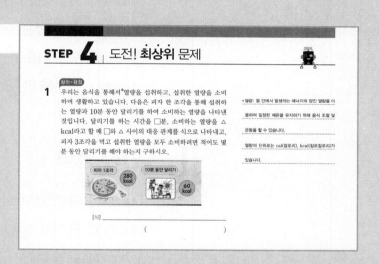

특강 영재원 · **창의융합** 문제

영재교육원, 올림피아드, 창의·융합형 문제를 학습하도록 하였습니다.

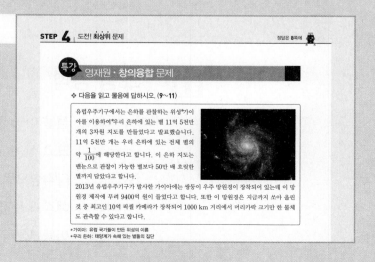

총 30개의 주제로
구성하였습니다.

I
수 영역

[**주제 학습 1**] **자릿값을 이용한 수의 관계**

선생님, 질문 있어요!

Q. 큰 수를 나타내는 단위에는 무엇이 있나요?

A. 큰 수를 나타내는 단위에는 만, 억, 조, 경, 해, 자, 양, 구 등 만 배 단위로 있습니다.

지금까지 알려진 가장 큰 수의 단위는 구골인데 구골은 10을 100번 곱한 것을 말해요.

㉠이 나타내는 수는 ㉡이 나타내는 수의 몇 배인지 구하시오.

5806528400
㉠   ㉡

(   )

[**문제 해결 전략**]

① ㉠과 ㉡이 나타내는 수 알아보기

㉠은 십억의 자리 숫자이므로 5000000000(50억)을 나타내고,

㉡은 십만의 자리 숫자이므로 500000(50만)을 나타냅니다.

② ㉠이 나타내는 수는 ㉡이 나타내는 수의 몇 배인지 구하기

50만을 10000배하면 50억이므로 ㉠이 나타내는 수는 ㉡이 나타내는 수의 10000배입니다.

---

1 **따라 풀기**

㉠이 나타내는 수는 ㉡이 나타내는 수의 몇 배인지 구하시오.

23080632400
㉠   ㉡

(   )

---

2 **따라 풀기**

㉠이 나타내는 수는 ㉡이 나타내는 수의 몇 배인지 구하시오.

12450079520	59374208
㉠	㉡

(   )

[확인 문제]

[한 번 더 확인]

1-1 ㉠이 나타내는 수는 ㉡이 나타내는 수의 몇 배인지 구하시오.

10960938580190
㉠ ㉡

(   )

1-2 ㉠이 나타내는 수는 ㉡이 나타내는 수의 몇 배인지 구하시오.

30080012820931
㉠ ㉡

(   )

2-1 가는 1000만이 300인 수이고, 나는 1조가 6인 수입니다. 나는 가의 몇 배인지 구하시오.

(   )

2-2 가는 1000만이 8000인 수이고, 나는 1억이 20인 수입니다. 가는 나의 몇 배인지 구하시오.

(   )

3-1 어느 회사에서 은행에 5347000000원을 예금하였습니다. 오늘 은행에서 1000만 원권 수표로 예금한 돈을 찾으려고 합니다. 1000만 원권 수표는 몇 장까지 찾을 수 있습니까?

(   )

3-2 어느 공장에서 은행에 예금한 돈 86억 원을 찾아 48억 원을 건설 대금으로 지불하고 남은 금액은 100만 원권 수표로 모두 찾았습니다. 찾은 100만 원권 수표는 모두 몇 장입니까?

(   )

[주제 학습 2] □가 있는 수의 크기 비교

1부터 9까지의 숫자 중에서 □ 안에 들어갈 수 있는 숫자를 모두 구하시오.

$$51□295 > 516820$$

( )

선생님, 질문 있어요!

Q. □와 같은 자리의 숫자만 비교하면 되나요?

A. 그렇지 않습니다. 비교하는 자리의 아래 자리 숫자에 따라 □의 값이 바뀔 수 있습니다. □의 앞뒤 자리의 숫자를 모두 살펴보아야 합니다.

문제 해결 전략

① 높은 자리부터 차례로 비교하기
십만의 자리 숫자와 만의 자리 숫자는 각각 5, 1로 같습니다.
천과 백의 자리 숫자를 비교하면 □2>68입니다.

② □ 안에 들어갈 수 있는 숫자 구하기
□ 안에 들어갈 수 있는 숫자는 7, 8, 9입니다.

따라 풀기 ①

1부터 9까지의 숫자 중에서 □ 안에 들어갈 수 있는 숫자를 모두 구하시오.

$$826375 > 82□793$$

( )

따라 풀기 ②

1부터 9까지의 숫자 중에서 □ 안에 들어갈 수 있는 숫자는 모두 몇 개입니까?

$$2□억 7304만 > 25억 8168만$$

( )

[확인 문제]

1-1 □안에 0부터 9까지의 어느 숫자를 넣어도 됩니다. 두 수의 크기를 비교하여 ○ 안에 >, <를 알맞게 써넣으시오.

61004□5 ○ 61□061□

[한 번 더 확인]

1-2 □안에 0부터 9까지의 어느 숫자를 넣어도 됩니다. 두 수의 크기를 비교하여 ○ 안에 >, <를 알맞게 써넣으시오.

13695□432 ○ 136□48432

2-1 0부터 9까지의 숫자 중에서 □안에 들어갈 수 있는 숫자들의 합을 구하시오.

8239□025 > 82396004

(   )

2-2 0부터 9까지의 숫자 중에서 □안에 들어갈 수 있는 숫자들의 합을 구하시오.

305□4679 < 30534679

(   )

3-1 0부터 9까지의 숫자 중에서 ㉠과 ㉡에 들어 갈 수 있는 숫자를 (㉠, ㉡)으로 나타낼 때 (㉠, ㉡)은 모두 몇 개인지 구하시오.

3258㉠4257 < 3258342㉡8

(   )

3-2 0부터 9까지의 숫자 중에서 ㉠과 ㉡에 들어 갈 수 있는 숫자를 (㉠, ㉡)으로 나타낼 때 (㉠, ㉡)은 모두 몇 개인지 구하시오.

100㉠8336 > 10078㉡36

(   )

[주제 학습 3] 숫자 카드로 수 만들기

숫자 카드를 한 번씩만 사용하여 만들 수 있는 다섯 자리 수 중에서 천의 자리 숫자가 4인 가장 큰 수를 구하시오.

| 0 | 2 | 4 | 6 | 8 |

(   )

선생님, 질문 있어요!

Q. 숫자 카드에 0이 있을 때 가장 작은 수는 어떻게 만드나요?

A. 가장 작은 수를 만들 때에는 가장 높은 자리부터 작은 수를 차례로 놓아야 합니다. 단, 0은 가장 높은 자리에 놓을 수 없으므로 두 번째로 높은 자리에 0을 놓습니다.

문제 해결 전략

① 천의 자리 숫자가 4인 다섯 자리 수 만들기
천의 자리 숫자가 4인 다섯 자리 수는 □4□□□입니다.
② 가장 큰 수 만들기
가장 높은 자리부터 4를 제외한 수 중 큰 수를 차례대로 써넣으면 가장 큰 수는 84620입니다.

 따라 풀기 1 숫자 카드를 한 번씩만 사용하여 만들 수 있는 여섯 자리 수 중에서 가장 작은 수를 구하시오.

| 0 | 1 | 3 | 5 | 7 | 9 |

(   )

따라 풀기 2 숫자 카드를 각각 두 번까지 사용하여 만들 수 있는 일곱 자리 수 중에서 가장 큰 수를 구하시오.

| 0 | 3 | 4 | 5 | 8 |

(   )

[**확인 문제**]

[**한 번 더 확인**]

1-1 다음 숫자 카드 중 7장을 골라 한 번씩만 사용하여 일곱 자리 수를 만들려고 합니다. 만의 자리 숫자가 3인 가장 큰 수를 구하시오.

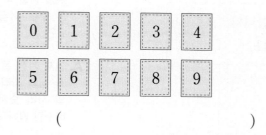

(   )

1-2 다음 숫자 카드 중 6장을 골라 한 번씩만 사용하여 여섯 자리 수를 만들려고 합니다. 만의 자리 숫자가 4인 가장 작은 수를 구하시오.

(   )

2-1 다음 숫자 카드를 한 번씩만 사용하여 다섯 자리 수를 만들려고 합니다. 만들 수 있는 수 중 두 번째로 큰 수를 구하시오.

| 5 | 7 | 4 | 2 | 9 |

(   )

2-2 다음 숫자 카드 중 6장을 골라 한 번씩만 사용하여 만들 수 있는 여섯 자리 수 중 700000에 가장 가까운 수를 구하시오.

| 0 | 1 | 2 | 3 | 4 |
| 5 | 6 | 7 | 8 | 9 |

(   )

3-1 0부터 4까지의 숫자를 두 번까지 사용하여 만들 수 있는 일곱 자리 수 중에서 가장 큰 수와 가장 작은 수의 차를 구하시오.

(   )

3-2 0부터 4까지의 숫자를 두 번까지 사용하여 만들 수 있는 여섯 자리 수 중에서 두 번째로 큰 수와 두 번째로 작은 수의 차를 구하시오.

(   )

[주제 학습 4] 조건을 만족하는 수 구하기

다음 • 조건 •을 모두 만족하는 수를 구하시오.

┌─ 조건 ─────────────────────────
│ ㉠ 0부터 6까지의 숫자를 모두 한 번씩 사용합니다.
│ ㉡ 일곱 자리 수 중에서 두 번째로 큰 수입니다.
└────────────────────────────────

(   )

선생님, 질문 있어요!

Q. 서로 다른 숫자 카드로 수를 만들 때 두 번째로 큰 수는 어떻게 구하나요?

A. 먼저 가장 큰 수를 구한 후 십의 자리 숫자와 일의 자리 숫자의 위치를 바꾸면 됩니다.

문제 해결 전략

① 가장 큰 수 만들기
일곱 자리 수이므로 ☐☐☐☐☐☐☐로 놓습니다.
가장 높은 자리부터 큰 수를 차례로 놓으면 가장 큰 수는 6543210입니다.

② 두 번째로 큰 수 만들기
두 번째로 큰 수는 십의 자리 숫자와 일의 자리 숫자를 바꾸어 나타낼 수 있으므로
6543201입니다.

따라 풀기 1

다음 • 조건 •을 모두 만족하는 수를 구하시오.

┌─ 조건 ─────────────────────────
│ ㉠ 3부터 7까지의 숫자를 모두 한 번씩 사용합니다.
│ ㉡ 다섯 자리 수 중에서 두 번째로 큰 수입니다.
└────────────────────────────────

(   )

따라 풀기 2

다음 • 조건 •을 모두 만족하는 수를 구하시오.

┌─ 조건 ─────────────────────────
│ ㉠ 0부터 5까지의 숫자를 모두 한 번씩 사용합니다.
│ ㉡ 여섯 자리 수 중에서 두 번째로 작은 수입니다.
└────────────────────────────────

(   )

[확인 문제]

1-1 다음 • 조건 • 을 모두 만족하는 수를 구하시오.

┌─ 조건 ─┐
ㄱ 0부터 9까지의 숫자를 모두 한 번씩 사용합니다.
ㄴ 10억에 가장 가까운 10자리 수입니다.
└─────┘

( )

2-1 0부터 6까지의 숫자를 모두 한 번씩 사용하여 만들 수 있는 일곱 자리 수 중에서 다음 • 조건 • 을 모두 만족하는 가장 큰 수를 구하시오.

┌─ 조건 ─┐
ㄱ 백만의 자리 숫자는 2입니다.
ㄴ 십의 자리 숫자는 0입니다.
└─────┘

( )

3-1 7799999보다 크고 7800001보다 작은 수가 있습니다. 이 수는 200000이 몇 개 모인 수입니까?

( )

[한 번 더 확인]

1-2 다음 • 조건 • 을 모두 만족하는 수를 구하시오.

┌─ 조건 ─┐
ㄱ 0부터 5까지의 숫자를 모두 한 번씩 사용합니다.
ㄴ 520000에 가장 가까운 수입니다.
└─────┘

( )

2-2 다음 • 조건 • 을 모두 만족하는 수는 몇 개인지 구하시오.

┌─ 조건 ─┐
ㄱ 1부터 5까지의 숫자를 모두 한 번씩 사용합니다.
ㄴ 54132보다 큽니다.
└─────┘

( )

3-2 0부터 7까지의 숫자를 한 번씩 사용하여 만들 수 있는 여섯 자리 수 중에서 765400보다 큰 수는 모두 몇 개인지 구하시오.

( )

자릿값을 이용한 수의 관계

1

㉠이 나타내는 수는 ㉡이 나타내는 수의 몇 배인지 구하시오.

58904217338
㉠ ㉡

( )

> **전략** ㉠과 ㉡이 나타내는 수를 먼저 알아본 다음 나눗셈을 이용하여 몇 배의 관계인지 구합니다.

2

다음 수를 1000배한 수에서 십억의 자리 숫자를 구하시오.

억이 62, 100만이 38, 만이 13인 수

( )

> **전략** 주어진 수를 숫자로 써서 나타낸 다음 1000배한 수를 구합니다.

3 | 창의·융합 |

다음을 보고 우리나라의 이산화탄소 배출량은 몇 톤인지 구하시오.

> 2014년 기준 이산화탄소 배출량은 우리나라가 독일과 이란에 이어 세계 8위인 ㉠ 톤으로 나타났다. 독일의 인구 및 경제 규모와 비교해 보면 상대적으로 우리나라의 이산화탄소 배출량은 많은 편인 셈이다.

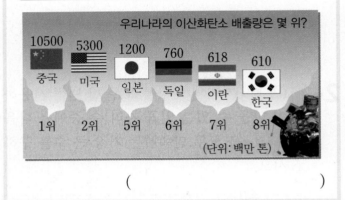

우리나라의 이산화탄소 배출량은 몇 위?

10500 중국 1위
5300 미국 2위
1200 일본 5위
760 독일 6위
618 이란 7위
610 한국 8위
(단위: 백만 톤)

( )

> **전략** 그림을 보고 이산화탄소 배출량의 단위를 생각하여 문제를 해결합니다.

4

수의 크기를 비교하여 가장 큰 수를 찾아 기호를 쓰시오.

> ㉠ 23만을 100배한 수
> ㉡ 1000만을 3배한 수
> ㉢ 2500만보다 100만 작은 수

( )

> **전략** ㉠, ㉡, ㉢을 각각 수로 나타낸 다음 수의 크기를 비교합니다.

5

가는 100만이 6000개인 수이고, 나는 1000만이 20개인 수입니다. 가는 나의 몇 배입니까?

(   )

전략 가와 나를 각각 수로 나타내면 얼마인지 알아본 후 가는 나의 몇 배인지 구합니다.

6

| 성대 경시 기출 유형 |

어느 냉장고 대리점에서 한 대에 백만 원인 냉장고를 25대 팔았습니다. 판매한 금액을 천만 원짜리와 백만 원짜리 수표로 바꾸었더니 모두 16장이었습니다. 백만 원짜리 수표는 몇 장입니까?

(   )

전략 천만 원짜리가 0장, 1장, 2장인 경우에 따라 백만 원짜리 수표가 몇 장인지 구합니다.

□가 있는 수의 크기 비교

7

0부터 9까지의 숫자 중에서 □ 안에 들어갈 수 있는 숫자를 모두 구하시오.

$$3053982 > 30\square3507$$

(   )

전략 자릿수를 먼저 확인한 다음 자릿수가 같으면 높은 자리부터 차례로 비교합니다.

8

0부터 9까지의 숫자 중에서 □ 안에 들어갈 수 있는 숫자는 모두 몇 개입니까?

$$51006\square356 > 510068240$$

(   )

전략 자릿수를 먼저 비교한 다음 □ 안에 들어갈 수 있는 숫자를 구합니다.

9

| 고대 경시 기출 유형 |

0부터 9까지의 숫자 중에서 □ 안에 들어갈 수 있는 숫자들의 합을 구하시오.

245879765 < 24□064587

( )

전략 자릿수가 같으므로 5879765<□064587로 생각하여 □ 안에 들어갈 수 있는 수를 구합니다.

10

0부터 9까지의 숫자 중에서 □ 안에 들어갈 수 있는 숫자들의 합을 구하시오.

62683580 < 62□53580 < 62983580

( )

전략 자릿수가 같고, 십만, 만의 자리 숫자가 다르므로 68, □5, 98 세 수의 크기를 비교해 봅니다.

11

0부터 9까지의 숫자 중에서 □ 안에 공통으로 들어갈 수 있는 숫자는 모두 몇 개입니까?

24□35029 < 24535030 < 245350□6

( )

전략 24□35029<24535030과
24535030<245350□6을 각각 비교하여 □ 안에 들어갈 수 있는 숫자를 구합니다.

12

□ 안에 각각 0부터 9까지 어느 숫자를 넣어도 됩니다. 가장 큰 수를 찾아 기호를 쓰시오.

㉠ 53□4899
㉡ 52□4899
㉢ 5302□99

( )

전략 자릿수를 비교하여 본 후 □ 안에 0 또는 9를 넣어서 가장 큰 수를 찾습니다.

숫자 카드로 수 만들기

13

숫자 카드를 모두 한 번씩 사용하여 만들 수 있는 여섯 자리 수 중에서 만의 자리 숫자가 5인 가장 큰 수를 구하시오.

| 0 | 2 | 4 | 5 | 7 | 8 |

(   )

전략 만의 자리 숫자가 5인 여섯 자리 수를 □5□□□□ 와 같이 나타낸 후 □ 안을 채워 수를 만듭니다.

15

0부터 4까지의 숫자를 모두 한 번씩 사용하여 만들 수 있는 다섯 자리 수 중에서 42130보다 큰 수는 모두 몇 개입니까?

(   )

전략 42130보다 수가 크려면 42□□□>42130, 43□□□>42130일 때 □ 안에 알맞은 숫자를 찾습니다.

14

숫자 카드를 모두 한 번씩 사용하여 만들 수 있는 아홉 자리 수 중에서 백만의 자리 숫자가 5이고, 천의 자리 숫자가 7인 가장 큰 수를 구하시오.

| 0 | 1 | 2 | 3 | 4 |

| 5 | 6 | 7 | 8 |

(   )

전략 백만의 자리 숫자가 5이고 천의 자리 숫자가 7인 아홉 자리 수는 □□5□□7□□□입니다.

16

수 카드를 한 번씩 사용하여 만들 수 있는 여덟 자리 수 중에서 가장 큰 수와 가장 작은 수의 차를 구하시오.

| 50 | 27 | 62 | 85 |

(   )

전략 수 카드의 두 자리 수는 항상 나란히 있으므로 한 카드에 있는 두 숫자는 서로 바꿀 수 없습니다.

17

0부터 7까지의 숫자를 한 번씩 사용하여 다섯 자리 수를 만들려고 합니다. 만의 자리 숫자가 5인 수 중에서 다섯 번째로 작은 수를 구하시오.

(   )

전략 다섯 번째로 작은 수를 만들려면 가장 작은 수부터 시작하여 일의 자리 숫자를 사용하지 않은 숫자로 하나씩 바꿔 가며 만들어 봅니다.

18

숫자 카드를 한 번씩만 사용하여 만들 수 있는 여섯 자리 수 중에서 다섯 번째로 큰 수를 구하시오.

| 0 | 3 | 4 | 5 | 7 | 8 |

(   )

전략 다섯 번째로 큰 수를 만들려면 가장 큰 수부터 시작하여 일의 자리, 십의 자리 순으로 숫자를 하나씩 바꿔 가며 만듭니다.

조건을 만족하는 수 구하기

19

• 조건 •을 모두 만족하는 가장 작은 여섯 자리 수를 구하시오.

┌─ 조건 ●
• 각 자리의 숫자는 모두 다릅니다.
• 십만의 자리 숫자는 4, 백의 자리 숫자는 6입니다.
• 천의 자리 숫자는 일의 자리 숫자의 4배입니다.
└─

(   )

전략 십만의 자리 숫자가 4이고, 백의 자리 숫자가 6인 여섯 자리 수는 4□□6□□입니다.

20

• 조건 •을 만족하는 수를 모두 구하시오.

┌─ 조건 ●
• 0, 3, 4, 5, 6, 7, 8을 한 번씩 사용합니다.
• 4350786보다 크고 4357086보다 작습니다.
• 백의 자리 숫자는 8입니다.
• 일의 자리 숫자는 십의 자리 숫자보다 큽니다.
└─

(   )

전략 조건을 만족하는 수는 4350786과 4357086 사이의 수입니다.

21

• 조건 •을 만족하는 수 중에서 세 번째로 작은 10자리 수를 구하시오.

┌─── • 조건 • ───────────────────┐
• 0부터 9까지의 숫자를 한 번씩 사용합니다.
• 천만의 자리, 백의 자리, 일의 자리 숫자는 각각 3, 6, 9 중 하나입니다.
└────────────────────────────┘

(   )

전략 조건을 만족하는 가장 작은 수를 먼저 구한 후 세 번째로 작은 수를 구합니다.

22

| 창의 · 융합 |

빛이 1년 동안 이동하는 거리를 1광년이라고 합니다. 빛이 1초 동안 움직이는 거리는 약 30만 km이고, 하루는 86400초입니다. 다음은 1광년을 나타낸 것입니다. 1광년은 몇 km인지 구하시오.

• 4, 6, 8, 9는 한 번씩만 사용하고 0은 9번 사용합니다.
• 십억의 자리 숫자는 0, 억의 자리 숫자는 8입니다.
• 천억의 자리 숫자는 백억의 자리 숫자보다 작고 0은 아닙니다.
• 7조보다 큰 수입니다.

(   )

전략 조건에 따라 1광년은 몇 자리 수인지 알아본 후 수로 나타냅니다.

큰 수의 자릿값 맞추어 계산하기

23

㉠㉡35672589와 ㉡㉠35672589 두 수가 있습니다. 이 두 수의 차가 9억일 때, ㉠+㉡이 될 수 있는 값 중 가장 큰 값은 얼마입니까?

(   )

전략 두 수의 자릿수가 같고, ㉠㉡과 ㉡㉠ 아래의 수가 같으므로 ㉠>㉡으로 생각하고 ㉠과 ㉡을 구합니다.

24

| HMC 경시 기출 유형 |

어떤 수 ㉠205㉡6820이 있습니다. 이 수의 ㉠과 ㉡ 두 숫자를 바꾸어 ㉡205㉠6820을 만들었더니 두 수의 차가 2억 9997만이 되었습니다. ㉠+㉡이 될 수 있는 값 중 가장 작은 값은 얼마입니까?

(   )

전략 ㉠과 ㉡의 숫자만 바꾼 것이므로 ㉠205㉡−㉡205㉠=29997로 생각합니다.

STEP 3 | 코딩 유형 문제

> * 코딩: 디지털 기기가 이해할 수 있는 언어로 명령하는 것 즉, 디지털 언어를 말합니다.
> 디지털 언어를 이용하여 컴퓨터 프로그램, 어플리케이션, 게임 등을 만들 수 있습니다.
> 수 영역에서는 디지털 언어로 명령하면 어떤 답이 나오는지 알아봅니다. 화살표 명령 기호를 이용하여 어느 곳에 도착하는지, 빈칸을 이용하여 수를 옮기는 방법을 알아보면서 코딩 유형의 문제를 풀어 봅니다.

1 화살표 방향에 따라 움직이면 어느 곳에 도착하는지 번호를 쓰시오.

▶ 화살표 기호가 나타내는 방향에 따라 움직여 봅니다.

```
⇨ : 오른쪽으로 한 칸        ⇦ : 왼쪽으로 한 칸
⇩ : 아래쪽으로 한 칸        ⇧ : 위쪽으로 한 칸
```

출발 ⇨	⇨	⇩	⇨	⇨	⇩
	⇦	⇨	⇨	⇨	⇩
	⇩	⇦	⇩	⇦	⇦
	⇩	⇩	⇦	⇨	⇩
	①	②	③	④	⑤

(   )

2 규칙에 따라 움직이면 어느 곳에 도착하는지 번호를 쓰시오.

▶ 방향을 바꾼 다음 진행 방향에 주의합니다.

```
⇨ : 진행 방향으로 한 칸
⌒ : 시계 방향으로 직각만큼 돌고 앞으로 한 칸
⌒ : 시계 반대 방향으로 직각만큼 돌고 앞으로 한 칸
```

Q. 시계 방향으로 돌고 나면 방향이 어떻게 되나요?

A. 시계 방향으로 돌고 나면 돈 방향대로 진행하게 됩니다. 예를 들어 출발 지점에서 다음과 같이 진행되면 도착 지점으로 가게 됩니다.

출발 ⇨	⇨	⇨	⇨	⌒	⌒
	⇨	⇨	⇨	⇨	⇨
	⌒	⇨	⇨	⌒	⌒
	⇨	⇨	⌒	⌒	⇨
	①	②	③	④	⑤

(   )

3 • 보기 • 는 빈칸의 바로 옆의 수를 빈칸으로 옮기거나, 빈칸의 한 칸 건너 칸에 있는 수를 빈칸으로 옮긴 것을 나타낸 것입니다.

▶ 빈칸의 바로 옆의 수를 빈칸으로 옮기는 경우와 빈칸의 한 칸 건너 칸에 있는 수를 빈칸으로 옮기는 경우로 나누어 찾아봅니다.

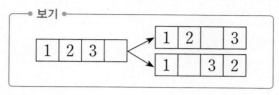

1 2 ☐ 3 은 어떻게 옮겨지는지 세 가지로 나타내시오.

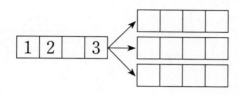

4 빈칸의 바로 옆의 수를 빈칸으로 옮기거나, 빈칸의 한 칸 건너 칸에 있는 수를 빈칸으로 옮겨 나타내려고 합니다. 왼쪽 그림을 오른쪽 그림으로 바꾸려고 할 때 최소한 몇 번 옮겨야 하는지 구하시오.

☐ 1 2 3 ⇨ ☐ 3 2 1

(   )

▶ 왼쪽 그림을 오른쪽 그림으로 바꾸기 위한 가능한 방법을 차례대로 구해 봅니다.

1 1억에 대하여 잘못 말한 사람은 누구입니까?

> 민호: 1억은 만이 만 개인 수야.
>
> 영재: 1억은 1 다음에 0이 8개 있는 수야.
>
> 지우: 1억은 9999만보다 1만 더 큰 수야.
>
> 현아: 1억은 1000만과 900만을 더한 수야.

( )

문제 해결

2 숫자 카드를 3번까지 사용하여 만들 수 있는 16자리 수 중에서 십억의 자리 숫자가 7인 가장 큰 수를 만들려고 합니다. 이때 왼쪽에서부터 처음 나오는 숫자 6이 나타내는 수는 다음에 나오는 숫자 6이 나타내는 수의 몇 배인지 구하시오.

| 7 | 3 | 0 | 6 | 9 | 4 |

( )

3 창의 · 사고

숫자 카드를 사용하여 십억의 자리 숫자가 1이고, 백만의 자리 숫자가 9인 12자리 수를 만들려고 합니다. 만들 수 있는 수 중에서 가장 큰 수와 가장 작은 수의 같은 자리끼리 숫자를 비교하여 각 자리 숫자의 합 또는 차가 8인 자리는 모두 몇 개인지 구하시오. (단, 서로 다른 6개의 숫자를 모두 사용해야 하고, 숫자 카드를 3번까지 사용할 수 있습니다.)

| 0 | 1 | 3 | 5 | 8 | 9 |

(   )

4 • 보기 •와 같이 조건에 맞게 만든 수의 가장 오른쪽 자리부터 연속으로 있는 0의 개수를 비교하려고 합니다.

> ─ 보기 ─
> 억이 25, 만이 300인 수 ⇨ 2503000000
> 0이 오른쪽에서부터 연속으로 6개 있습니다.

다음을 수로 나타낼 때, 가장 오른쪽 자리부터 연속으로 있는 0의 개수가 가장 많은 것의 0의 개수를 구하시오.

> • 억이 73, 십만이 40인 수
> • 십억이 360, 억이 25, 백만이 60인 수
> • 조가 45, 억이 654, 만이 7800인 수

(   )

5 그리스 신화에 등장하는*스핑크스는 도시 교외의 언덕에서 지나가는 사람에게 수수께끼를 내고 그 문제를 풀지 못하는 사람은 잡아먹었다고 합니다. 다음 문제는 스핑크스가 낸 수수께끼 문제 중 하나입니다. '나'가 될 수 있는 자연수 중에서 두 번째로 큰 수와 세 번째로 작은 수의 차를 구하시오.

*스핑크스: 이집트 왕의 권력을 상징하는 것으로 사람의 머리와 사자의 몸을 가지고 있습니다.

- '나'는 30000보다 크고 60000보다 작은 자연수입니다.
- '나'의 천의 자리 숫자는 3보다 크고 9보다 작은 수 중 가장 큰 수입니다.
- '나'의 백의 자리 숫자는 2보다 큰 수 중 가장 작은 수입니다.
- '나'의 십의 자리 숫자는 0입니다.
- '나'는 2로 나누어떨어집니다.

(   )

6 은행에 5000만 원짜리, 1억 원짜리, 5억 원짜리 수표가 있습니다. 5000만 원짜리 수표의 장수에 3을 곱하고 1억 원짜리 수표의 장수에 5를 곱하면 두 종류 수표의 장수가 같아집니다. 또 1억 원짜리 수표의 전체 금액에 10을 곱하면 5억 원짜리 수표의 전체 금액에 3을 곱한 값과 같습니다. 수표의 총 금액이 21700000000원일 때 1억 원짜리 수표는 몇 장입니까?

(   )

문제 해결

7 서로 다른 4장의 숫자 카드 $\boxed{4}$, $\boxed{8}$, $\boxed{?}$, $\boxed{1}$ 을 두 번씩 사용하여 8자리 수를 만들려고 합니다. 만들 수 있는 수 중에서 가장 큰 수와 가장 작은 수의 차가 77326623일 때 $\boxed{?}$ 에 쓰여진 숫자를 구하시오.

(   )

창의 · 사고

8 어떤 수 528㉠㉡㉢920이 있습니다. 이 수의 가운데 숫자 3개의 순서를 바꾸어 528㉢㉠㉡920으로 나타내었더니 처음 수보다 369000 큰 수가 되었습니다. 처음 수가 될 수 있는 경우는 모두 몇 가지인지 구하시오.

(   )

특강 영재원·**창의융합** 문제

❖ 다음을 읽고 물음에 답하시오. (**9~11**)

유럽우주기구에서는 은하를 관찰하는 위성*가이아를 이용하여*우리 은하에 있는 별 11억 5천만 개의 3차원 지도를 만들었다고 발표했습니다. 11억 5천만 개는 우리 은하에 있는 전체 별의 약 $\frac{1}{100}$에 해당한다고 합니다. 이 은하 지도는 맨눈으로 관찰이 가능한 별보다 50만 배 흐릿한 별까지 담았다고 합니다.

2013년 유럽우주기구가 발사한 가이아에는 쌍둥이 우주 망원경이 장착되어 있는데 이 망원경 제작에 무려 9400억 원이 들었다고 합니다. 또한 이 망원경은 지금까지 쏘아 올린 것 중 최고인 10억 픽셀 카메라가 장착되어 1000 km 거리에서 머리카락 크기만 한 물체도 관측할 수 있다고 합니다.

***가이아**: 유럽 국가들이 만든 위성의 이름
***우리 은하**: 태양계가 속해 있는 별들의 집단

9 가이아에 장착된 쌍둥이 우주 망원경을 제작하는 데 얼마의 비용이 들었습니까?

(   )

10 우리 은하 전체에는 약 몇 개의 별이 있습니까?

(   )

11 11억 5천만을 100배한 수를 숫자로 나타낼 때 0은 몇 번 써야 합니까?

(   )

II
연산 영역

| 주제 구성 |

STEP **1** | 경시 **기출 유형** 문제

□ 안에 알맞은 숫자를 써넣으시오.

```
      □ 2
  ×   2 □
  ─────────
    2 □ 6
    6 4
  ─────────
    8 □ 6
```

선생님, 질문 있어요!

Q. □가 있는 식의 계산에서 무엇을 먼저 구해야 하나요?

A. 계산 과정에 숨어있는 힌트를 찾아봅니다. 계산 순서대로 계산하기 보다는 먼저 구할 수 있는 수를 구합니다.

문제 해결 전략

① ㉠의 값 구하기

십의 자리 계산에서 ㉠2×2=64이므로 ㉠=3입니다.

② ㉡, ㉢의 값 구하기

32×㉡=2㉢6에서 2×㉡의 일의 자리 숫자가 6이므로 ㉡=3 또는 ㉡=8입니다.

• ㉡=3일 때 32×3=96이므로 식이 성립하지 않습니다.
• ㉡=8일 때 32×8=256이므로 ㉡=8, ㉢=5입니다.

③ ㉣의 값 구하기

㉢+4=㉣에서 5+4=9이므로 ㉣=9입니다.

```
        ㉠ 2
    ×   2 ㉡
    ─────────
      2 ㉢ 6
      6 4
    ─────────
      8 ㉣ 6
```

문자를 이용하여 표현된 식에서 각 문자가 나타내는 숫자를 알아내는 것을 복면산이라고 해요.

 따라 풀기 1

같은 문자는 같은 숫자를 나타내고, 다른 문자는 다른 숫자를 나타냅니다. ㉠㉡㉢이 나타내는 수를 구하시오.

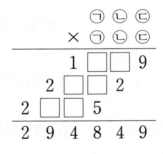

```
          ㉠ ㉡ ㉢
      ×   ㉠ ㉡ ㉢
  ───────────────────
        1 □ □ 9
      2 □ □ 2
    2 □ □ 5
  ───────────────────
    2 9 4 8 4 9
```

(   )

따라 풀기 2

㉠, ㉡, ㉢은 서로 다른 숫자를 나타냅니다. ㉠+㉡+㉢의 값을 구하시오.

(단, ㉡과 ㉢의 합은 10보다 큽니다.)

```
      ㉠ ㉡ . ㉠ ㉠
  +   ㉠ ㉠ . ㉡ ㉠
  ─────────────────
      ㉡ ㉢ . ㉢ ㉡
```

(   )

[확인 문제]

[한 번 더 확인]

1-1 같은 문자는 같은 숫자를 나타내고, 다른 문자는 다른 숫자를 나타냅니다. A, B, C 에 알맞은 숫자를 각각 구하시오.

$$
\begin{array}{r}
1\,A\,B\,C \\
\times \qquad 3 \\
\hline
A\,B\,C\,4
\end{array}
$$

A (   )

B (   )

C (   )

1-2 □ 안에 알맞은 숫자를 써넣으시오.

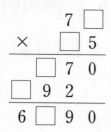

2-1 □ 안에 알맞은 숫자를 써넣으시오.

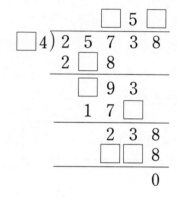

2-2 A, B, C, D는 0부터 9까지 서로 다른 숫자를 나타냅니다. A, B, C, D의 합을 구하시오.

$$
\begin{array}{r}
C\,A\,D \\
A\,A\,)\overline{A\,B\,B\,C\,D} \\
C\,C \\
\hline
A\,C \\
A\,A \\
\hline
D\,D \\
D\,D \\
\hline
0
\end{array}
$$

(   )

3-1 두 자리 수끼리의 곱셈식을 보고 가의 값을 구하시오.

가2×가5=5400

(   )

3-2 다음은 네 자리 자연수의 덧셈과 뺄셈을 계산한 종이의 일부가 찢겨진 그림입니다. 보이지 않는 숫자를 찾아 모두 더하면 얼마입니까?

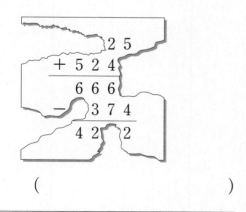

(   )

[주제 학습 **6**] 등식이 성립하도록 식 완성하기

( )를 한 번만 사용하여 등식이 성립하도록 만드시오.

$$24 - 3 \times 4 + 2 = 6$$

Q. ( )를 어느 곳에 사용할까요?

A. ( )를 넣어도 계산 순서가 변하지 않는 곳보다는 ( )를 넣어서 계산 순서가 바뀌는 곳을 찾아 ( )로 묶어 봅니다.

문제 해결 전략

① ( )를 넣어 계산하기
   ( ) 안에 + 또는 -가 들어가도록 차례로 묶어 봅니다.
   • $(24-3) \times 4+2 = 21 \times 4+2 = 84+2 = 86$ (×)
   • $24-3 \times (4+2) = 24-3 \times 6 = 24-18 = 6$ (○)
   • $24-(3 \times 4+2) = 24-(12+2) = 24-14 = 10$ (×)

② 알맞은 식 찾기
   따라서 알맞은 식은 $24-3 \times (4+2) = 6$입니다.

참고

혼합 계산 순서
( ) ⇨ { } ⇨ ×, ÷
⇨ +, -

 1 ( )를 한 번만 사용하여 등식이 성립하도록 만드시오.

$$86 + 10 \div 9 - 4 + 6 \times 2 = 100$$

 2 식이 성립하도록 □ 안에 ×, ÷를 한 번씩 알맞게 써넣으시오.

$$10 - (7 + 4 \boxed{} 2) \boxed{} 3 = 5$$

[**확인 문제**]

1-1 식이 성립하도록 □ 안에 −, ×를 한 번씩 알맞게 써넣으시오.

(단, ( )는 사용하지 않습니다.)

$$16 \div 4 + 3 \;\square\; 2 \;\square\; 1 = 9$$

2-1 숫자 카드를 한 번씩 모두 사용하여 계산 결과가 1이 되도록 식을 만들려고 합니다. 빈칸에 알맞은 수를 써넣으시오.

| 1 | 2 | 3 | 4 |

$$\square - \square \div \square \times \square = 1$$

3-1 다음 식을 가영이는 계산 순서를 생각하지 않고 앞에서부터 차례대로 계산했고, 준서는 혼합 계산 순서에 따라 바르게 계산하였습니다. 가영이가 계산한 값과 준서가 계산한 값의 차를 구하시오.

$$12 + 32 \div 2 - 3 \times 4$$

( )

[**한 번 더 확인**]

1-2 식이 성립하도록 □ 안에 +, −, ÷를 한 번씩 알맞게 써넣으시오.

$$6 \;\square\; (5 \;\square\; 2) \;\square\; 7 \times 4 = 30$$

2-2 □ 안에 숫자 카드를 한 번씩 모두 사용하여 계산식을 만들려고 합니다. 계산 결과가 가장 큰 값과 가장 작은 값의 차를 구하시오.

| 2 | 3 | 7 | 8 |

$$(\square + \square) \times \square - \square$$

( )

3-2 혜선이는 제과점에서 한 개에 1400원인 빵 4개와 쿠키 3개를 사고 10000원을 냈습니다. 거스름돈으로 1700원을 받았다면 쿠키 한 개의 값은 얼마인지 식을 쓰고 답을 구하시오.

[식] _____

[답] _____

[주제 학습 7] 몫과 나머지의 활용

현장 체험학습에 가기 위해 학생들이 버스를 타려고 합니다. 버스 한 대에 30명씩 타면 13명의 학생이 남고, 35명씩 타면 버스 한 대에는 8명이 타게 됩니다. 학생 수를 구하시오.

( )

문제 해결 전략

① 버스의 수를 ☐대로 놓고 학생 수를 구하는 식 세우기

버스 한 대에 30명씩 타면 13명이 남으므로 학생 수는 $(30 \times ☐ + 13)$명이고

35명씩 타면 버스 한 대에는 8명이 타게 되므로 학생 수는 $(35 \times ☐ - 27)$명입니다.
$\hookrightarrow 35-8$

② ☐의 값을 구하여 학생 수 계산하기

학생 수는 같으므로 두 식의 계산 결과는 같습니다.

$30 \times ☐ + 13 = 35 \times ☐ - 27$, $5 \times ☐ = 40$, ☐$=8$이므로 버스는 8대입니다.

따라서 (학생 수)$= 30 \times 8 + 13 = 253$(명)입니다.

선생님, 질문 있어요!

Q. 어떤 수를 나누었을 때 남거나 모자라는 것은 어떻게 할까요?

A. 나눗셈을 이용한 식을 세워 남는 것은 더하고 모자라는 것은 뺍니다.

참고

나눗셈식:
(나눌 수)÷(나누는 수)
＝(몫) … (나머지)
검산:
(몫)×(나누는 수)+(나머지)
＝(나눌 수)

따라 풀기 1

선물 가게에서 초콜릿을 포장하려고 합니다. 포장지 한 장에 초콜릿을 25개씩 포장하면 초콜릿 5개가 부족하고, 20개씩 포장하면 초콜릿 10개가 남습니다. 필요한 포장지의 수와 초콜릿의 수를 각각 구하시오.

포장지 ( )

초콜릿 ( )

따라 풀기 2

범준이가 한 상자에 귤을 29개씩 담았더니 18개가 남아서 다시 33개씩 담았더니 10개가 모자랐습니다. 귤을 한 사람에게 50개씩 나누어 준다면 몇 명까지 나누어 줄 수 있는지 구하시오.

( )

[확인 문제]

1-1 숫자 카드 [1], [2], [4], [5], [8]을 한 번씩만 사용하여 몫이 가장 큰 (세 자리 수) ÷(두 자리 수)의 나눗셈식을 만들었을 때 몫과 나머지의 차를 구하시오.

( )

2-1 200을 어떤 수로 나누면 26이 남고, 241을 어떤 수로 나누면 9가 남습니다. 어떤 수를 구하시오. (단, 어떤 수는 50보다 작습니다.)

( )

3-1 민서는 반 학생들에게 사탕을 주려고 합니다. 한 사람에게 15개씩 주면 3개가 모자라고, 한 사람에게 13개씩 주면 43개가 남습니다. 민서가 가지고 있는 사탕은 모두 몇 개인지 구하시오.

( )

[한 번 더 확인]

1-2 어떤 수를 32로 나누어야 할 것을 잘못하여 23으로 나누었더니 몫이 11, 나머지가 3이었습니다. 바르게 계산했을 때의 몫을 구하시오.

( )

2-2 10부터 50까지의 수 중에서 8로 나눌 때 나머지가 2인 수를 모두 더하면 얼마인지 구하시오.

( )

3-2 유정이네 집에서는 매일 녹즙 1병이 배달됩니다. 한 병에 1500원이었던 녹즙이 1700원으로 인상되었습니다. 5월 한 달 동안 마신 녹즙값으로 50500원을 냈다면 인상된 녹즙 가격이 적용된 날은 5월 며칠부터입니까?

( )

[주제 학습 8] 시간의 계산

지원이네 집에서 공원까지의 거리는 $2\frac{8}{11}$ km이고, 공원에서 민영이네 집까지의 거리는 $1\frac{9}{11}$ km입니다. 지원이가 일정한 빠르기로 집에서 공원까지 가는 데 $\frac{1}{2}$시간이 걸렸습니다. 지원이가 같은 빠르기로 집에서 출발하여 공원을 지나 민영이네 집까지 가는 데 걸린 시간은 몇 분인지 구하시오.

(   )

문제 해결 전략

① 시간을 분으로 나타내기: 1시간은 60분이므로 $\frac{1}{2}$시간은 30분입니다.

② 지원이의 속력 구하기

$2\frac{8}{11}$ km($=\frac{30}{11}$ km)를 가는 데 30분이 걸렸습니다.

$\frac{10}{11}+\frac{10}{11}+\frac{10}{11}=\frac{30}{11}$이므로 지원이는 10분에 $\frac{10}{11}$ km를 갑니다.

③ 공원에서 민영이네 집까지 가는 데 걸리는 시간 구하기

$\frac{10}{11}+\frac{10}{11}=\frac{20}{11}$이므로 $1\frac{9}{11}$ km($=\frac{20}{11}$ km)를 가는 데 20분이 걸립니다.

따라서 집에서 출발하여 공원을 지나 민영이네 집까지 가는 데 $30+20=50$(분)이 걸립니다.

참고

• 거리, 속력, 시간의 관계

(거리)=(속력)×(시간)

(속력)=$\dfrac{(거리)}{(시간)}$

(시간)=$\dfrac{(거리)}{(속력)}$

따라 풀기 1

수영이와 형준이가 각각 일정한 빠르기로 200 m 떨어진 곳에서 서로 마주 보며 걷고 있습니다. 5 m를 걷는 데 수영이는 $\frac{1}{4}$분, 형준이는 $\frac{1}{6}$분이 걸릴 때, 두 사람이 동시에 출발했다면 출발하고 나서 몇 분 후에 만나겠습니까?

(   )

따라 풀기 2

두 엘리베이터가 같은 층에서 출발하여 같은 빠르기로 한 엘리베이터는 위로, 다른 엘리베이터는 아래로 동시에 움직였습니다. 1분에 60 m를 가는 빠르기로 움직인다면 출발한 지 몇 초 후에 두 엘리베이터 사이의 거리가 24 m가 되는지 구하시오.

(   )

[확인 문제]

1-1 길이가 60 cm인 불꽃놀이 폭죽이 있습니다. 이 폭죽은 15초에 16 cm씩 타 들어갑니다. 이 폭죽에 불을 붙인 다음 $\frac{3}{4}$분 후에 불을 껐을 때, 남은 폭죽의 길이는 몇 cm입니까?

(   )

2-1 길이가 100 m인 기차가 일정한 빠르기로 1시간에 90 km씩 달리고 있습니다. 이 기차가 길이 575 m인 철교를 완전히 통과하는 데 걸리는 시간은 몇 초인지 구하시오.

(   )

3-1 과수원에서 아버지와 아들이 과일을 수확하는 데 1시간 동안 아버지는 밭 전체의 $\frac{2}{18}$를, 아들은 밭 전체의 $\frac{1}{18}$을 수확합니다. 아버지와 아들이 함께 일을 한다면 과일을 모두 수확하는 데 걸리는 시간은 몇 시간인지 구하시오.

(   )

[한 번 더 확인]

1-2 길이가 $10\frac{4}{7}$ cm인 양초에 불을 붙인 지 $\frac{1}{5}$분 후에 양초의 길이를 재어 보니 $8\frac{6}{7}$ cm가 되었습니다. 양초에 불을 붙인 지 24초가 지났을 때, 남은 양초의 길이는 몇 cm입니까? (단, 양초가 타는 빠르기는 같습니다.)

(   )

2-2 길이가 122 m인 기차가 1초에 32 m를 가는 빠르기로 터널에 진입해서 완전히 빠져 나가는 데 35초가 걸렸습니다. 길이가 115 m인 기차가 1초에 53 m를 가는 빠르기로 이 터널에 진입해서 완전히 빠져 나갈 때까지 걸리는 시간은 몇 초입니까?

(   )

3-2 어떤 일을 하는 데 1시간 동안 수찬이는 전체 일의 $\frac{2}{15}$를, 정은이는 전체 일의 $\frac{3}{15}$을 합니다. 두 사람이 오후 2시부터 함께 일을 할 때 전체 일이 끝나는 시각을 구하시오.

(   )

Ⅱ 연산 영역

[주제 학습 **9**] 분수와 소수의 응용 문제

어떤 소수의 100배가 345일 때, 어떤 소수의 $\frac{1}{10}$배보다 2.655 큰 수를 구하시오.

(   )

> 선생님, 질문 있어요!
>
> **Q.** 10배를 할 때와 0.1배를 할 때 소수점의 위치가 어떻게 바뀌나요?
>
> **A.** 소수를 10배하면 소수점이 오른쪽으로 1칸 옮겨지고, 소수를 0.1배하면 소수점이 왼쪽으로 1칸 옮겨집니다.
>
> 참고
> • 소수 사이의 관계
>
> | 0.01 | $\xrightarrow[\text{0.1배}]{\text{10배}}$ | 0.1 | $\xrightarrow[\text{0.1배}]{\text{10배}}$ | 1 |

문제 해결 전략

① 어떤 소수 구하기

　□×100=345이므로 □=3.45입니다.

② 어떤 소수의 $\frac{1}{10}$배보다 2.655 큰 수 구하기

　$\frac{1}{10}$=0.1이므로 3.45×0.1=0.345이고,

　0.345보다 2.655 큰 수는 0.345+2.655=3입니다.

따라 풀기 1 어떤 소수를 0.1배하였더니 4.27이 되었습니다. 어떤 소수보다 $\frac{25}{100}$ 큰 수와 어떤 소수보다 2.5 작은 수의 합을 구하시오.

(   )

따라 풀기 2 다음 4장의 숫자 카드에는 1부터 9까지의 수 중 서로 다른 수가 적혀 있습니다. 이 숫자 카드를 한 번씩 모두 사용하여 만들 수 있는 소수 중 가장 큰 소수 두 자리 수와 가장 작은 소수 세 자리 수의 차가 74.943입니다. 숫자 카드의 빈 곳에 알맞은 수 중에서 가장 큰 수를 구하시오.

| 1 | 7 | 6 | ? |

(   )

[확인 문제]

1-1 다음 표에서 가로, 세로, 대각선에 있는 수들의 합이 모두 같을 때, ㉠에 알맞은 소수를 구하시오.

$1\frac{7}{10}$	0.3		$\frac{3}{2}$
		㉠	
		$\frac{3}{10}$	
$\frac{2}{5}$		0.4	

(   )

2-1 ⋅조건⋅을 모두 만족하는 가장 큰 소수 세 자리 수를 구하시오. (단, 자연수 부분은 한 자리 수입니다.)

─ 조건 ─
㉠ 자연수 부분은 소수 셋째 자리 숫자의 2배입니다.
㉡ 소수 첫째 자리 숫자는 3보다 작고, 소수 셋째 자리 숫자는 홀수입니다.
㉢ 소수 둘째 자리 숫자는 1.25374의 100배인 수의 소수 둘째 자리 숫자와 같습니다.

(   )

3-1 1부터 9까지의 자연수 중에서 □ 안에 들어갈 수 있는 수를 모두 쓰시오.

$$3-\frac{2}{5} > 2\frac{\square}{5}$$

(   )

[한 번 더 확인]

1-2 기호 ★을 다음과 같이 약속할 때, $(7★0.25)$의 값을 구하시오.

(가★나)=(가+나)×10의 계산 결과의 자연수 부분

(   )

2-2 ⋅보기⋅와 같은 길이의 막대 ㉠ cm, ㉡ cm, ㉢ cm이 있습니다. 세 막대의 길이의 합은 몇 cm인지 구하시오.

─ 보기 ─
㉠ 0.001이 123개인 수를 100배한 수
㉡ $12\frac{3}{10}$을 $\frac{1}{10}$배한 수
㉢ 0.123을 10배한 수

(   )

3-2 5장의 숫자 카드 중에서 2장을 골라 한 번씩 사용하여 분모가 7인 대분수를 만들려고 합니다. 만들 수 있는 가장 큰 대분수와 가장 작은 대분수의 차를 구하시오.

(   )

복면산(모르는 숫자 구하기)

1

A, B, C는 서로 다른 자연수를 나타냅니다.
A, B, C에 알맞은 숫자를 각각 구하시오.

$$
\begin{array}{r}
A\ B\ C \\
\times\ A\ B\ C \\
\hline
1\ 2\ 5\ 1 \\
4\ 1\ 7 \\
A\ B\ C \\
\hline
A\ C\ B\ 2\ 1
\end{array}
$$

A (   )

B (   )

C (   )

전략 C×C의 일의 자리 숫자가 1이 되는 경우는 1×1과 9×9입니다.

2

A, B, C, D, E, F는 2부터 7까지의 서로 다른 숫자입니다. 완성된 곱셈식을 만드시오.

$$
\begin{array}{r}
A\ B \\
\times\ C\ D \\
\hline
1\ E\ F\ 1
\end{array}
\Rightarrow
$$

전략 일의 자리의 계산에서 곱의 일의 자리 숫자가 1이 되는 경우를 찾아봅니다.

3

| 성대 경시 기출 유형 |

□와 △가 서로 다른 자연수를 나타낼 때,
□×△의 값을 구하시오.

$$
\frac{1}{6} = \frac{3}{\square} + \frac{3}{\square} + \frac{3}{\square} + \frac{3}{\square}
$$

$$
= \frac{7}{\triangle} + \frac{7}{\triangle} + \frac{7}{\triangle} + \frac{7}{\triangle}
$$

(   )

전략 분모와 분자에 0이 아닌 같은 수를 곱하면 크기가 같은 분수가 됩니다.

$$
\frac{1}{6} = \frac{1 \times 2}{6 \times 2} = \frac{1 \times 3}{6 \times 3} = \cdots\cdots \ \Rightarrow \ \frac{1}{6} = \frac{2}{12} = \frac{3}{18} = \cdots\cdots
$$

4

민재가 한 자리 수를 생각하고 다음과 같이 계산하였을 때 ③에서 구한 몫은 얼마입니까?

① 생각한 수의 오른쪽에 3을 덧붙여 쓰고 5를 더합니다.

② ①에서 구한 수의 오른쪽에 6을 덧붙여 쓰고 10을 더합니다.

③ ②에서 구한 수를 11로 나누면 나누어떨어집니다.

(   )

전략 민재가 생각한 수를 1, 2, ……, 9라 하고 ①, ②에서 구한 각각의 수를 찾아봅니다.

혼합 계산의 활용

5

계산 결과가 가장 크게 되도록 ( )를 알맞은 곳에 써넣고 계산하시오.

(단, ( )는 한 번만 사용합니다.)

$$25 + 3 \times 12 + 8 \div 2$$

( )

전략 먼저 두 수로 이루어진 식에 ( )를 묶어 보고 세 수, 네 수로 이루어진 식에 ( )를 묶는 경우도 생각해 봅니다.

6

| 성대 경시 기출 유형 |

다음 숫자 사이에 + 기호 2개와 − 기호 2개를 넣어 계산 결과가 100인 식을 만드시오.

$$1 \quad 2 \quad 3 \quad 4 \quad 5 \quad 6 \quad 7 \quad 8 \quad 9$$

[식] _____

전략 + 기호 2개와 − 기호 2개를 적당하게 넣어 계산 결과가 100이 되는 경우를 만들어 봅니다.

7

| 성대 경시 기출 유형 |

두 식의 계산 결과가 같도록 ☐ 안에 1, 2, 3, 4, 5를 한 번씩만 써넣으려고 합니다. 두 식의 계산 결과로 가능한 수를 모두 구하시오.

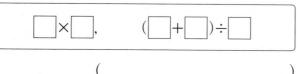

( )

전략 계산 결과가 같은 식은 여러 가지 만들 수 있습니다.

8

다음 숫자 카드를 모두 한 번씩만 사용하고 +, −, ×, ÷ 카드 중에서 두 장을 사용하여 식을 만들려고 합니다. 나올 수 있는 계산 결과 중에서 두 자리 수는 모두 몇 개입니까?

(단, 숫자 카드는 붙여서 사용할 수 없습니다.)

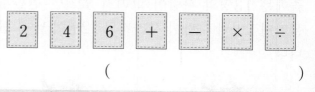

( )

전략 계산 결과가 두 자리 수가 되려면 +, × 기호를 적어도 한 개는 꼭 사용해야 합니다.

9

| 창의·융합 |

헨젤은 집으로 돌아가는 길을 잃어버리지 않기 위해 집에서 숲속까지 일정한 간격으로 바닥에 빵 조각을 놓아 두었습니다. ● 조건 ●을 보고 헨젤이 숲속까지 가는 데 걸린 시간은 몇 분인지 구하시오.

(단, 시작점과 끝점에도 빵 조각을 놓았습니다.)

┌─ 조건 ─────
• 빵 조각 사이의 간격: 25 m
• 빵 조각 사이의 간격의 수: 221개
• 헨젤이 1분 동안 가는 거리: 85 m

( )

전략 주어진 정보를 이용하여 곱셈식과 나눗셈식을 세워 문제를 해결합니다.

10

| 창의 · 융합 |

다음은 샘 로이드가 1896년에 발표한 'GET OFF THE EARTH'라는 퍼즐입니다. 이 퍼즐에는 13명의 사람이 그려져 있지만 원판을 돌리면 1명의 사람이 사라지고 12명이 남게 됩니다.

채연이는 퍼즐을 쪼개거나 겹치지 않고 어떻게 한 명이 사라졌는지 퍼즐의 비밀을 찾기 위해 다음과 같은 •활동•을 하였습니다. 그림을 완성하고 ㉠과 ㉡에 들어갈 두 수의 곱을 구하시오.

• 활동 •

① 사각형 종이 위에 길이가 6인 선분 7개를 긋고, 점선을 따라 종이를 자릅니다.
② 잘린 선을 따라 한 칸 위로 옮깁니다.

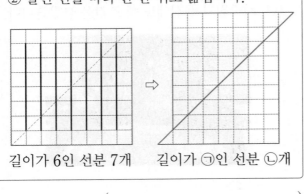

길이가 6인 선분 7개   길이가 ㉠인 선분 ㉡개

(   )

전략 퍼즐의 원리를 이해하고 달라진 선의 개수와 길이를 이용하여 문제를 해결합니다.

몫과 나머지 이용하기

11

| 고대 경시 기출 유형 |

4장의 숫자 카드를 각각 한 번씩만 사용하여 몫이 가장 큰 (두 자리 수)÷(두 자리 수)의 나눗셈식을 만들려고 합니다. 이때 몫과 나머지의 합을 구하시오.

| 1 | 3 | 5 | 8 |

(   )

전략 나눗셈식의 몫이 가장 크려면 가장 큰 수를 가장 작은 수로 나누어야 합니다.

12

| 성대 경시 기출 유형 |

111, 222, 333, ……, 999 중에서 12로 나눌 때 나머지가 가장 큰 수를 모두 구하시오.

(   )

전략 나뉠 수와 몫의 관계를 이해하고 나머지가 반복되는 것을 찾아봅니다.

13

| 고대 경시 기출 유형 |

서로 다른 두 수가 있습니다. 두 수의 차는 265
이고, 큰 수를 작은 수로 나누었을 때의 몫은 5
이고 나머지는 9입니다. 두 수의 합을 구하
시오.

(   )

전략 서로 다른 두 수를 □, ○라 하고 뺄셈식과 나눗셈식
을 세워 봅니다.

14

어떤 수를 4로 나누면 나머지가 2가 되고 5로
나누면 나머지가 4가 됩니다. 어떤 수를 4로 나
눈 몫을 일의 자리에서 반올림하면 110이 되
고, 5로 나눈 몫을 버림하여 십의 자리까지 나
타내면 90이 됩니다. 어떤 수를 구하시오.

(   )

전략 나눗셈과 검산의 관계를 이용하여 어떤 수를 구할
수 있습니다.
⇨ (검산): (나뉠 수)=(나누는 수)×(몫)+(나머지)

약속한 방법으로 계산하기

15

| 창의·융합 |

≪㉠≫은 그림에서 ㉠이 속한 가로줄과 세로줄
에 놓인 수들의 합을 나타냅니다. 예를 들어
≪6≫은 6이 속한 가로줄과 세로줄에 놓인 수
3, 4, 5, 6, 9의 합 ≪6≫=3+4+5+6+9
=27입니다. 이때 ≪1≫+≪2≫+……+≪8≫
+≪9≫는 얼마입니까?

1	2	3
4	5	6
7	8	9

(   )

전략 ≪1≫은 1이 속한 가로줄과 세로줄에 놓인 수 1, 2,
3, 4, 7의 합이므로 ≪1≫=1+2+3+4+7=17입니다.

16

어떤 수 ♥를 5로 나눈 나머지와 7로 나눈 나머
지의 합을 [♥]라고 약속합니다. 예를 들어
[12]는 12를 5로 나눈 나머지는 2이고 7로 나
눈 나머지는 5이므로 [12]=2+5=7입니다.
이때 [20]+[21]+[22]+……+[38]+[39]+
[40]은 얼마입니까?

(   )

전략 문제에서 정해진 약속에 따라 계산하여 문제를 해결
합니다.

│ 시간 계산의 활용 │

17
지렁이가 일정한 빠르기로 5분 동안 기어간 거리를 재어 보니 $2\frac{7}{9}$ cm였습니다. 지렁이가 4분 동안 기어간 거리는 몇 cm인지 구하시오.

(　　　　　　　　)

전략 시간, 거리, 속력의 관계를 이해하여 1분 동안 지렁이가 기어간 거리를 구해 봅니다.

18　　　　　　　　　　│ 고대 경시 기출 유형 │
연우네 집에서 정호네 집까지의 거리는 1.5 km입니다. 연우는 집에서 나와 정호네 집 방향으로 1분에 60 m를 가는 빠르기로 걸어갔습니다. 정호는 연우가 떠난 지 11분 후에 1분에 150 m를 가는 빠르기로 집에서 자전거를 타고 연우네 집 방향으로 출발했습니다. 두 사람이 만난 곳은 연우네 집에서 몇 m 떨어진 곳인지 구하시오. (단, 연우네 집에서 정호네 집까지 가는 길은 한 가지입니다.)

(　　　　　　　　)

전략 연우가 간 거리와 정호가 간 거리의 합이 1.5 km인 지점을 구합니다.

19　　　　　　　　　　│ 고대 경시 기출 유형 │
한 시간에 3초씩 늦게 가는 시계와 2초씩 빨리 가는 시계가 있습니다. 두 시계를 오후 1시에 정확히 맞추고 일주일 후 오후 1시에 두 시계를 보았을 때, 두 시계가 가리키는 시각은 몇 분 차이가 나는지 구하시오.

(　　　　　　　　)

전략 한 시간마다 두 시계가 가리키는 시각이 얼마나 차이 나는지 구하여 해결합니다.

20　　　　　　　　　　│ 성대 경시 기출 유형 │
하루에 $2\frac{1}{3}$분씩 늦게 가는 시계가 있습니다. 이 시계를 오늘 오전 9시에 정확히 맞추어 놓았을 때, 3일 후 오전 9시에 이 시계가 가리키는 시각은 오전 몇 시 몇 분인지 구하시오.

(　　　　　　　　)

전략 3일 동안 늦어진 시간을 구하여 3일 후에 시계가 가리키는 시각을 구합니다.

21

원 모양의 호수 둘레길을 일정한 빠르기로 한 바퀴 도는 데 재호는 25분, 수희는 30분이 걸립니다. 그림과 같이 둘레길의 반대편에서 두 사람이 화살표 방향으로 동시에 출발할 때, 재호와 수희는 출발한 지 몇 분 후에 처음 만납니까?

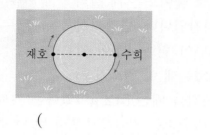

(   )

전략 두 사람이 만나려면 더 빨리 걷는 사람이 반 바퀴를 더 돌아야 합니다.

22

큰 밭의 넓이가 작은 밭의 넓이의 2배인 밭이 있습니다. 4시간 동안은 모두 큰 밭에서 일한 후 일한 사람을 반으로 나누어 큰 밭과 작은 밭에서 각각 일했습니다. 4시간 후 큰 밭의 일은 끝냈으나 작은 밭은 한 사람이 6시간 동안 일을 더 해야 합니다. 일한 사람은 모두 몇 명입니까? (단, 쉬지 않고 일을 하며 한 사람이 하는 일의 양은 각각 일정합니다.)

(   )

전략 일한 사람 수를 □로 놓고 그림을 그려 문제를 해결할 수 있습니다.

│ 분수와 소수의 응용 문제 │

23

다음 4장의 숫자 카드에는 1부터 9까지의 숫자 중 서로 다른 숫자가 적혀 있습니다. 이 숫자 카드를 한 번씩 모두 사용하여 만들 수 있는 소수 중 가장 큰 소수 한 자리 수와 가장 작은 소수 두 자리 수의 차가 가장 클 때, ㉠의 값을 구하시오.

| 3 | ㉠ | 9 | 7 |

(   )

전략 4장의 숫자 카드로 만들 수 있는 소수 한 자리 수는 □□□.□이고 소수 두 자리 수는 □□.□□입니다.

24

다음은 세 소수의 크기를 비교한 것입니다.
㉠, ㉡, ㉢이 0에서 9까지의 서로 다른 수일 때, 알맞은 (㉠, ㉡, ㉢)은 모두 몇 가지인지 구하시오.

(   )

전략 ㉢에 알맞은 수를 먼저 구하고 각각의 경우에 따라 가능한 (㉠, ㉡, ㉢)을 찾아봅니다. 이때 ㉠, ㉡, ㉢이 서로 다른 수임에 주의합니다.

25

어떤 소수와 그 소수의 소수점을 뺀 자연수와의 차가 4214.43입니다. 어떤 소수를 구하시오.

(   )

전략 자연수와 어떤 소수의 차가 소수 두 자리 수이므로 어떤 소수는 소수 두 자리 수입니다.

26

길이가 15.312 m인 막대를 $1\frac{4}{100}$ m씩 겹치게 이어 붙였습니다. 막대 10개를 이어 붙이면 전체 길이는 몇 m인지 구하시오.

(   )

전략 어떤 소수의 10배는 소수점을 오른쪽으로 한 자리 옮긴 수입니다.

27

| 창의 · 융합 |

반감기란 오른쪽 그림과 같이 어떤 물질의 양이 반으로 줄어드는 데 걸리는 시간입니다. 반감기가 200년인 원소 4 g이 발견되었는데 이 원소가 처음 생겼을 때는 512 g이었다는 기록이 있습니다. 이 원소는 지금으로부터 몇 년 전에 만들어진 것인지 구하시오.

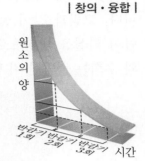

(   )

전략 처음 생겼을 때의 무게 512 g부터 거꾸로 문제를 해결합니다. 이때 절반씩을 나눈 횟수로 몇 번의 반감기를 거쳤는지 알 수 있습니다.

28

| 고대 경시 기출 유형 |

수지는 마당에 있는 감나무에서 감을 땄는데 첫째 날은 전체의 $\frac{1}{10}$을, 둘째 날은 남은 감의 $\frac{1}{9}$을, 셋째 날은 둘째 날 따고 남은 감의 $\frac{1}{8}$을 땄습니다. 그 다음 날도 같은 방법으로 각각 남은 감의 $\frac{1}{7}$, $\frac{1}{6}$, $\frac{1}{5}$, $\frac{1}{4}$, $\frac{1}{3}$, $\frac{1}{2}$을 땄습니다. 아홉째 날 따고 남은 감을 세어 보니 35개일 때 이 감나무에는 처음에 감이 몇 개나 달려 있었는지 구하시오.

(   )

전략 전체를 1로 생각하고 그림을 그려 문제를 해결할 수 있습니다.

무게와 돈에 관련된 문제

29
| 창의 · 융합 |

지구가 물체를 끌어당기는 힘을 중력이라고 합니다. 중력은 지구 뿐만 아니라 달에도 있는데 달의 중력은 지구의 $\frac{1}{6}$입니다. 지구에서 민결이의 몸무게는 36 kg이고 달에서 시안이의 몸무게는 $5\frac{4}{7}$ kg입니다. 달에서 민결이와 시안이의 몸무게의 차는 몇 kg입니까?

(   )

전략 달의 중력은 지구의 $\frac{1}{6}$이므로 달에서 몸무게는 지구에서 몸무게의 $\frac{1}{6}$입니다.

30

무게가 모두 같은 배 4개가 들어 있는 바구니의 무게를 재었더니 $2\frac{1}{4}$ kg이었습니다. 배 3개를 꺼낸 후 무게를 재었더니 $\frac{3}{4}$ kg이었을 때, 바구니의 무게는 몇 kg인지 구하시오.

(   )

전략 배 4개가 들어 있는 바구니의 무게와 배 3개를 꺼낸 후 바구니의 무게의 차를 이용하여 배 한 개의 무게를 구할 수 있습니다.

31
| 성대 경시 기출 유형 |

선화의 어머니는 도매점에서 귤 200개를 70000원에, 사과 300개를 75000원에 샀습니다. 귤 10개와 사과 15개를 한 상자에 포장하여 15000원에 모두 팔았습니다. 그런데 한 상자에는 상한 과일이 있어서 15000원을 돌려주었습니다. 상자 한 개를 포장하는 비용이 1000원이라면 선화의 어머니가 얻은 이익금은 얼마입니까?

(   )

전략 판매한 금액과 지출한 비용을 각각 구한 후 이익금을 구합니다.

32
| 고대 경시 기출 유형 |

민서의 할아버지는 닭을 사러 시장에 갔습니다. 수탉은 한 마리에 5000원, 암탉은 한 마리에 3000원, 병아리는 세 마리에 1000원입니다. 100000원을 모두 사용하여 100마리를 사려고 합니다. 모두 한 마리 이상을 사고 가능한 수탉을 많이 사려고 할 때, 수탉은 몇 마리를 살 수 있는지 구하시오.

(단, 병아리는 세 마리 단위로 판매합니다.)

(   )

전략 수탉, 암탉, 병아리 모두 한 마리 이상을 사야 하므로 수탉을 19마리 사는 경우부터 빠뜨리지 않고 찾아봅니다.

1 명령어에 따라 ⇨ ⤹ ⇨ 로 움직여 도착한 곳의 숫자는 1입니다. 다음 중 명령어에 따라 움직여 도착한 곳의 숫자가 1인 것을 찾아 기호를 쓰시오.

▶ 명령어에 따라 움직였을 때 지나가는 곳의 숫자를 차례로 써 봅니다.

• 명령어 •

⇨ : 앞으로 한 칸

⤹ : 오른쪽으로 돌고 한 칸 앞으로 가기

⤸ : 왼쪽으로 돌고 한 칸 앞으로 가기

출발	1	2	3	1
1	2	3	1	2
2	1	2	3	1
1	2	1	2	3
3	1	2	1	2

㉠ ⇨ ⇨ ⇨ ⤹ ⤸
㉡ ⇨ ⇨ ⤹ ⤸ ⤸
㉢ ⇨ ⤹ ⤸ ⤹ ⇨

(   )

2 위의 명령어에 따라 움직였을 때 지나가는 곳의 숫자를 모두 곱한 결과가 18이 되도록 빈 곳에 알맞게 화살표 방향을 그리시오.

▶ 동작 명령에 따라 계산할 때에는 계산 순서대로 하는지, 연산 기호 순서에 따라 하는지를 주의합니다.

출발	1	2	3	1
1	2	3	1	2
2	1	2	3	1
1	2	1	2	3
3	1	2	1	2

□ □ □ □ □

3 서준이는 특수 계산 버튼 A를 만들었습니다. •보기•와 같이 두 수와 A를 누르면 두 수의 합과 두 수 중 작은 수를 곱한 값이 나옵니다. ○, ◇, A를 차례로 눌렀을 때 어떤 수가 나오는지 구하시오.

▶ 계산 버튼 A의 규칙을 이해하는 것이 중요합니다. ○와 ◇의 값을 먼저 구한 후 ○ → ◇ → A 값을 구합니다.

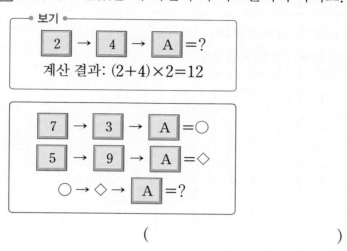

• 보기 •

2 → 4 → A =?

계산 결과: $(2+4) \times 2 = 12$

7 → 3 → A =○

5 → 9 → A =◇

○ → ◇ → A =?

(   )

4 지원이는 특수 계산 버튼 *을 만들었습니다. 어떤 자연수를 입력한 다음 특수 계산 버튼 *을 누르면 다음과 같은 •규칙•으로 나옵니다. *을 3번 눌렀을 때 1이 되는 자연수들의 합을 구하시오.

▶ *의 규칙을 살펴봅니다. $24 → * → 8$, $30 → * → 10$ 을 보고 규칙의 힌트를 얻을 수 있습니다.

• 규칙 •

$28 → * → 27$ $23 → * → 21$

$29 → * → 27$ $24 → * → 8$

$30 → * → 10$ $25 → * → 24$

$20 → * → 18$ $37 → * → 36$

(   )

1 ㉮, ㉯, ㉰, ㉱, ㉲는 1부터 9까지의 서로 다른 수입니다. 다음을 만족하는 ㉠과 ㉡에 알맞은 수의 차를 구하시오.

$$㉮㉯0㉮㉯0㉮㉯0=㉮㉯×㉠×10$$
$$㉰㉱㉲㉰㉱㉲㉰㉱㉲=㉰㉱㉲×㉡×3$$

( )

2 ㉠, ㉡, ㉢이 1부터 9까지의 서로 다른 숫자일 때, 다음을 만족하는 (㉠, ㉡, ㉢)은 모두 몇 가지인지 구하시오. (단, ㉠은 2로 나누어떨어지는 수입니다.)

$$5 < ㉠÷2+㉡×3-㉢ < 10$$

( )

생활 속 문제

3 상자 안에 사탕이 들어 있습니다. 이 사탕을 30개씩 포장하면 14개가 남고, 50개씩 포장하면 24개가 남고, 70개씩 포장하면 34개가 남습니다. 상자 안에 들어 있는 사탕은 최소 몇 개입니까?

(   )

4 A, B, C는 1부터 9까지의 숫자 중 서로 다른 수를 나타냅니다. A+B=6일 때, 다음을 만족하는 A와 B의 값을 모두 (A, B)로 나타내시오.

$$\boxed{}\boxed{}\boxed{}\boxed{}\boxed{}\boxed{} \times AB = ACCCCCB$$

(   )

5 다음 식에서 (가)의 자연수 부분을 구하시오.

$$\left(단, \frac{\blacktriangle}{\bullet} < \blacksquare < \frac{\blacktriangle}{\bigstar} 이면 \frac{\bigstar}{\blacktriangle} < \frac{1}{\blacksquare} < \frac{\bullet}{\blacktriangle} 입니다.\right)$$

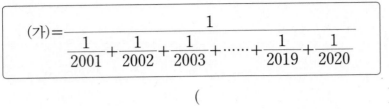

$$(가) = \cfrac{1}{\cfrac{1}{2001} + \cfrac{1}{2002} + \cfrac{1}{2003} + \cdots + \cfrac{1}{2019} + \cfrac{1}{2020}}$$

( )

참고

• 개수를 단순화하고 단위분수의 크기 비교를 이용하여 해결할 수 있습니다.

예 $\frac{1}{2} + \frac{1}{3} + \frac{1}{4}$ 은 가장 작은 수인 $\frac{1}{4}$ 이 분수 개수

(3개)만큼 있는 $\frac{3}{4}$ 보다 크고 가장 큰 수인 $\frac{1}{2}$ 이

분수 개수(3개)만큼 있는 $\frac{3}{2}$ 보다 작습니다.

$\Rightarrow \frac{1}{4} + \frac{1}{4} + \frac{1}{4} < \frac{1}{2} + \frac{1}{3} + \frac{1}{4} < \frac{1}{2} + \frac{1}{2} + \frac{1}{2}$

$\Rightarrow \frac{3}{4} < \frac{1}{2} + \frac{1}{3} + \frac{1}{4} < \frac{3}{2}$

생활 속 문제

6 우빈이의 시계는 한 시간에 2분씩 빨라지고, 영우의 시계는 한 시간에 1분씩 늦어집니다. 두 시계를 오전 9시에 정확히 맞추어 놓은 후 우빈이의 시계가 영우의 시계보다 처음으로 1시간 빠른 시각을 가리킬 때, 우빈이의 시계가 가리키는 시각은 ㉠시 ㉡분이었습니다. 이때 ㉠+㉡의 값을 구하시오.

( )

창의 · 사고

7 다음 표에서 •보기•와 같은 모양을 자르려고 합니다. ㉮+㉰ +㉱가 2로 나누어떨어지고, ㉯+㉰+㉲가 7로 나누어떨어지도록 자르는 방법은 모두 몇 가지입니까?

•보기•

㉮	㉯	
	㉰	
	㉲	㉱

1	2	3	4	5	6	7	8	9
10	11	12	13	14	15	16	17	18
19	20	21	22	23	24	25	26	27
28	29	30	31	32	33	34	35	36
37	38	39	40	41	42	43	44	45
46	47	48	49	50	51	52	53	54
55	56	57	58	59	60	61	62	63
64	65	66	67	68	69	70	71	72
73	74	75	76	77	78	79	80	81

( )

창의 · 융합

8 하연이의 집은 24층인데 평소 운동이 부족하다고 생각한 하연이는 1층에서 13층까지는 엘리베이터를 타지 않고 계단으로 올라갑니다. 어느 날 학교에서 돌아오는 길에 아파트가 정전이 되어 엘리베이터가 작동을 멈추어 24층까지 계단을 이용해서 올라갔습니다. 1층부터 16층까지는 쉬지 않고 올라갔지만 16층부터 올라갈 때는 한 층을 올라간 후 20초씩 쉬었습니다. 하연이가 1층부터 24층까지 올라가는 데 걸린 시간은 몇 분입니까? (단, 하연이가 1층부터 13층까지 올라가는 데 걸린 시간은 4분이고, 일정한 빠르기로 올라갔습니다.)

( )

특강 영재원·**창의융합** 문제

❖ 고대 이집트의 분수 계산은 린드 파피루스라는 문서를 통해 알려졌습니다. 이 문서는 기원전 1650년경에 만들어진 것으로 추정되며, 가장 오래된 수학책의 하나라고 합니다. 다음은 린드 파피루스에서 발견한 고대 이집트의 숫자 표시 방법입니다.

아라비아 숫자	1	2	3	4	5	6	10	11	12	50	100	500	1000
이집트 숫자 (상형문자)	I	II	III	IIII	IIIII	IIIIII	∩	∩I	∩II	∩∩∩	e	eee ee	⪫

고대 이집트의 단위분수는 분모 위에 타원을 그려서 $\frac{1}{3}$은 ◯Ⅲ, $\frac{1}{4}$은 ◯ⅢⅢ, $\frac{1}{10}$은 ◯과 같이 나타내고 $\frac{2}{3}$는 ◯Ⅱ, $\frac{1}{2}$은 ⬡과 같이 특별하게 그렸습니다.

린드 파피루스에는 $\frac{2}{3}$를 제외하면 모두 단위분수만 실려 있는데 단위분수를 제외한 분수는 단위분수의 합으로 나타냈습니다.

▲ 고대 이집트인

▲ 린드 파피루스

9 •보기•와 같이 분모가 서로 다른 단위분수의 합으로 나타내시오.

> •보기•
> $$\frac{3}{5} = \frac{1}{2} + \frac{1}{10}, \qquad \frac{5}{6} = \frac{1}{2} + \frac{1}{3}$$

(1) $\dfrac{2}{7} = \boxed{} + \boxed{}$

(2) $\dfrac{2}{101} = \boxed{} + \boxed{} + \boxed{} + \boxed{}$

III
도형 영역

[주제 학습 10] **점을 이어 만든 도형의 개수 구하기**

오른쪽 그림은 원 위에 8개의 점이 일정한 간격으로 찍혀 있습니다. 3개의 점을 연결하여 만들 수 있는 서로 다른 삼각형은 모두 몇 개인지 구하시오. (단, 돌리거나 뒤집었을 때 같은 모양은 1개로 생각합니다.)

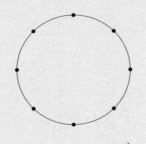

(   )

> **선생님, 질문 있어요!**
>
> **Q.** 뒤집거나 돌려서 같은 모양이 되는 삼각형은 무엇인가요?
>
> **A.**
>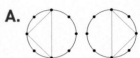
>
> 위의 두 삼각형은 뒤집거나 돌려서 같은 모양이기 때문에 한 가지로 생각해야 합니다.
> 점을 이어 삼각형을 만들 때에는 먼저 한 점을 고르고 나머지 두 점을 이어 봅니다.

[문제 해결 전략]

① 삼각형 찾아보기
   먼저 한 점을 고르고 나머지 두 점을 이어 삼각형을 그려 봅니다.

② 삼각형은 모두 몇 개인지 세어 보기
   나머지 두 점은 간격이 다르도록 하여 겹치는 삼각형이 없도록 하면 다음과 같이 5개의 삼각형을 그릴 수 있습니다.

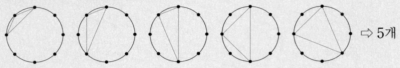
⇨ 5개

따라 풀기 1

오른쪽 그림과 같이 16개의 점이 일정한 간격으로 찍혀 있습니다. 4개의 점을 연결하여 만들 수 있는 서로 다른 직사각형은 모두 몇 개인지 구하시오.
(단, 돌리거나 뒤집었을 때 같은 모양은 1개로 생각합니다.)

(   )

따라 풀기 2

오른쪽 그림과 같이 원 위에 10개의 점이 일정한 간격으로 찍혀 있습니다. 3개의 점을 연결하여 만들 수 있는 서로 다른 이등변삼각형은 모두 몇 개인지 구하시오.
(단, 돌리거나 뒤집었을 때 같은 모양은 1개로 생각합니다.)

(   )

[확인 문제]

1-1 그림과 같이 9개의 점이 일정한 간격으로 찍혀 있습니다. 4개의 점을 연결하여 만들 수 있는 정사각형은 모두 몇 개인지 구하시오.

・ ・ ・

・ ・ ・

・ ・ ・

(   )

[한 번 더 확인]

1-2 그림과 같이 12개의 점이 일정한 간격으로 찍혀 있습니다. 2개의 점을 연결하여 선분을 그을 때 길이가 서로 다른 선분은 모두 몇 개인지 구하시오.

・ ・ ・ ・

・ ・ ・ ・

・ ・ ・ ・

(   )

2-1 그림과 같이 16개의 점이 일정한 간격으로 찍혀 있습니다. 3개의 점을 연결하여 만들 수 있는 서로 다른 이등변삼각형은 모두 몇 개인지 구하시오. (단, 돌리거나 뒤집었을 때 같은 모양은 1개로 생각합니다.)

・ ・ ・ ・

・ ・ ・ ・

・ ・ ・ ・

・ ・ ・ ・

(   )

2-2 그림과 같이 10개의 점이 일정한 간격으로 찍혀 있습니다. 3개의 점을 연결하여 만들 수 있는 크기가 다른 정삼각형은 모두 몇 개인지 구하시오.

(   )

3-1 원 위에 6개의 점이 일정한 간격으로 찍혀 있습니다. 4개의 점을 연결하여 만들 수 있는 사각형은 모두 몇 개인지 구하시오.

(   )

3-2 반원 위에 일정한 간격으로 7개의 점이 찍혀 있습니다. 3개의 점을 연결하여 만들 수 있는 삼각형은 모두 몇 개인지 구하시오.

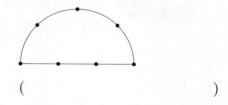

(   )

[주제 학습 11] 크고 작은 도형의 개수 구하기

오른쪽은 성냥개비 24개를 이용하여 만든 것입니다. 만든 모양에서 찾을 수 있는 크고 작은 사각형은 모두 몇 개인지 구하시오.

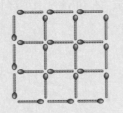

(   )

문제 해결 전략

① 크고 작은 사각형의 모양 찾기

기준이 되는 도형을 정한 후 개수를 늘려가며 크고 작은 사각형 모양을 찾습니다.

② 사각형의 수 세어 보기

☐ 모양: 9개, ☐☐ 모양: 12개, ☐☐☐ 모양: 6개,

모양: 4개, 모양: 4개, 모양: 1개

따라서 사각형은 모두 9+12+6+4+4+1=36(개)입니다.

선생님, 질문 있어요!

Q. 가로로 ㉠칸, 세로로 ㉡칸인 직사각형에서 크고 작은 사각형 개수를 빠르게 구하는 방법이 있나요?

A. (사각형의 개수)
=\{㉠+(㉠−1)+(㉠−2)+ ······+2+1\}×\{㉡+(㉡−1)+(㉡−2)+······+2+1\}
로 구할 수 있습니다.

예

(사각형의 개수)
=(3+2+1)×(3+2+1)
=6×6=36(개)

따라 풀기 ① 다음은 성냥개비 15개를 사용하여 만든 것입니다. 만든 모양에서 찾을 수 있는 크고 작은 사다리꼴은 모두 몇 개인지 구하시오.

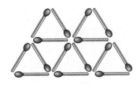

(   )

따라 풀기 ② 정오각형의 대각선을 그은 그림에서 찾을 수 있는 크고 작은 사각형은 모두 몇 개인지 구하시오. (단, 한 각의 크기가 180°를 넘지 않는 사각형만 찾습니다.)

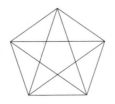

(   )

[**확인 문제**]

1-1 그림에서 찾을 수 있는 평행사변형은 모두 몇 개인지 구하시오.

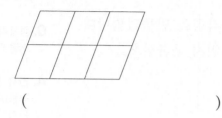

( )

2-1 그림에서 선을 따라 만들 수 있는 정사각형은 모두 몇 개인지 구하시오.

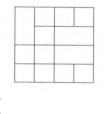

( )

3-1 다음은 한 변의 길이가 2 cm인 정삼각형 9개를 겹치지 않게 이어 붙여서 만든 것입니다. 이 도형에서 한 변의 길이가 4 cm인 정삼각형은 모두 몇 개입니까?

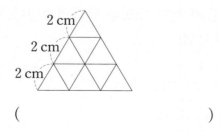

( )

[**한 번 더 확인**]

1-2 그림과 같이 정사각형의 네 꼭짓점과 각 변의 한가운데에 점이 있습니다. 찾을 수 있는 크고 작은 이등변삼각형은 모두 몇 개인지 구하시오.

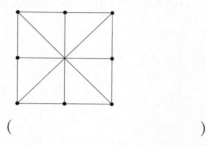

( )

2-2 그림에서 찾을 수 있는 크고 작은 사다리꼴은 모두 몇 개입니까?

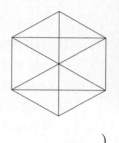

( )

3-2 다음은 둘레가 24 cm인 정삼각형 6개를 겹치지 않게 이어 붙여서 만든 것입니다. 이 도형의 둘레는 몇 cm입니까?

( )

Ⅲ
도
형
영
역

[주제 학습 12] 다각형으로 무늬 만들기

그림과 같이 정사각형을 겹치지 않게 이어 붙여 다각형을 만들었습니다. 만든 다각형의 넓이가 425 cm²일 때, 둘레는 몇 cm인지 구하시오.

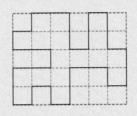

(   )

선생님, 질문 있어요!

Q. 정사각형 1개의 넓이는 어떻게 구하나요?

A. 먼저 정사각형 몇 조각을 이용하여 모양을 만들었는지 찾아봅니다. 정사각형 한 개의 넓이를 알면 한 변의 길이도 구할 수 있습니다.

주어진 그림에 작은 정사각형이 몇 개 있는지 살펴보아요.

문제 해결 전략

① 정사각형의 한 변을 ☐ cm라 놓기
② 정사각형의 넓이를 이용하여 식 세우기
  만든 모양은 정사각형이 17개이므로 ☐×☐×17=425,
  (정사각형 한 개의 넓이)=☐×☐=25, ☐=5입니다.
③ 다각형의 둘레 구하기
  따라서 (다각형의 둘레)=5×34=170 (cm)입니다.

따라 풀기 1 크기가 같은 정삼각형 모양의 블록을 겹치지 않게 이어 붙여 다음과 같은 2개의 다각형을 만들었습니다. 가 블록의 둘레가 35 cm일 때, 나 블록의 둘레는 몇 cm입니까? (단, 블록의 두께는 생각하지 않습니다.)

가   나

(   )

따라 풀기 2 정사각형을 겹쳐지 않게 이어 붙여 다음과 같은 도형을 만들었습니다. 이 도형을 모양과 크기가 같은 4부분으로 나누어 보시오.

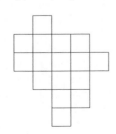

[**확인 문제**]

[**한 번 더 확인**]

1-1 칠교판의 모양을 한 번씩 모두 사용하여 직각이등변삼각형 모양을 만드시오.

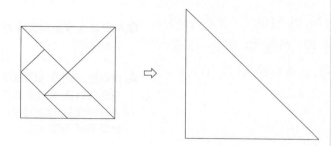

1-2 칠교판의 모양을 한 번씩 모두 사용하여 오른쪽 모양을 만드시오.

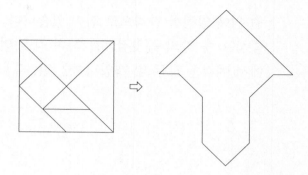

2-1 세 변의 길이의 합이 13 cm인 이등변삼각형이 있습니다. 이등변삼각형 10개를 다음과 같은 방법으로 겹치지 않게 이어 붙여 둘레를 재어 보니 40 cm였습니다. 세 변의 길이가 모두 자연수일 때, 이등변삼각형에서 짧은 변은 몇 cm인지 구하시오.

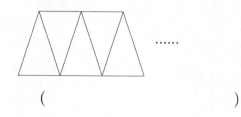

(   )

2-2 한 변이 2 cm인 정사각형 100개를 그림과 같은 방법으로 겹치지 않게 이어 붙여 모양을 만들려고 합니다. 이어 붙인 모양의 둘레는 몇 cm인지 구하시오.

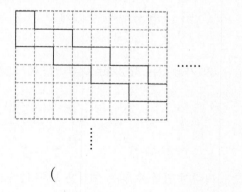

(   )

3-1 모양과 크기가 같은 정삼각형 4개를 변끼리 서로 맞닿도록 이어 붙여 다각형을 만들려고 합니다. 만들 수 있는 다각형은 모두 몇 가지인지 구하시오. (단, 돌리거나 뒤집었을 때 같은 모양은 한 가지로 생각합니다.)

(   )

3-2 다음 도형을 두 번 잘라서 만들어지는 도형을 모두 사용하여 가장 큰 정사각형을 만드시오.

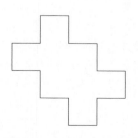

[주제 학습 **13**] 예각과 둔각을 활용한 문제 해결

원 위에 일정한 간격으로 점이 있습니다. 그림과 같이 원 위의 두 점과 원의 중심 ㅇ을 각의 꼭짓점으로 하여 각을 만들려고 할 때, 만들 수 있는 각 중에서 예각은 모두 몇 개입니까? (단, 각 ㄷㅇㄹ과 각 ㄹㅇㄷ은 같습니다.)

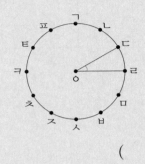

(   )

Q. 예각과 둔각을 어떻게 분류하나요?

A. 예각은 크기가 직각보다 작은 각이고, 둔각은 크기가 직각보다 크고 180°보다 작은 각입니다.

주어진 그림에서 예각의 수를 셀 때에는 서로 다른 각의 종류를 먼저 찾아보세요.

문제 해결 전략

① 가장 작은 각 1개로 이루어진 예각 찾아보기

 ⇨ 12개

② 가장 작은 각 2개로 이루어진 예각 찾아보기

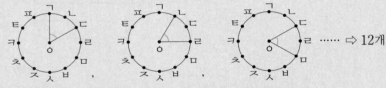 ⋯⋯ ⇨ 12개

따라서 만들 수 있는 예각은 모두 12+12=24(개)입니다.

참고

각의 크기에 따라 삼각형 분류하기
• 직각삼각형: 한 각이 직각인 삼각형
• 예각삼각형: 세 각이 모두 예각인 삼각형
• 둔각삼각형: 한 각이 둔각인 삼각형

따라 풀기 1 그림에서 찾을 수 있는 직각은 모두 몇 개입니까?

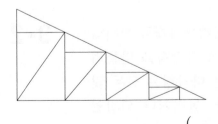

(   )

[확인 문제]

1-1 직선을 크기가 같은 8개의 각으로 나눈 것입니다. 그림에서 찾을 수 있는 둔각은 모두 몇 개입니까?

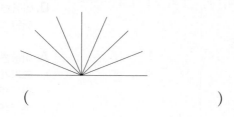

( )

2-1 그림에서 찾을 수 있는 예각은 모두 몇 개입니까?

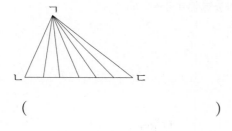

( )

3-1 그림에서 찾을 수 있는 크고 작은 둔각삼각형은 모두 몇 개입니까?

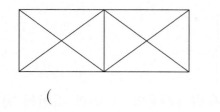

( )

[한 번 더 확인]

1-2 직선을 크기가 같은 10개의 각으로 나눈 것입니다. 그림에서 찾을 수 있는 예각과 둔각은 각각 몇 개입니까?

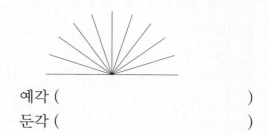

예각 ( )
둔각 ( )

2-2 그림에서 찾을 수 있는 크고 작은 예각삼각형과 둔각삼각형은 각각 몇 개입니까?

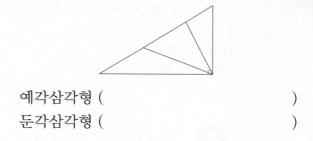

예각삼각형 ( )
둔각삼각형 ( )

3-2 그림에서 찾을 수 있는 크고 작은 둔각삼각형은 모두 몇 개입니까?

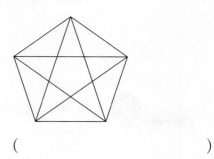

( )

[주제 학습 14] 이등변삼각형의 활용

삼각형 ㄱㄴㄹ, 삼각형 ㄱㄹㄷ은 이등변삼각형입니다. ㉠의 크기를 구하시오.

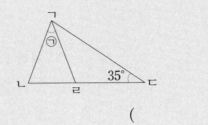

(   )

선생님, 질문 있어요!

Q. 이등변삼각형의 성질은 어떤 것이 있나요?

A. 이등변삼각형은 두 각의 크기가 같습니다. 따라서 한 각의 크기만 알면 다른 각의 크기를 구할 수 있습니다.

정삼각형은 세 변의 길이와 세 각의 크기가 같으므로 이등변삼각형이라고 할 수 있습니다. 그러나 이등변삼각형은 정삼각형이라고 할 수 없어요.

문제 해결 전략

① 각 ㄱㄹㄷ의 크기 구하기
삼각형 ㄱㄹㄷ은 이등변삼각형이므로
(각 ㄹㄱㄷ)=35°, (각 ㄱㄹㄷ)=180°−(35°+35°)=110°입니다.

② 각 ㄱㄴㄹ의 크기 구하기
(각 ㄱㄹㄴ)=180°−110°=70°이고, 삼각형 ㄱㄴㄹ은 이등변삼각형이므로
(각 ㄱㄴㄹ)=70°입니다.

③ ㉠의 크기 구하기
㉠=180°−(70°+70°)=40°

따라 풀기 ① 삼각형 ㄱㄴㄷ에서 변 ㄹㄷ의 길이를 구하시오.

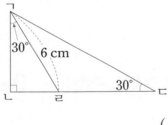

(   )

따라 풀기 ② 두 변의 길이가 각각 6 cm, 14 cm인 이등변삼각형의 세 변의 길이의 합을 구하시오.

(   )

[확인 문제]

1-1 정사각형 ㄱㄴㄷㄹ 안에 정삼각형 ㄹㅁㄷ을 그린 그림입니다. ㉠의 크기를 구하시오.

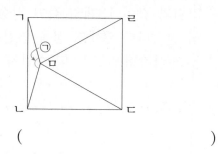

( )

[한 번 더 확인]

1-2 삼각형 ㄱㄷㄹ은 정삼각형이고 삼각형 ㄱㄴㄷ은 이등변삼각형입니다. 각 ㄹㄴㄷ의 크기를 구하시오.

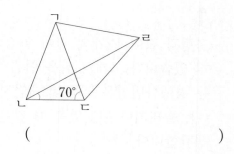

( )

2-1 삼각형 ㄱㄴㄷ 안에 변 ㄴㄹ과 길이가 같은 변 ㄱㄹ을 그은 것입니다. (변 ㄴㄹ)=(변 ㄷㄹ) 일 때 각 ㄴㄱㄷ의 크기를 구하시오.

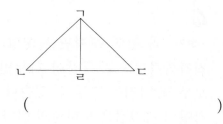

( )

2-2 정오각형에서 각 ㄴㅁㄹ의 크기를 구하시오.

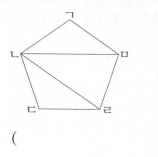

( )

3-1 길이가 2 cm, 3 cm, 4 cm인 막대가 여러 개씩 있습니다. 이 막대 중 3개를 이용하여 만들 수 있는 이등변삼각형은 모두 몇 개입니까?

( )

3-2 길이가 30 cm인 끈을 남김없이 사용하여 한 변의 길이가 6 cm인 이등변삼각형 1개를 만들었습니다. 만든 이등변삼각형의 세 변의 길이를 구하시오.

( )

점을 이어 만든 도형의 개수 구하기

1

그림과 같이 12개의 점이 일정한 간격으로 찍혀 있습니다. 4개의 점을 연결하여 만들 수 있는 평행사변형은 모두 몇 개인지 구하시오.
(단, 돌리거나 뒤집었을 때 같은 모양은 1개로 생각합니다.)

(   )

전략 점과 점 사이의 거리를 이용하여 두 점을 연결한 선분과 길이가 같은 선분을 찾습니다.

2

| 성대 경시 기출 유형 |

그림과 같이 12개의 점이 일정한 간격으로 찍혀 있습니다. 3개의 점을 연결하여 만들 수 있는 이등변삼각형은 모두 몇 개인지 구하시오. (단, 돌리거나 뒤집었을 때 같은 모양은 한 가지로 생각합니다.)

(   )

전략 이등변삼각형의 한 각이 직각인 경우와 둔각인 경우도 빠뜨리지 않도록 주의합니다.

3

그림과 같이 13개의 점이 일정한 간격으로 찍혀 있습니다. 3개의 점을 연결하여 만들 수 있는 정삼각형은 모두 몇 개인지 구하시오.

(   )

전략 점을 모두 연결한 후 정삼각형의 수를 세어 봅니다.

4

• 보기 •와 같이 도형판을 모양과 크기가 같은 직각삼각형으로 똑같이 나누면 직각삼각형은 모두 몇 가지를 만들 수 있습니까? (단, 직각삼각형의 꼭짓점은 도형판의 점이어야 합니다.)

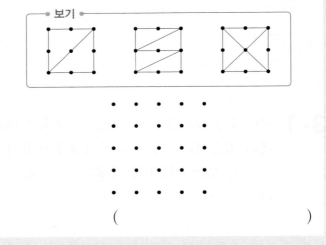

(   )

전략 직각삼각형은 한 각이 직각인 삼각형이므로 나머지 두 각은 모두 예각입니다.

크고 작은 도형의 개수 구하기

5
| 고대 경시 기출 유형 |

다음은 성냥개비를 24개 사용하여 만든 모양입니다. 모양에서 찾을 수 있는 크고 작은 정사각형은 모두 몇 개인지 구하시오.

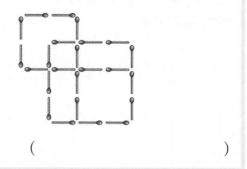

(   )

전략 ① 성냥개비 한 개의 길이를 1이라고 놓습니다.
② 정사각형의 한 변의 길이가 1, 2, 3인 경우로 나누어 생각해 봅니다.

7
| 성대 경시 기출 유형 |

다음과 같이 각 원의 중심을 지나는 크기가 같은 원 세 개 안에 그림과 같이 삼각형을 그렸습니다. 크고 작은 정삼각형은 모두 몇 개인지 구하시오.

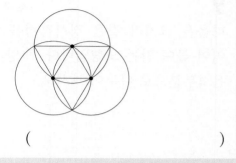

(   )

전략 그림에서 작은 삼각형의 각 변의 길이는 원의 반지름으로 모두 같으므로 정삼각형입니다.

6

그림에서 찾을 수 있는 크고 작은 정삼각형은 모두 몇 개인지 구하시오.

(   )

전략 기준이 되는 도형을 정한 후 개수를 늘려가며 구하고자 하는 도형을 찾습니다.

8
| 고대 경시 기출 유형 |

다음 그림과 같이 직사각형 안에 ★이 있습니다. ★을 포함한 직사각형은 모두 몇 개인지 구하시오.

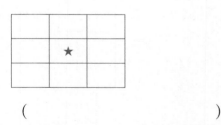

(   )

전략 ★을 포함한 직사각형의 가로와 세로가 될 수 있는 선분을 찾아봅니다.

Ⅲ
도형 영역

다각형으로 모양 덮기

9

| 성대 경시 기출 유형 |

다음은 크기가 같은 정사각형을 겹치지 않게 이어 붙여 만든 도형입니다. 모양과 크기가 같은 4부분으로 나누어 보시오.

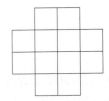

전략 ① 전체 정사각형의 수를 알아봅니다.
② 서로 다른 방법으로 똑같이 나눈 후 다른 경우가 없는지 확인해 봅니다.

10

다음 도형을 모양과 크기가 같은 6부분으로 나누어 보시오.

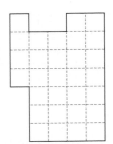

전략 어떤 도형을 크기와 모양이 같은 도형으로 나누려면 각 변의 중점 또는 도형의 중심을 찾아 나누어 봅니다.

11

| 성대 경시 기출 유형 |

• 보기 •의 조각을 모두 이용하여 오른쪽과 같은 모양을 만드는 방법은 모두 몇 가지인지 구하시오.

• 보기 •

( )

전략 긴 조각부터 어디에 놓을지 생각합니다.

12

| 창의 · 융합 |

쪽매맞춤은 평면도형을 겹치지 않으면서 빈틈이 없게 모으는 것으로 테셀레이션(tessellation)이라고도 합니다. 다음은 테셀레이션을 이용한 벽지입니다. 이 벽지를 만들기 위한 기본 도형을 2개 찾아 색칠하시오.

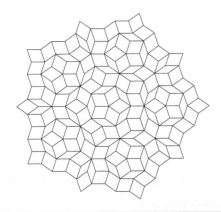

전략 이 벽지는 기본 도형 2가지를 여러 번 붙여 만든 모양입니다.

13

정사각형 모양의 도화지의 각 변을 3등분 하여 작은 정사각형을 만들었습니다. 도화지 전체의 넓이가 900 cm²일 때, 색칠된 정사각형의 넓이를 구하시오.

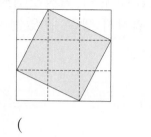

(   )

전략 ① 부분적으로 색칠된 것을 모눈 한 칸이 되게 옮긴 후, 색칠된 모눈 칸 수가 몇 개인지 알아봅니다.
② 전체 넓이가 900 cm²인 것을 이용하여 모눈 한 칸의 넓이를 구한 후 색칠된 정사각형의 넓이를 구해 봅니다.

14

크기가 같은 정사각형 10개를 겹쳐서 다음과 같이 도형을 만들었습니다. 정사각형 1개의 둘레가 32 cm일 때, 만든 도형의 넓이를 구하시오.

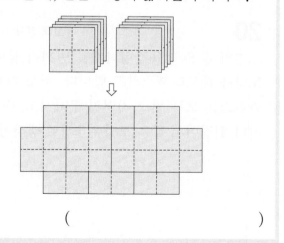

(   )

전략 그림에서 맨 윗줄과 맨 아랫줄을 합하면 정사각형 몇 개가 만들어지는지 알아봅니다.

다각형으로 무늬 만들기

15

• 보기 •와 같은 정사각형 2개를 겹치지 않게 이어 붙여 만들 수 있는 서로 다른 모양은 모두 몇 개인지 구하시오. (단, 돌리거나 뒤집었을 때 같은 모양은 1개로 생각합니다.)

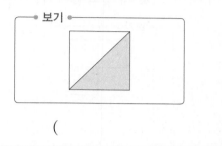

┌─• 보기 •─────────┐

└──────────────────┘

(   )

전략 정사각형에 색칠된 부분을 생각하며 모양을 만들어 봅니다.

16

| 성대 경시 기출 유형 |

오른쪽 정사각형 2개를 겹치지 않게 이어 붙여 만들 수 있는 서로 다른 모양은 모두 몇 개인지 구하시오. (단, 돌리거나 뒤집었을 때 같은 모양은 1개로 생각합니다.)

(   )

전략 원 모양이 연결된 것과 원 모양이 연결되지 않은 것으로 나누어 봅니다.

Ⅲ 도형 영역

17

● 보기 ●와 같은 도형을 뒤집거나 돌려 겹치지 않게 이어 붙이면 정사각형을 만들 수 있습니다. 가장 작은 정사각형을 만들려면 ● 보기 ●의 도형이 적어도 몇 개 필요합니까?

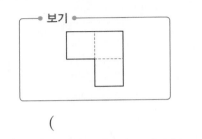

( )

전략 ① 주어진 도형으로 가장 작은 직사각형을 만들어 봅니다.
② 정사각형을 만들려면 ①에서 만든 직사각형이 몇 개 필요한지 찾아봅니다.

18

| 연대 경시 기출 유형 |

직사각형 3개와 두 각만 직각인 사다리꼴 1개를 그림과 같이 겹쳐 놓았을 때, 선분이 서로 수직으로 만나는 곳은 모두 몇 군데입니까?

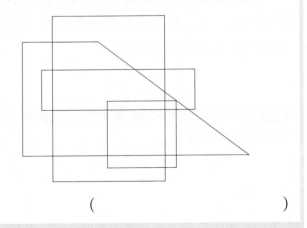

( )

전략 마주 보는 한 쌍의 변이 서로 평행한 사각형을 사다리꼴이라고 합니다.

19

같은 크기의 직사각형 모양의 셀로판지 2장을 겹치면 다음과 같이 겹치는 부분에 다각형이 생깁니다. 겹쳐서 생길 수 있는 다각형을 모두 쓰시오.

⑩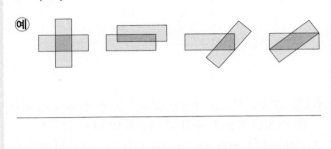

전략 겹쳤을 때 생길 수 있는 다각형을 빠뜨리지 않고 모두 써야 합니다.

20

| 고대 경시 기출 유형 |

크기가 같은 정육각형 4개를 변끼리 붙여 만든 모양을 테트라헥스라고 합니다. 서로 다른 테트라헥스는 모두 몇 가지인지 구하시오. (단, 돌리거나 뒤집어서 같은 모양은 1개로 생각합니다.)

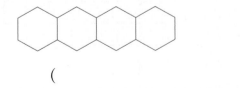

( )

전략 정다각형은 변의 길이가 모두 같고 각의 크기가 모두 같은 다각형입니다.

창의력 블릭

21

| 창의·융합 |

3개의 벽돌 모양을 그림과 같이 여러 가지 방법으로 쌓은 모양을 창의력 블릭이라고 약속합니다. •보기•의 창의력 블릭 5개 중 4개를 이용하여 모양을 만든 것입니다. 모양에 맞게 선을 그으시오.

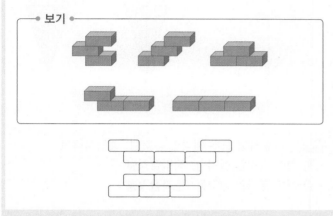

전략 5개의 창의력 블릭을 이용하여 서로 다르게 모양을 만들고 선을 그어 봅니다.

22

위의 •보기•의 창의력 블릭 5개 중 4개를 이용하여 다음 모양을 만든 것입니다. 모양에 맞게 선을 그으시오.

전략 만드는 방법은 여러 가지가 있을 수 있습니다.

예각과 둔각 찾아보기

23

그림에서 찾을 수 있는 예각의 수와 둔각의 수의 차를 구하시오.

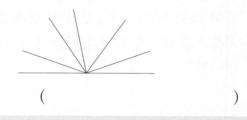

( )

전략 직선은 180°임을 이용하여 문제를 해결합니다.

24

그림에서 변 ㄱㄴ, 변 ㄴㄷ, 변 ㄷㄹ, 변 ㄹㅁ, 변 ㅁㄱ의 길이는 모두 같습니다. 그림에서 찾을 수 있는 크고 작은 예각삼각형 중에서 이등변삼각형은 모두 몇 개입니까?

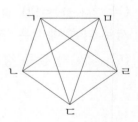

( )

전략 삼각형의 두 변의 길이가 같고 세 각이 모두 예각인 삼각형을 찾습니다.

III 도형 영역

25

연아는 오후 3시에 학교에서 돌아와 간식을 먹고 시계를 보니 긴바늘과 짧은바늘이 이루는 각이 다시 90°가 되었습니다. 오후 3시 이후에 처음으로 90°가 되었을 때는 오후 몇 시 몇 분입니까?

( )

전략 시계의 긴바늘과 짧은바늘이 이루는 각이 90°인 때는 12시간 동안 22번입니다.

26

(각 ㄱㅅㅂ)=90°일 때, 그림에서 찾을 수 있는 서로 다른 예각은 모두 몇 개인지 구하시오. (단, 각도가 같은 경우는 1개로 생각합니다.)

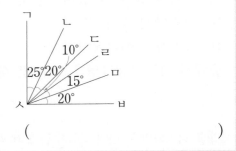

( )

전략 예각: 직각보다 작은 각(0°<예각<90°)
둔각: 직각보다 크고 180°보다 작은 각(90°<둔각<180°)

27

| 창의·융합 |

색종이를 다음과 같은 방법으로 접었습니다. 색종이를 다시 펼쳤을 때 접은 선을 따라 자르면 어떤 삼각형이 되는지 모두 쓰시오.

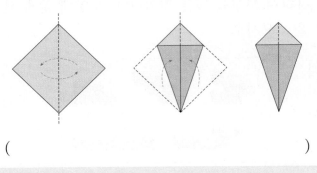

( )

전략 • 세 각이 모두 예각인 삼각형: 예각삼각형
• 한 각이 직각인 삼각형: 직각삼각형
• 한 각이 둔각인 삼각형: 둔각삼각형

28

| 창의·융합 |

다음은 어느 지역의 지하철 노선도입니다. 지하철 노선이 이루는 각 중에서 둔각을 이루는 곳은 모두 몇 군데입니까?

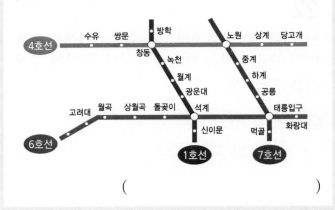

( )

전략 두 각을 이어 붙여 각을 하나로 생각할 수 있습니다. 둔각을 이루는 곳을 모두 표시하여 개수를 빠짐없이 세어 봅니다.

이등변삼각형의 활용

29

세 변의 길이의 합이 15 cm인 이등변삼각형이 있습니다. 세 변의 길이가 모두 자연수일 때, 만들 수 있는 이등변삼각형은 모두 몇 가지입니까?

( )

전략 삼각형에서 가장 긴 변의 길이는 나머지 두 변의 길이의 합보다 짧습니다.

30

정삼각형, 정사각형, 이등변삼각형을 겹치지 않게 이어 붙여 놓은 것입니다. 도형 전체의 둘레는 44 cm이고, 정사각형의 둘레가 24 cm일 때, 이등변삼각형의 둘레는 몇 cm인지 구하시오.

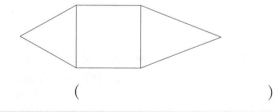

( )

전략 (정사각형의 둘레)=(한 변의 길이)×4
⇨ (한 변의 길이)=(정사각형의 둘레)÷4

31

이등변삼각형 ㄱㄴㄷ 안에 그림과 같이 사다리꼴 ㄹㅁㅂㅅ을 그렸습니다. ㉠과 ㉡의 차는 몇 도인지 구하시오.

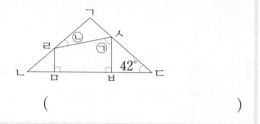

( )

전략 이등변삼각형은 두 각의 크기가 같고 삼각형의 세 각의 크기의 합은 180°임을 이용합니다.

32

삼각형에서 변 ㄱㄷ, 변 ㄷㄹ, 변 ㄹㅁ, 변 ㅁㅂ의 길이가 모두 같고 (각 ㄹㅂㅁ)=15°일 때, 각 ㄱㄷㄴ의 크기를 구하시오.

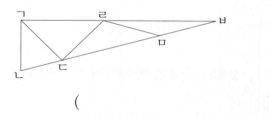

( )

전략 (변 ㄱㄷ)=(변 ㄷㄹ)=(변 ㄹㅁ)=(변 ㅁㅂ)이므로 삼각형 ㄱㄷㄹ, 삼각형 ㄹㄷㅁ, 삼각형 ㄹㅁㅂ은 모두 이등변삼각형입니다.

* 도형 영역에서의 코딩
코딩에서 어떤 부분이 반복되면 루프를 사용하여 편리하게 작업할 수 있습니다. 루프를
이용하여 명령 기호에 따라 평면도형을 그려 보고 그림에서 평면도형을 찾아봅니다.

1 다음 ●명령문●에 따라 사각형을 그릴 수 있습니다. 명령문을 4번 반복한 모양을 그리시오.

▶ 방향을 바꾸고 그 방향으로 움직이는 것에 주의합니다.

━ ●명령문● ━
① 1칸 움직이기
② 왼쪽으로 90° 돌기
③ 1칸 움직이기
④ 왼쪽으로 90° 돌기
⑤ 1칸 움직이기
⑥ 왼쪽으로 90° 돌기
⑦ 1칸 움직이기

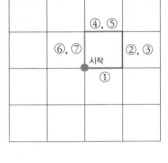

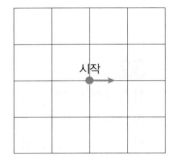

2 ●명령문●을 4번 반복하여 도형을 만들고 도형의 이름을 쓰시오.

▶ 왼쪽으로 270° 도는 것은 오른쪽으로 90° 도는 것과 같습니다.

━ ●명령문● ━
① 왼쪽으로 270° 돌기
② 두 칸 움직이기

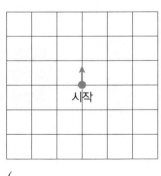

(   )

3 다음 •명령문•에 따라 도형을 그렸습니다. ☐ 안에 알맞은 수의 합을 구하시오.

▶ 명령문에 따라 같이 움직여보면서 몇 칸 움직였는지 구합니다.

┌─ 명령문 ─────────
① 2칸 움직이기
② 왼쪽으로 90° 돌기
③ ☐ 칸 움직이기
④ 왼쪽으로 90° 돌기
⑤ ☐ 칸 움직이기
⑥ 왼쪽으로 90° 돌기
⑦ ☐ 칸 움직이기
⑧ 오른쪽으로 90° 돌기
⑨ ☐ 칸 움직이기
⑩ 왼쪽으로 90° 돌기
⑪ 1칸 움직이기
└──────────────────

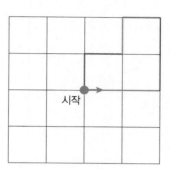

(   )

4 혜란이는 라인트레이서가 다음 지도의 출발지에서 A, B, C지점을 거쳐 다시 출발지로 돌아오도록 프로그래밍하였습니다. 가장 **빠른** 시간에 돌아왔을 때 라인트레이서가 이동한 경로를 따라 생기는 도형의 안쪽 각의 크기의 합은 모두 몇 도입니까?

▶ 라인트레이서는 정해진 라인을 따라 움직이는 로봇을 말합니다.

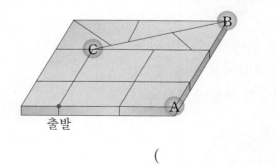

(   )

1 정육각형의 꼭짓점에서 3개의 대각선을 그어 정육각형을 4개의 삼각형으로 나누려고 합니다. 서로 다른 그림은 모두 몇 가지인지 구하시오. (단, 돌려서 겹치더라도 꼭짓점의 번호가 다르면 다른 그림입니다.)

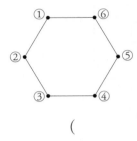

( )

창의·융합

2 정삼각형과 이등변삼각형으로 이루어진*지오데식 돔은 적은 재료로 기둥 없이 만들 수 있는 크고 안정적인 돔 모양의 대표적인 구조입니다. 그림과 같이 정이십면체의 각 면을 크기와 모양이 같은 작은 삼각형 4개로 나누고, 구에 가깝도록 바깥쪽으로 조금씩 옮기면 지오데식 돔이 만들어집니다.

*지오데식 돔

되도록 같은 길이의 직선을 사용하여 구면 분할을 한 트러스 구조에 의한 돔 형식의 하나입니다. 정이십면체를 기본으로 잘게 분할해 가는 경우가 많습니다.

다음은 반구 형태의 지오데식 돔을 2가지 길이의 변으로 만들고 위에서 바라본 모양입니다. 위에서 본 모양에서 찾을 수 있는 정삼각형의 개수와 이등변삼각형의 개수의 차를 구하시오.

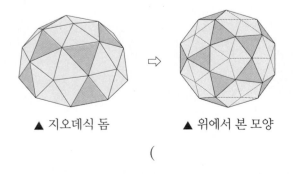

▲ 지오데식 돔   ▲ 위에서 본 모양

( )

창의·융합

3 • 보기 •와 같이 크기가 같은 스핑크스 퍼즐 4조각을 사용하여
여러 가지 모양을 만들었습니다.

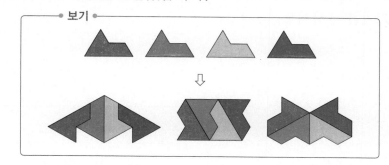

다음 중 스핑크스 퍼즐 4조각으로 만들 수 <u>없는</u> 모양의 기호
를 쓰시오.

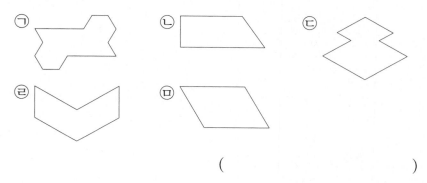

(   )

창의·융합

4 다음 도형에서 앞, 옆, 위에 표시된 ★는 가로 방향, 세로 방향,
아래쪽 방향으로 각각 5개씩 모두 ★가 표시되어 있음을 나타
냅니다. ★이 표시된 작은 쌓기나무는 모두 몇 개입니까?

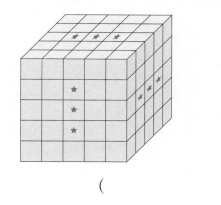

(   )

5 삼각형 ㄱㄴㄷ은 변 ㄱㄴ과 변 ㄱㄷ의 길이가 같은 이등변삼
각형입니다. 삼각형 ㄱㄴㄷ을 꼭짓점 ㄴ을 중심으로 움직여
삼각형 ㄴㄹㅂ을 만들었을 때, ㉠의 크기를 구하시오.

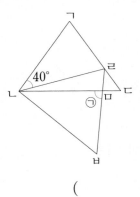

(   )

문제 해결

6 크기가 서로 다른 정사각형 5개와 이등변삼각형 4개로 다음
모양을 만들었습니다. 가장 큰 정사각형의 넓이가 16이라고
할 때 정사각형 5개의 넓이의 합을 구하시오.

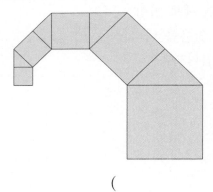

(   )

7 색칠한 평행사변형의 넓이를 2라고 할 때, 전체 도형의 넓이를 구하시오.

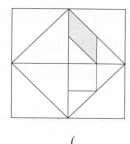

( )

창의·사고

8 •보기•는 정사각형과 정사각형을 똑같이 반으로 잘라서 만들수 있는 이등변삼각형입니다. •보기•의 4개의 도형을 모두 사용하여 길이가 같은 변끼리 붙여서 만들 수 있는 도형은 모두 몇 가지입니까? (단, 붙여서 만든 도형의 안쪽에 있는 선분은 무시하고, 뒤집거나 돌렸을 때 같은 모양은 한 가지로 생각합니다.)

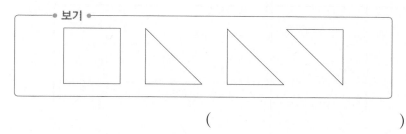

( )

❖ 폴리아몬드란 크기가 같은 정삼각형을 하나씩 늘려가며 붙여 만든 모양을 말합니다. 정삼각형이 1개이면 모노아몬드, 정삼각형이 2개이면 다이아몬드, 정삼각형이 3개이면 트리아몬드, 정삼각형이 4개이면 테트리아몬드, 정삼각형이 5개이면 펜티아몬드라고 합니다.

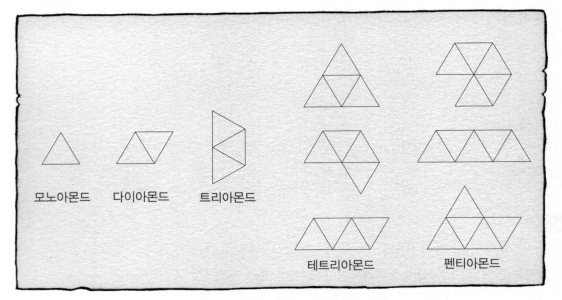

9 정삼각형 6개를 변끼리 붙여 만든 모양을 헥시아몬드라고 합니다. 헥시아몬드를 5개 그리시오. (단, 돌리거나 뒤집었을 때 같은 모양은 한 가지로 생각합니다.)

IV
측정 영역

| 주제 구성 |

[주제 학습 15] **도형에서 각의 크기 구하기**

직사각형 모양의 종이를 접은 그림입니다. 각 ㅁㅇㅈ의 크기를 구하시오.

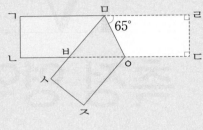

( )

Q. 다각형에서 각의 크기의 합은 몇 도일까요?

A. ·

(사각형의 각의 크기의 합)
$=180°×2=360°$

·

(오각형의 각의 크기의 합)
$=180°×3=540°$

참고

(◆각형의 각의 크기의 합)
$=180°×(◆-2)$
(정◆각형의 한 각의 크기)
$=180°×(◆-2)÷◆$

문제 해결 전략

① 각 ㅅㅁㅇ의 크기 구하기
　접은 부분의 각의 크기는 서로 같으므로 (각 ㄹㅁㅇ)=(각 ㅅㅁㅇ)=65°입니다.
② 사각형의 네 각의 크기의 합을 이용하여 각 ㅁㅇㅈ의 크기 구하기
　사각형의 네 각의 크기의 합은 360°이므로 사각형 ㅁㅅㅈㅇ에서
　$90°+90°+65°+(각 ㅁㅇㅈ)=360°$이므로 (각 ㅁㅇㅈ)=115°입니다.

따라 풀기 ① 직사각형 모양의 종이를 다음과 같이 접었습니다. (각 ㅂㄴㄹ)=25°일 때, 각 ㄴㄹㄷ 의 크기를 구하시오.

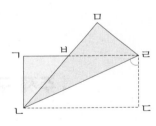

( )

따라 풀기 ② 직사각형 모양의 종이를 다음과 같이 접었을 때, ㉠의 크기를 구하시오.

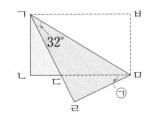

( )

[확인 문제]

1-1 직사각형 모양의 종이를 그림과 같이 접었습니다. ㉠의 크기를 구하시오.

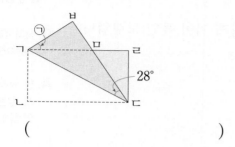

( )

2-1 그림에서 두 직선 가, 나가 서로 평행할 때, ㉠의 크기를 구하시오.

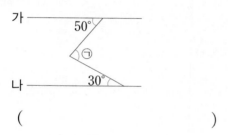

( )

3-1 도형에서 ㉠의 크기를 구하시오.

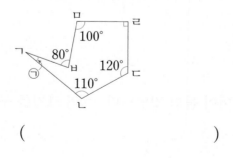

( )

[한 번 더 확인]

1-2 직사각형 모양의 종이를 그림과 같이 접었습니다. ㉠의 크기를 구하시오.

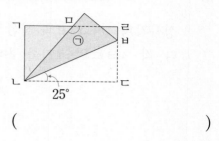

( )

2-2 도형에서 보조선을 이용하여 ㉠의 크기를 구하시오.

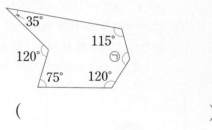

( )

3-2 도형에서 ㉠의 크기를 구하시오.

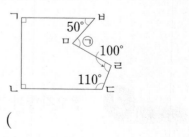

( )

Ⅳ

측 정 영 역

[주제 학습 16] **각도의 합과 차의 활용**

정사각형 ㄱㄴㄷㄹ과 정삼각형 ㄹㄷㅁ을 겹치지 않게 이어 붙인 도형입니다. 각 ㄱㅂㄷ의 크기를 구하시오.

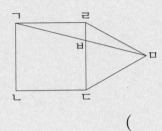

(   )

선생님, 질문 있어요!

Q. 삼각형에서 한 외각의 크기는 어떻게 구할까요?

A. 한 외각의 크기는 이웃하지 않는 두 내각의 크기의 합과 같습니다.

㉠+㉡+㉢=180°
㉢+㉣=180°
⇨ ㉣=㉠+㉡

도형의 안쪽에 생기는 각은 내각, 도형의 한 변을 연장했을 때 도형과 연장선이 이루는 각을 외각이라고 합니다.

[문제 해결 전략]

① 이등변삼각형의 성질 이용하기
(선분 ㄱㄹ)=(선분 ㄹㅁ)이므로 삼각형 ㄹㄱㅁ은 이등변삼각형입니다.
(각 ㄱㄹㅁ)=90°+60°=150°
(각 ㄹㄱㅁ)=(180°-150°)÷2=15°
② 각 ㄱㅂㄹ의 크기를 이용하여 각 ㄱㅂㄷ의 크기 구하기
삼각형 ㄱㄹㅂ에서 (각 ㄱㅂㄹ)=180°-90°-15°=75°입니다.
⇨ (각 ㄱㅂㄷ)=180°-(각 ㄱㅂㄹ)=180°-75°=105°

따라 풀기 1 변 ㄱㄴ과 변 ㄴㄷ의 길이가 같을 때, 각 ㄹㄱㄷ의 크기를 구하시오.

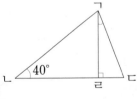

(   )

따라 풀기 2 정오각형과 정팔각형을 겹치지 않게 이어 붙인 것입니다. ㉠의 크기를 구하시오.

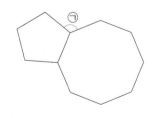

(   )

[확인 문제]

1-1 크기가 같은 두 정사각형을 그림과 같이 겹쳐 놓았습니다. ㉠의 크기를 구하시오.

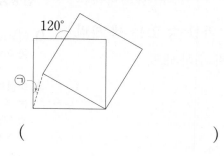

(   )

2-1 그림과 같이 삼각형 ㄱㄴㄷ 안에 선분 ㄴㄷ과 평행한 선분 ㄹㅁ을 그었습니다. 각 ㄹㅁㄷ의 크기를 구하시오.

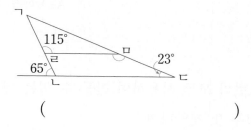

(   )

3-1 그림과 같이 삼각형 2개가 겹쳐 있습니다. ㉠, ㉡, ㉢, ㉣, ㉤, ㉥의 합을 구하시오.

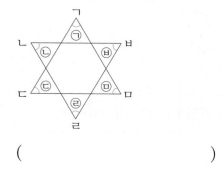

(   )

[한 번 더 확인]

1-2 모양과 크기가 다른 직각삼각형 ㄱㄷㄹ과 직각삼각형 ㄴㄷㅁ을 그림과 같이 겹쳐 놓았습니다. 각 ㄱㅂㄴ의 크기를 구하시오.

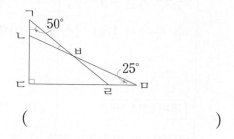

(   )

2-2 사각형 ㄱㄴㄷㄹ은 정사각형이고, 삼각형 ㄴㄷㅁ은 정삼각형입니다. 각 ㄴㄹㅁ의 크기를 구하시오.

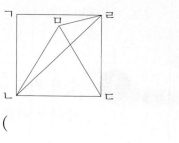

(   )

3-2 그림과 같이 삼각형 3개가 점 ㄷ에서 만나고 있습니다. 색칠한 각의 합을 구하시오.

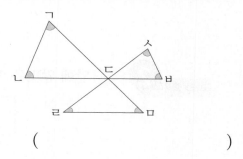

(   )

[주제 학습 17] 이상, 이하, 초과, 미만 구별하기

숫자 카드 0 , 1 , 3 , 8 을 한 번씩 사용하여 만들 수 있는 세 자리 수 중에서 130 이상 380 미만인 수는 모두 몇 개인지 구하시오.

(   )

선생님, 질문 있어요!

Q. 이상과 이하, 초과와 미만을 어떻게 구별할까요?

A. 이상과 이하는 기준이 되는 수를 포함하고, 초과와 미만은 기준이 되는 수를 포함하지 않습니다.

문제 해결 전략

① 백의 자리에 숫자 카드 1 을 놓는 경우

  백의 자리 숫자가 1일 때, 남은 0, 3, 8 중에서 십의 자리에 올 수 있는 숫자는 3, 8이므로 만들 수 있는 세 자리 수는 130, 138, 180, 183입니다.

② 백의 자리에 숫자 카드 3 을 놓는 경우

  백의 자리 숫자가 3일 때, 남은 0, 1, 8 중에서 십의 자리에 올 수 있는 숫자는 0, 1이므로 만들 수 있는 세 자리 수는 301, 308, 310, 318입니다.

③ 130 이상 380 미만인 수의 개수 구하기

  130 이상 380 미만인 수는 4+4=8(개)입니다.

참고

A는 B 이상인 수: $A \geq B$
A는 B 초과인 수: $A > B$
A는 B 이하인 수: $A \leq B$
A는 B 미만인 수: $A < B$

따라 풀기 1

숫자 카드 1 , 2 , 8 , 9 를 한 번씩 모두 사용하여 만들 수 있는 네 자리 수 중에서 다음 조건을 만족하는 수는 모두 몇 개입니까?

조건
· 2700 이상 8920 이하인 수입니다.
· 2로 나누어떨어지지 않습니다.

(   )

따라 풀기 2

□ 안에 알맞은 자연수를 구하시오.

66 초과 □ 이하인 자연수는 모두 9개입니다.

(   )

[**확인 문제**]

1-1 다음 조건을 모두 만족하는 수는 몇 개입니까?

조건
- 26 이상의 자연수입니다.
- 81 미만의 자연수입니다.
- 2로 나누어떨어지는 수입니다.

(   )

2-1 □ 초과 106 미만인 자연수 중에서 가장 큰 자연수를 가장 작은 자연수로 나누었더니 몫이 7로 나누어떨어졌습니다. □ 안에 알맞은 수를 구하시오.

(   )

3-1 1000 kg 미만까지 짐을 실을 수 있는 화물용 엘리베이터가 있습니다. 이 엘리베이터에 무게가 74 kg인 상자를 5개, 55 kg인 상자를 9개 실었을 때 15 kg인 상자를 몇 개까지 더 실을 수 있습니까?

(   )

[**한 번 더 확인**]

1-2 ㉠과 ㉡의 차를 구하시오.

- 24 이상 ㉠ 미만인 자연수는 모두 7개입니다.
- ㉡ 초과 30 미만인 자연수는 모두 10개입니다.

(   )

2-2 어떤 수에 5를 더하고 2를 곱하면 60 이상인 수가 되고, 어떤 수를 3배 하면 45 초과 90 이하인 수가 됩니다. 어떤 수가 될 수 있는 자연수는 모두 몇 개입니까?

(   )

3-2 한 개의 무게가 0.4 kg인 복숭아가 60개 있습니다. 복숭아 전체의 무게가 80 kg을 초과하려면 복숭아는 최소 몇 개가 더 있어야 합니까?

(   )

Ⅳ 측정 영역

[주제 학습 18] 어림한 수를 이용하여 문제 해결하기

민아네 반 남학생 15명과 여학생 18명에게 형광펜을 한 자루씩 나누어 주려고 합니다. 문구점에서 형광펜은 한 묶음에 6500원이고 10자루씩 묶음으로 팔 때, 형광펜을 사려면 적어도 얼마가 필요합니까?

(   )

〔문제 해결 전략〕

① 필요한 형광펜의 수 구하기

민아네 반 학생은 모두 15+18=33(명)이므로 필요한 형광펜은 33자루입니다.

② 사야 하는 형광펜의 수 구하기

형광펜을 10자루씩 묶음으로 사야 하므로 필요한 형광펜 수를 올림하여 십의 자리까지 나타내면 40입니다. 따라서 형광펜은 적어도 40자루를 사야 합니다.

③ 형광펜을 살 때 필요한 금액 구하기

형광펜은 한 묶음에 6500원이므로 형광펜을 4묶음 사려면 적어도 6500×4=26000(원)이 필요합니다.

〔선생님, 질문 있어요!〕

Q. 어림하기에는 어떤 방법이 있나요?

A. 어림하기에는 올림, 버림, 반올림이 있습니다.

〔참고〕

• 올림: 구하려는 자리 미만의 수를 올려서 나타내는 방법
• 버림: 구하려는 자리 미만의 수를 버려서 나타내는 방법
• 반올림: 구하려는 자리 바로 아래 자리의 숫자가 0, 1, 2, 3, 4이면 버리고 5, 6, 7, 8, 9이면 올리는 방법

1 따라 풀기

시안이와 채유는 23500원짜리 책을 각각 한 권씩 사려고 합니다. 책값을 시안이는 10000원짜리, 채유는 1000원짜리 지폐로만 내려고 합니다. 두 사람이 내야 할 지폐 수의 차는 몇 장입니까?

(   )

2 따라 풀기

수를 올림하여 백의 자리까지 나타내면 700이 되고, 반올림하여 백의 자리까지 나타내면 600이 되는 자연수는 모두 몇 개입니까?

(   )

[**확인 문제**]

1-1 어떤 자연수를 올림, 버림, 반올림하여 각
각 백의 자리까지 나타내었더니 모두 7000
이 되었습니다. 어떤 수를 구하시오.

(   )

2-1 지훈이네 학교 학생들이 사랑의 저금통 행
사에서 모은 동전은 500원짜리 동전이 350
개, 100원짜리 동전이 497개였습니다. 이
동전을 모두 1000원짜리 지폐로 바꾸면 몇
장까지 바꿀 수 있습니까?

(   )

3-1 준하네 학교 4학년 학생들이 현장 학습을
가려고 합니다. 7명의 선생님과 학생들이
함께 버스를 타고 가는데 35인승 버스가 적
어도 6대 필요합니다. 준하네 학교 4학년
학생 수는 몇 명 이상 몇 명 이하입니까?

(   )

[**한 번 더 확인**]

1-2 어떤 자연수를 일의 자리에서 반올림하였
더니 2000이 되었습니다. 처음의 수가 될
수 있는 수의 범위를 이상과 미만을 사용하
여 수직선에 나타내시오.

2-2 불우이웃 돕기 성금으로 모은 돈은 10000
원짜리 지폐가 13장, 1000원짜리 지폐가
58장, 500원짜리 동전이 612개, 100원짜
리 동전이 2979개, 50원짜리 동전이 305개
였습니다. 이 돈을 은행에서 10000원짜리
지폐로 바꾸면 몇 장까지 바꿀 수 있습니까?

(   )

3-2 어느 회사의 직원들이 연수를 가려고 합니
다. 직원들이 40인승 버스를 타려면 버스가
적어도 8대 필요하고, 45인승 버스를 타려
면 적어도 7대가 필요합니다. 이 회사의 직
원은 몇 명 초과 몇 명 미만입니까?

(   )

IV 측정 영역

보조선을 이용하여 각도 구하기

1
| 고대 경시 기출 유형 |

직선 가와 직선 나는 서로 평행합니다. ㉠의 크기를 구하시오.

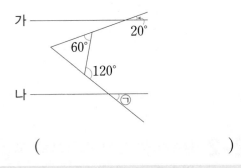

( )

전략 ① 직선 가, 나와 평행한 직선을 그어 봅니다.
② 평행선과 한 직선이 만날 때 생기는 같은 쪽의 각의 크기와 반대쪽의 각의 크기는 각각 같습니다.

2

그림에서 ㉠+㉡+㉢+㉣의 크기를 구하시오.

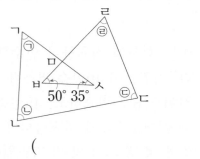

( )

전략 점 ㄱ과 점 ㄹ을 이어 보조선을 긋고 다각형의 각의 크기의 합을 이용합니다.

3
| 고대 경시 기출 유형 |

그림에서 ㉠의 크기를 구하시오.

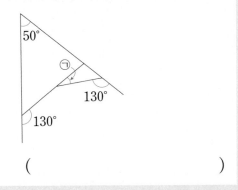

( )

전략 한 내각의 크기와 한 외각의 크기의 합이 180°임을 이용하여 문제를 해결합니다.

4

그림에서 ㉠의 크기를 구하시오.

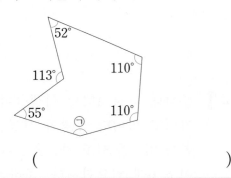

( )

전략 다각형 안에 보조선을 그어 삼각형 또는 사각형으로 나누어 보면 다각형의 각의 크기의 합을 이용할 수 있습니다.

도형을 접었을 때 생기는 각

5
| 성대 경시 기출 유형 |

삼각형 모양의 종이를 그림과 같이 접었을 때, ㉠의 크기를 구하시오.

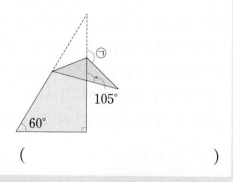

(   )

전략 종이를 펼쳤을 때 겹쳐지는 각의 크기는 같습니다.

6

정사각형 모양의 색종이를 그림과 같이 접었을 때, 각 ㄴㅂㄷ의 작은 쪽 각의 크기를 구하시오.

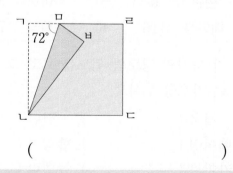

(   )

전략 ① 종이를 접었을 때 크기가 같은 각을 찾아봅니다.
② 이등변삼각형의 성질을 이용하여 문제를 해결합니다.

7
| 고대 경시 기출 유형 |

사각형 모양의 종이를 그림과 같이 접었습니다. 각 ㄱㅁㅅ과 각 ㅅㅁㄹ의 크기가 같고 각 ㅁㄹㅅ과 각 ㅅㄹㄷ의 크기가 같을 때, ㉠의 크기를 구하시오.

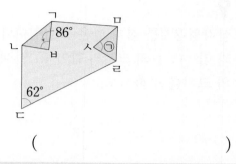

(   )

전략 ① 종이를 펼쳤을 때 크기가 같은 각을 찾아봅니다.
② 사각형의 네 각의 크기의 합이 360°임을 이용합니다.

8

종이비행기를 접기 위해 그림과 같이 직사각형 모양의 색종이를 2번 접었습니다. 각 ㄴㅇㄱ의 크기를 구하시오.

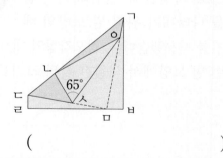

(   )

전략 삼각형의 성질을 이용하여 삼각형 ㄴㅅㅇ의 세 각의 크기를 먼저 구합니다.

각도의 활용

9

삼각형 2개를 겹쳐 놓은 그림입니다. 각 ㄱㄴㄹ 과 각 ㄱㄷㄹ의 크기의 합이 45°일 때, 각 ㄴㄹㄷ 의 크기를 구하시오.

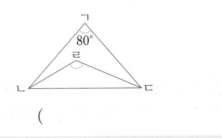

(   )

전략 삼각형의 세 각의 크기의 합은 180°입니다.

10

| 창의·융합 |

오른쪽 그림은 고대 그리스 시 대의 피타고라스 학파의 상징 으로 자신들의 권위와 우수함 을 나타내기 위해 별 모양의 배 지를 사용했습니다. 정오각형의 대각선을 따라 그 린 별 모양에서 색칠한 각의 크기를 구하시오.

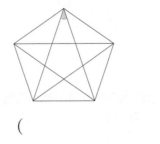

(   )

전략 정오각형의 각의 크기의 합과 한 각의 크기를 이용 하여 색칠한 각의 크기를 구합니다.

11

| 창의·융합 |

지구본과 세계지도의 가로선과 세로선은 지구 위 특정 지역의 정확한 위치를 알려주는 위도 와 경도를 표시하는 위선과 경선입니다. 지구 를 위에서 보았을 때 가 지역—북극점—자오선 이 이루는 각을 가 지역의 경도라고 하고, 지구 를 옆에서 보았을 때 가 지역—지구의 중심— 적도가 이루는 각을 가 지역의 위도라고 합니다.

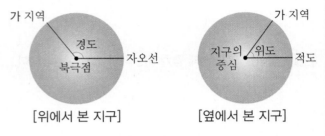

[위에서 본 지구]   [옆에서 본 지구]

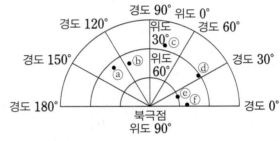

도시	경도	위도	도시	경도	위도
서울	126°	37°	헬싱키	24°	60°
런던	0°	51°	카이로	31°	30°
베이징	116°	40°	뉴델리	77°	28°

각 도시의 경도와 위도를 보고 그 위치에 알맞 은 기호를 쓰시오.

서울 (   ),   런던 (   )
베이징 (   ), 헬싱키 (   )
카이로 (   ), 뉴델리 (   )

전략 경도와 위도가 나타내는 각의 의미를 이해하고, 도 시의 위치를 그림으로 나타낼 수 있습니다.

시간의 계산

수의 범위

12

| 성대 경시 기출 유형 |

정아는 오후 7시 30분에 숙제를 시작하여 시침이 35° 움직인 후 끝냈습니다. 정아가 숙제를 끝낸 시각은 오후 몇 시 몇 분입니까?

(   )

> **전략** 한 시간 동안 시침은 30°, 분침은 360°를 움직이므로 시침이 1°를 움직일 때 분침은 360°÷30°=12°씩 움직입니다.

14

㉠과 ㉡을 만족하는 자연수의 개수가 같을 때, □ 안에 알맞은 수를 구하시오.

> ㉠ 21 초과 40 이하인 자연수
> ㉡ □ 이상 50 미만인 자연수

(   )

> **전략** 이상과 이하는 기준이 되는 수를 포함하고 초과와 미만은 기준이 되는 수를 포함하지 않습니다.

13

| 성대 경시 기출 유형 |

우리나라의 시각과 비교하여 미국의 앵커리지는 18시간이 늦고, 뉴욕은 15시간이 늦습니다. 2월 17일 오후 8시 정각에 인천 국제공항을 출발한 비행기가 8시간 후에 앵커리지에 도착하였고, 앵커리지에서 4시간 휴식한 후에 출발하여 5시간 후에 뉴욕에 도착하였습니다. 비행기가 뉴욕에 도착했을 때 뉴욕의 시각은 몇 월 몇 일 몇 시입니까?

(   )

> **전략** 세계 표준시를 기준으로 하여 정한 세계 각 지역의 시간 차이를 시차라고 합니다. 시차를 이용하여 문제를 해결합니다.

15

| 고대 경시 기출 유형 |

민아네 가족은 11살인 민아, 39살인 어머니, 43살인 아버지, 69살인 할머니입니다. 민아네 가족 4명이 서울에서 광주로 갈 때, KTX와 무궁화호의 요금의 차는 얼마입니까?

서울—광주 기차 요금표

구분	KTX	무궁화호
어른·청소년	46800원	22000원
어린이	28600원	11000원
경로	37000원	15400원

- 어른: 20살 이상 64살 이하
- 청소년: 14살 이상 19살 이하
- 어린이: 4살 이상 13살 이하
- 경로: 65살 이상

(   )

> **전략** ① 11살인 민아 ⇨ 어린이 요금
> ② 39살인 어머니, 43살인 아버지 ⇨ 어른 요금
> ③ 69살인 할머니 ⇨ 경로 요금

Ⅳ 측정 영역

16

| 창의·융합 |

그리스 신화에 등장하는 스핑크스는 지나가는 사람에게 수수께끼를 내고 그 문제를 풀지 못하는 사람은 잡아먹었다고 합니다. 다음을 읽고 ㉠이 될 수 있는 자연수 중에서 두 번째로 큰 수를 구하시오.

스핑크스의 수수께끼

- ㉠은 2000 초과 5000 미만인 수입니다.
- ㉠의 천의 자리 숫자는 3 초과인 수입니다.
- ㉠의 백의 자리 숫자는 4 초과 9 이하인 수 중 가장 큰 수입니다.
- ㉠의 십의 자리 숫자는 2 초과인 수 중 가장 작은 숫자입니다.
- ㉠은 2로 나누어떨어집니다.

(   )

전략 이상과 이하, 초과와 미만의 뜻을 이해하여 천의 자리 숫자부터 차례로 조건을 만족하는 수를 구합니다.
이때 두 번째로 큰 수를 구하는 것에 주의합니다.

어림수 이용하기

17

하니, 두나, 윤서가 구슬을 가지고 있습니다. 세 사람이 가지고 있는 구슬의 수를 다음과 같은 방법으로 세어 보았더니 각각 70개였습니다. 세 사람이 가지고 있는 구슬 수의 합은 몇 개 이상 몇 개 이하인지 구하시오.

- 하니: 일의 자리에서 반올림
- 두나: 일의 자리에서 버림
- 윤서: 일의 자리에서 올림

(   )

전략 하니, 두나, 윤서가 가지고 있는 구슬 수의 범위를 각각 알아봅니다.

18

현성이와 주하의 대화를 읽고 어떤 수를 구하시오.

현성: 어떤 수를 각각 5와 7로 나누었을 때 나누어떨어져.
주하: 어떤 수를 5로 나눈 후 일의 자리에서 반올림하여 나타내면 60이 되고, 7로 나눈 후 일의 자리에서 반올림하여 나타내면 50이야.

(   )

전략 • 거꾸로 생각하여 어림하기 전의 수의 범위를 찾아봅니다.
• 올림, 버림, 반올림을 이용하여 어떤 수를 구할 수 있습니다.

19

| 고대 경시 기출 유형 |

5 , 3 , 2 , 9 의 숫자 카드를 한 번씩 모두 사용하여 만든 네 자리 수를 백의 자리에서 반올림하여 나타내면 3000이 됩니다. 숫자 카드로 만들 수 있는 수 중에서 조건을 만족하는 수는 모두 몇 개입니까?

(   )

전략 백의 자리에서 반올림하여 나타내면 3000이 되는 수의 범위를 구합니다.

21

| 성대 경시 기출 유형 |

수아네 학교의 학생 567명이 국악 공연을 관람하려고 합니다. 관람권 10장은 45000원이고 100장은 420000원이라고 합니다. 가장 적은 돈으로 관람권을 사려면 얼마가 필요합니까? (단, 관람권은 10장, 100장 단위로만 판매합니다.)

(   )

전략 다음과 같은 경우 올림을 이용하여 문제를 해결합니다.
· 묶음 또는 일정한 단위로 물건을 사거나 요금을 지불하는 경우
· 모든 사람을 태울 수 있는 교통수단의 수를 구하는 경우
· 물건을 모두 담는 데 필요한 상자의 수를 구하는 경우

20

택시 요금이 달린 거리가 1 km 미만일 때는 3000원이고, 1 km부터는 3100원, 그 후 100 m를 달릴 때마다 100원씩 추가된다고 합니다. 택시를 타고 1780 m를 달릴 때 택시 요금은 얼마입니까?

(   )

전략 100 m를 달릴 때마다 택시 요금이 100원씩 추가되므로 100 m 미만인 거리는 버림합니다.

22

새해 첫 해돋이 행사의 참가자 수를 버림하여 백의 자리까지 나타내면 8400명입니다. 참가자 모두에게 가래떡을 2개씩 나누어 주려면 가래떡을 적어도 몇 개 준비해야 합니까?

(   )

전략 다음과 같은 경우 버림을 이용하여 문제를 해결합니다.
· 동전을 지폐로 바꾸는 경우
· 상자에 담을 수 있는 물건의 수를 구한 경우

IV 측정 영역

1 세 변의 길이가 ♥ cm, ♠ cm, 9 cm인 삼각형이 있습니다. ♥에 1부터 8까지의 수를 차례로 넣고 ♠에 ♥보다 1 큰 수를 차례로 넣을 때, 만들 수 있는 삼각형은 모두 몇 개인지 구하시오.

( )

▶ 표를 만들어서 ♥에 1부터 8까지, ♠에 2부터 9까지 차례로 넣어 봅니다.

2 그림은 로봇이 3분씩 두 번 움직인 모양을 나타낸 것입니다. 이와 같이 이 로봇이 직각으로 방향을 바꾸면서 운동을 반복한다고 할 때, 이 로봇이 2시간 후에는 처음에 있었던 곳에서 동쪽으로 ㉠ m만큼, 북쪽으로 ㉡ m만큼의 거리에 있습니다. ㉠+㉡의 값을 구하시오.

▶ 로봇이 일정 시간 동안 각 방향으로 움직이는 규칙을 찾아 문제를 해결합니다.

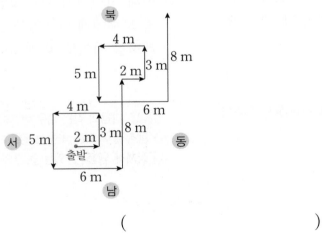

( )

3 다음은 정사각형과 정삼각형을 그리는 명령어입니다. □ 안에 알맞은 수를 각각 쓰시오.

▶ □각형에서
(한 회전 각도)=360°÷□
입니다.

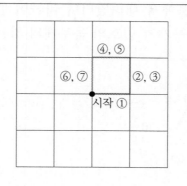

```
•정사각형 명령어•
    ① 1칸 움직이기
    ② 왼쪽으로 90° 돌기
    ③ 1칸 움직이기
    ④ 왼쪽으로 90° 돌기
    ⑤ 1칸 움직이기
    ⑥ 왼쪽으로 90° 돌기
    ⑦ 1칸 움직이기
```

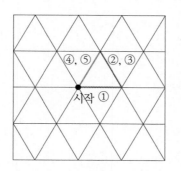

```
•정삼각형 명령어•
    ① 1칸 움직이기
    ② 왼쪽으로 [   ]° 돌기
    ③ 1칸 움직이기
    ④ 왼쪽으로 [   ]° 돌기
    ⑤ 1칸 움직이기
```

4 위의 •정삼각형 명령어•를 3번 반복하여 정삼각형 3개를 만드시오.

▶ 첫 번째 삼각형을 완성한 후 시작 방향이 변하는 것에 주의합니다.

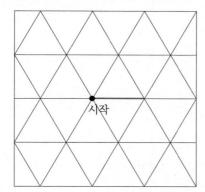

1 아버지와 민호가 동시에 저울에 올라갔더니 저울의 눈금이 그림과 같았습니다. 민호가 저울에서 내려왔더니 바늘이 108°만큼 움직였다면 아버지의 몸무게와 민호의 몸무게의 차는 몇 kg인지 구하시오.

(   )

2 그림과 같이 일정한 간격으로 직각 안에 직선을 1개, 2개, 3개……를 그렸습니다. 직선이 1개일 때 찾을 수 있는 예각은 2개이고, 직선이 2개일 때 예각은 5개입니다. 같은 방법으로 직선을 10개 그을 때 찾을 수 있는 예각은 모두 몇 개입니까?

(   )

문제 해결

3 삼각형 ㄱㄴㅁ은 정삼각형, 사각형 ㄴㄷㄹㅁ은 직사각형, 삼각형 ㄴㄷㅂ은 이등변삼각형입니다. 변 ㄷㅂ과 변 ㄷㄹ의 길이가 같을 때, 각 ㄱㅅㅁ의 크기를 구하시오.

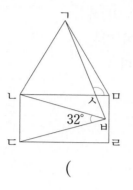

(   )

창의 · 사고

4 숫자가 지워져서 보이지 않는 시계를 바닥에 굴렸더니 숫자 12가 있던 자리를 알 수가 없습니다. 시침과 분침이 가리키는 눈금이 다음과 같을 때, 시계가 가리키는 시각은 몇 시 몇 분입니까?

(   )

5 다음은 당구대 위에서 당구공이 화살표 방향으로 튕겨지는 모습입니다. 당구공이 그림과 같이 항상 45°의 각도로 튕겨지는 것을 반복하며 움직입니다. 당구공이 계속 튕겨서 6개의 구멍 중 한 곳에 들어갈 때까지 만들어지는 각(㉮, ㉯와 같은 각)을 모두 더하면 몇 도인지 구하시오. (단, 당구공이 구멍이 있는 곳으로 들어가면 아래로 빠져서 더 이상 튕기지 않습니다.)

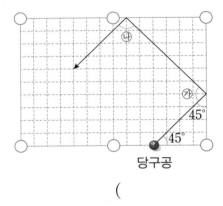

당구공

( )

6 다음은 어느 워터 파크의 요금표인데 청소년 요금의 일부가 지워져서 보이지 않습니다. 연수네 가족이 다음 조건을 만족할 때, 워터 파크의 청소년 요금은 얼마인지 구하시오.
(단, 청소년 요금은 어른 요금보다 적습니다.)

워터 파크 요금표

구분	어른 (20살 이상)	청소년 (13살 이상 20살 미만)	어린이 (8살 이상 13살 미만)
요금(원)	20000	~~■■■~~000	12000

─ 조건 ─
• 45세인 아버지, 42세인 어머니, 연수, 연아, 연준이가 워터 파크에 가면 요금은 모두 84000원입니다.
• 연수, 연아, 연준이는 어른이 아니고 8살 이상입니다.
• 연아는 13살이고, 연수는 연준이보다 나이가 많습니다.

( )

창의·사고

7 다음은 주어진 선분을 3등분한 후 가운데 선분을 지우고 변의 길이가 모두 같은 변을 만드는 과정을 반복한 것입니다. 같은 방법으로 다섯 번째 도형에서 찾을 수 있는 변은 모두 몇 개입니까?

첫 번째   두 번째   세 번째

( )

창의·융합

8 비밀번호를 바르게 눌러야 문이 열립니다. 조건을 모두 만족하는 비밀번호를 쓰시오.

```
1 2 3
4 5 6
7 8 9
* 0 #
```

● 조건 ●
- 0부터 9까지의 숫자로 소수 네 자리 수를 만듭니다. 이때 한 숫자를 두 번까지 사용할 수 있습니다.
- 만들 수 있는 소수 네 자리 수 중 10에 가장 가까운 수를 ㉠이라고 합니다.
- 만들 수 있는 소수 네 자리 수 중 올림하여 일의 자리까지 나타내었을 때 10이 되는 가장 작은 수를 ㉡이라고 합니다.
- ㉠과 ㉡의 차를 누릅니다.
- *을 소수점으로 생각합니다.
- 번호를 모두 입력한 다음 #을 누릅니다.

( )

특강 영재원·**창의융합** 문제

❖ 그림과 같은 배열로 도미노를 세워 놓았고, 그림에서 직선이 지나가는 자리가 도미노가 세워진 자리입니다. 가장 작은 정사각형 한 변의 길이만큼 쓰러지는 데 10초가 걸린다고 할 때, 물음에 답하시오. **(9~10)**

9 A 지점에서 도미노를 쓰러뜨리기 시작하여 모든 도미노가 쓰러지는 데 걸리는 시간을 구하시오.

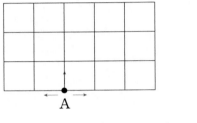

(   )

10 A, B 두 지점에서 동시에 도미노를 쓰러뜨리기 시작하여 모든 도미노가 쓰러지는 데 걸리는 시간을 구하시오.

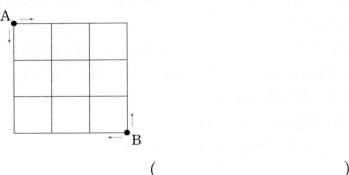

(   )

V
확률과 통계 영역

[주제 학습 19] **모르는 항목의 수 구하기**

창현이네 반 학생들이 좋아하는 운동을 조사하여 나타낸 표입니다. 피구를 좋아하는 학생은 축구를 좋아하는 학생보다 3명 더 많을 때, 피구를 좋아하는 학생 수를 구하시오.

좋아하는 운동별 학생 수

운동	피구	축구	야구	배드민턴	농구	기타	합계
학생 수			4	3	3	2	25

( )

[문제 해결 전략]

① 피구를 좋아하는 학생 수와 축구를 좋아하는 학생 수의 관계
구하는 것이 피구를 좋아하는 학생 수이므로 피구를 좋아하는 학생을 □명이라 합니다. 피구를 좋아하는 학생이 축구를 좋아하는 학생보다 3명 더 많으므로 축구를 좋아하는 학생은 (□−3)명입니다.

② 피구를 좋아하는 학생 수 구하기
전체 학생 수가 25명이므로 □+(□−3)+4+3+3+2=25,
□+□+9=25, □+□=16, □=8입니다.
따라서 피구를 좋아하는 학생은 8명입니다.

표로 나타내면 각 항목별로 조사한 수와 전체 조사한 수의 합계를 알 수 있어요.

따라 풀기 ❶ 지현이네 반 학생 26명이 1학기 동안 읽은 책을 조사하여 나타낸 표입니다. 책을 10권 이상 15권 미만 읽은 사람이 책을 15권 이상 20권 미만 읽은 사람보다 4명 적다고 합니다. 표를 보고 막대그래프로 나타낼 때 세로에 학생 수를 나타내려면 세로 눈금은 적어도 몇 명까지 나타낼 수 있어야 합니까?

1학기 동안 읽은 책의 수

책의 수	5권 미만	5권 이상 ~10권 미만	10권 이상 ~15권 미만	15권 이상 ~20권 미만	20권 이상
학생 수	2	4			4

( )

[**확인 문제**]

1-1 성훈이네 반 학생 27명이 가장 좋아하는 음식을 조사하여 나타낸 표입니다. 떡볶이를 좋아하는 학생이 김밥을 좋아하는 학생보다 많고 음식별로 좋아하는 학생 수가 모두 다를 때, 김밥을 좋아하는 학생 수와 떡볶이를 좋아하는 학생 수를 각각 구하시오.

좋아하는 음식별 학생 수

음식	김밥	불고기	만두	라면	떡볶이	돈까스
학생 수		4	6	3		7

김밥 (   )
떡볶이 (   )

[**한 번 더 확인**]

1-2 승요네 반 학생들이 사는 마을을 조사하여 나타낸 표입니다. •조건•을 모두 만족할 때, 가 마을에 사는 학생 수를 구하시오.

마을별 학생 수

마을	가	나	다	라	마	합계
학생 수			6	3	1	24

┌─ 조건 ─
ⓐ 각 마을에 사는 학생 수가 모두 다릅니다.
ⓑ 가 마을과 나 마을에 사는 학생 수는 홀수입니다.
ⓒ 가 마을에 사는 학생 수는 나 마을에 사는 학생 수보다 많습니다.

(   )

2-1 민지네 모둠 친구들이 1분 동안 한 윗몸일으키기 횟수를 조사하여 나타낸 표입니다. 표를 막대그래프로 나타낼 때 세로 눈금 한 칸이 2번을 나타내려면 세로 눈금은 적어도 몇 칸 필요한지 구하시오.

윗몸일으키기 기록

이름	민지	기현	정윤	용희	합계
횟수(번)	32		29	45	156

(   )

2-2 다훈이는 매주 월요일마다 강낭콩 싹의 길이를 조사하여 표로 나타냈습니다. 2주 때 강낭콩 싹의 길이는 1주 때 길이의 2배이고, 5주 때 길이는 2주 때 길이의 3배가 되었습니다. 표를 꺾은선그래프로 나타낼 때 세로에 길이를 나타내려면 세로 눈금은 적어도 몇 cm까지 나타낼 수 있어야 합니까?

강낭콩 싹의 길이

주	1	2	3	4	5
길이(cm)	3		8	15	

(   )

[주제 학습 20] 그래프 해석하기

지수가 월별 읽은 책의 수를 나타낸 막대그래프입니다. 8월부터 11월까지 읽은 책이 모두 40권일 때, 막대그래프를 완성하시오.

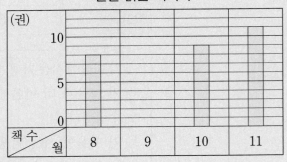

월별 읽은 책의 수

선생님, 질문 있어요!

Q. 모르는 항목의 수량을 어떻게 구하나요?

A. 그래프의 가로와 세로가 무엇을 나타내는지 살펴봅니다.
⇨ (항목의 수량)
= (눈금 한 칸의 크기)
× (항목의 눈금 수)

그래프에서 모르는 항목의 수를 구할 때에는 세로 눈금 한 칸의 크기를 먼저 알아보세요.

[문제 해결 전략]

① 9월에 읽은 책의 수 구하기
9월에 읽은 책은 40−(8+9+11)=12(권)입니다.
② 막대그래프 완성하기
세로 눈금 한 칸이 한 권을 나타내므로 9월에 세로 눈금 12칸 길이의 막대를 그립니다.

1 어느 휴대폰 매장에서 판매한 휴대폰 수를 월별로 조사하여 나타낸 꺾은선그래프입니다. 지난달에 비해 판매량이 가장 많이 증가한 때는 몇 월과 몇 월 사이입니까?

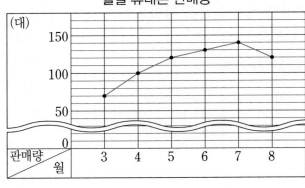

월별 휴대폰 판매량

(   )

[확인 문제]

1-1 우영이네 학교 4학년의 반별 안경을 쓴 남학생과 여학생 수를 조사하여 나타낸 막대그래프입니다. 다음 중 옳지 <u>않은</u> 것의 기호를 쓰시오.

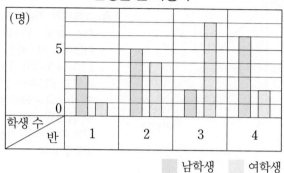

안경을 쓴 학생 수

□ 남학생 □ 여학생

> ㉠ 안경을 쓴 학생은 모두 28명입니다.
> ㉡ 안경을 쓴 남학생 수와 여학생 수의 차가 가장 큰 반은 3반입니다.
> ㉢ 안경을 쓴 학생 수가 가장 적은 반은 1반입니다.

( )

2-1 경준이가 일주일 동안 한 줄넘기 횟수를 조사하여 나타낸 꺾은선그래프입니다. 일주일 동안 줄넘기를 550회 했다면 줄넘기 횟수가 전날에 비해 가장 많이 늘어난 요일은 언제입니까?

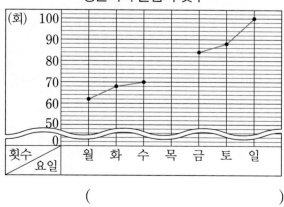

경준이의 줄넘기 횟수

( )

[한 번 더 확인]

1-2 준우네 반 학생 38명이 학예회 발표에 참가할 종목별 학생 수를 나타낸 막대그래프입니다. 각자 한 종목에만 참가한다고 할 때, 다음 중 옳은 것의 기호를 모두 쓰시오.

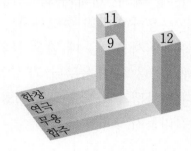

학예회 종목별 학생 수

> ㉠ 무용에 참가한 학생은 5명입니다.
> ㉡ 학생들이 가장 많이 참가한 종목은 합창입니다.
> ㉢ 합주에 참가한 학생은 연극에 참가한 학생보다 3명 더 많습니다.
> ㉣ 눈금 한 칸이 2명을 나타내는 그래프로 그릴 때, 합주는 6칸을 그립니다.

( )

2-2 기범이와 지영이의 키를 조사하여 나타낸 꺾은선그래프입니다. 기범이의 키의 변화가 가장 클 때, 지영이는 몇 cm 컸습니까?

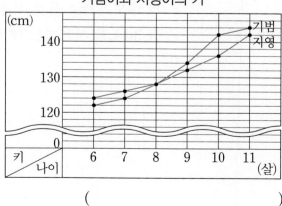

기범이와 지영이의 키

( )

V 확률과 통계 영역

[주제 학습 21] 시간에 따른 물의 양 구하기

물 120 L가 들어 있는 물탱크에 가, 나 두 개의 수도꼭지가 연결되어 있습니다. 처음 8분 동안 가, 나 두 개의 수도꼭지를 동시에 틀어 물을 사용하다가 가 수도꼭지는 잠그고, 나 수도꼭지만 사용했을 때 남은 물의 양을 나타낸 그래프입니다. 처음부터 가 수도꼭지만 사용한다면 물탱크의 물을 모두 사용하는 데 몇 분이 걸리는지 구하시오.

(   )

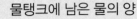

물탱크에 남은 물의 양

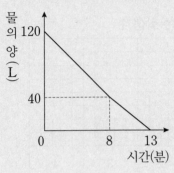

선생님, 질문 있어요!

Q. 그래프의 기울기가 변하는 것은 무슨 뜻인가요?

A. 그래프의 기울기가 달라지는 때를 찾아봅니다. 처음부터 8분 동안 120−40=80 (L)를 사용했고 8분부터 13분까지 40 L를 사용했습니다. 즉, 1분당 사용한 물의 양이 다르므로 기울기가 변했습니다.

문제 해결 전략

① 나 수도꼭지로 1분 동안 사용한 물의 양
　나 수도꼭지로 8분부터 13분까지 5분 동안 40 L를 사용했으므로 나 수도꼭지로 1분 동안 사용한 물의 양은 40÷5=8 (L)입니다.

② 가, 나 수도꼭지로 1분 동안 사용한 물의 양
　가, 나 수도꼭지로 8분 동안 80 L를 사용했으므로 가, 나 수도꼭지로 1분 동안 사용한 물의 양은 80÷8=10 (L)입니다.

③ 가 수도꼭지로 물탱크의 물을 모두 사용하는 데 걸리는 시간
　가 수도꼭지로 1분에 사용하는 물의 양은 10−8=2 (L)입니다.
　따라서 가 수도꼭지로 물을 모두 사용하려면 120÷2=60(분)이 걸립니다.

각 수도꼭지마다 1분당 사용하는 물의 양을 구해요.

따라 풀기 1

가, 나 두 개의 수도꼭지가 연결되어 있는 물통이 있습니다. 가 수도꼭지만 사용하다가 4분 후에 가, 나 두 개의 수도꼭지로 물을 사용했습니다. 나 수도꼭지만 열어 물 30 L를 사용하는 데 몇 분이 걸리겠습니까?

(   )

시간에 따른 물의 양

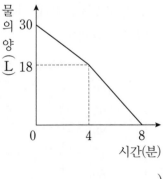

[확인 문제]

1-1 우진이와 찬호가 계단을 올라갈 때, 시간에 따른 위치를 그래프로 나타냈습니다. 1층에서 동시에 출발하여 5층에서 만나려면 누가 몇 초 동안 기다려야 합니까?

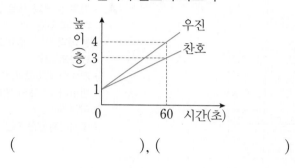

우진이와 찬호의 빠르기

(   ), (   )

2-1 가 주유기만 사용하여 30초 동안 기름을 받다가 가 주유기는 잠그고 나 주유기만 사용하여 3분 30초까지 기름을 받은 것을 나타낸 그래프입니다. 기름을 75 L 받으려고 할 때, 가와 나 주유기를 동시에 사용한다면 몇 초 걸리는지 구하시오.

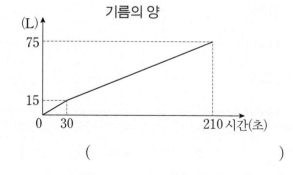

기름의 양

(   )

[한 번 더 확인]

1-2 승용차와 오토바이가 달린 거리를 그래프로 나타냈습니다. 승용차와 오토바이가 동시에 출발하여 각각 일정한 빠르기로 쉬지 않고 180 km 떨어져 있는 곳에 간다면 승용차는 오토바이보다 몇 시간 더 빨리 도착하겠습니까?

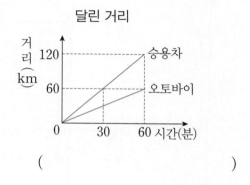

달린 거리

(   )

2-2 84 L들이의 빈 수조에 일정한 양의 물이 나오는 수도꼭지로 물을 받다가 수조의 밑바닥이 도중에 새기 시작하여 물이 새는 것을 막으며 계속 물을 받았습니다. 수조에 담기는 물의 양을 나타낸 꺾은선그래프를 보고 이 수조에 물이 가득 찰 때는 물을 넣기 시작한 지 몇 분 후인지 구하시오.

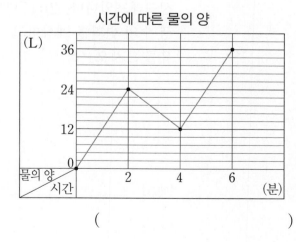

시간에 따른 물의 양

(   )

V 확률과 통계 영역

[주제 학습 22] 꺾은선그래프를 이용하여 예상하기

시안이네 학교 학생들이 도서실에 반납한 책의 수를 조사하여 나타낸 꺾은선그래프입니다. 금요일에 두 번째로 많은 학생들이 책을 반납했다면 금요일에 반납한 책은 최대 몇 권인지 구하시오.

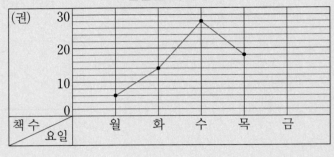

반납한 책의 수

(   )

Q. 꺾은선그래프를 보면 무엇을 알 수 있나요?

A. • 가로 눈금과 세로 눈금이 나타내는 것
 • 늘어나거나 줄어드는 변화의 모습
 • 자료의 최댓값과 최솟값
 • 변화가 클 때와 변화가 작은 때
 • 조사하지 않은 중간값

[문제 해결 전략]

① 금요일에 반납한 책의 수의 범위 구하기
 그래프에서 책을 가장 많이 반납한 날은 수요일이고 28권을 반납하였습니다.
 책을 두 번째로 많이 반납한 날은 목요일이고 18권을 반납하였습니다.

② 금요일에 반납한 책의 수 구하기
 금요일에 반납한 책의 수는 19권 이상 27권 이하여야 합니다.
 따라서 금요일에 반납한 책은 최대 27권입니다.

꺾은선그래프를 보면 조사하지 않은 자료에 대해 예상해 볼 수 있어요.

따라 풀기 1

민서네 초등학교의 연도별 학생 수를 조사하여 나타낸 꺾은선그래프입니다. 2017년의 학생 수의 변화를 예상하고, 그 이유를 쓰시오.

연도별 학생 수

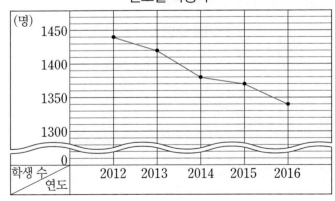

[예상] _____

[이유] _____

[확인 문제]

1-1 준기는 매월 1일 키를 재어 꺾은선그래프로 나타냈습니다. 6월 16일 준기의 키는 약 몇 cm인지 구하시오.

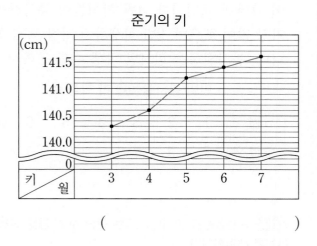

(   )

2-1 규한이의 몸무게를 학년별로 조사하여 나타낸 꺾으선그래프입니다. 규한이의 몸무게는 1년에 약 몇 kg씩 늘었습니까?

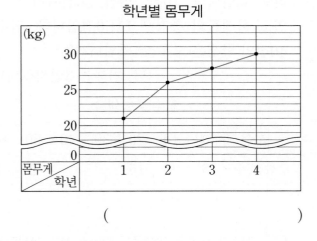

(   )

[한 번 더 확인]

1-2 서현이의 오래 매달리기 기록을 꺾은선그래프로 나타내려고 합니다. 일주일 동안의 기록의 합은 88초이고, 금요일은 토요일보다 2초 덜 매달렸고 일요일은 토요일보다 3초 더 매달렸다고 합니다. 꺾은선그래프를 완성하시오.

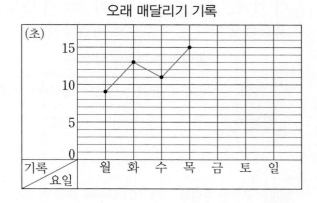

2-2 어느 공장의 장난감 생산량을 반올림하여 백의 자리까지 나타낸 수로 그린 꺾은선그래프입니다. 4월과 7월의 생산량의 차는 최대 몇 개인지 구하시오.

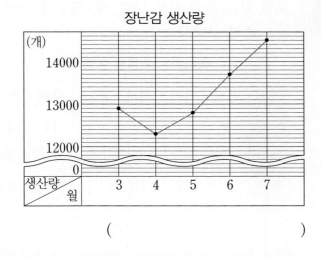

(   )

| 자료의 정리 |

1

영우네 반 학생 30명이 좋아하는 과일을 조사하여 나타낸 표입니다. 포도를 좋아하는 학생이 키위를 좋아하는 학생보다 3명 더 많을 때, 포도를 좋아하는 학생은 몇 명입니까?

좋아하는 과일별 학생 수

과일	사과	딸기	포도	바나나	키위
학생 수	8	7		4	

( )

전략 모르는 수량을 □라 하고 문제를 해결합니다.
⇨ 키위를 좋아하는 학생: □명
　포도를 좋아하는 학생: (□+3)명

2

수영이네 학교 4학년 학생들이 좋아하는 과목별 학생 수를 조사하여 표로 나타내었습니다. 표에 있는 수가 모두 다를 때, 색칠된 칸에 알맞은 수를 구하시오.

좋아하는 과목별 학생 수

과목	국어	과학	영어	수학	사회	합계
남자	8			14	11	48
여자	12		9			47
합계		18	19			95

( )

전략 수학과 사회를 좋아하는 여학생의 수의 합을 이용하여 색칠된 칸에 알맞은 수를 구합니다.

3

다음은 봉사활동을 한 4학년 학생 수를 조사하여 나타낸 표입니다. 4반 학생들이 봉사활동을 가장 많이 했으며, 2반 학생들이 가장 적게 했습니다. 봉사활동을 한 4반 학생 수를 구하시오.

반별 봉사활동을 한 학생 수

반	1	2	3	4	5	6	합계
학생 수	7	5	7			9	44

( )

전략 봉사활동을 한 4반과 5반 학생 수의 합을 이용하여 문제를 해결합니다.

4

| KMC 경시 기출 유형 |

학생 50명이 표적 맞추기 게임을 한 기록을 나타낸 표입니다. 10점, 20점, 30점짜리 표적이 있고 학생들의 총점은 1150점입니다. 점수가 40점인 학생은 모두 몇 명입니까?
(단, 기회는 3번씩입니다.)

점수별 학생 수

점수	0	10	20	30	40	50	60
학생 수	5	9	16			2	1

( )

전략 점수가 40점인 학생을 □명이라 하고 학생들의 총점을 이용하여 식을 세웁니다.

그래프의 분석

5

진영이가 수학 시험에서 점수별 맞힌 문제 수를 막대그래프로 나타냈습니다. 진영이의 수학 점수를 구하시오.

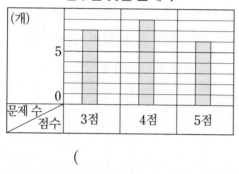

점수별 맞힌 문제 수

(　　　　　　　)

전략 □점짜리 문제를 ○개 맞혔을 때 점수는 (□×○)점입니다.

6

찬우네 모둠 학생들의 학교와 집 사이의 거리를 나타낸 막대그래프입니다. 찬우는 학교에서 집까지 가는 데 20분이 걸립니다. 찬우가 같은 빠르기로 학교에서 가장 먼 곳에 사는 친구네 집에서 출발하여 학교까지 걸어가는 데 몇 분이 걸리는지 구하시오.

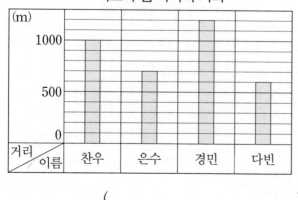

학교와 집 사이의 거리

(　　　　　　　)

전략 학교에서 찬우네 집까지의 거리와 걸린 시간을 이용하여 찬우의 빠르기를 구합니다.

7

| 창의·융합 |

연도별 채유의 예금액을 나타낸 꺾은선그래프입니다. 2013년부터 2016년까지 4년 동안 예금한 돈은 2013년에 예금한 돈의 몇 배입니까?

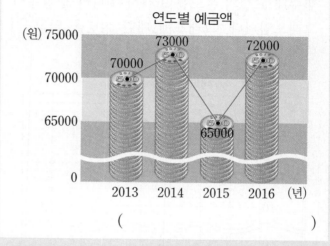

연도별 예금액

(　　　　　　　)

전략 4년 동안 예금한 돈의 합을 2013년의 예금액으로 나눕니다.

8

| KMC 경시 기출 유형 |

세원이네 반 학생 35명의 장래 희망을 조사하여 나타낸 막대그래프입니다. 연예인이 되고 싶은 학생의 수는 디자이너가 되고 싶은 학생 수의 2배일 때, 연예인이 되고 싶은 학생은 몇 명입니까?

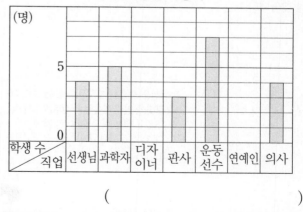

장래 희망별 학생 수

(　　　　　　　)

전략 디자이너가 되고 싶은 학생을 □명, 연예인이 되고 싶은 학생을 (□×2)명이라 하고 문제를 해결합니다.

9

| 고대 경시 기출 유형 |

현수네 교실의 온도를 조사하여 나타낸 꺾은선 그래프입니다. 그래프에 대한 설명을 읽고 □ 안에 알맞은 수의 합을 구하시오.

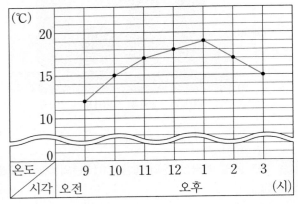

교실의 온도 변화

> ⓐ 오후 3시에는 오후 1시보다 교실의 온도가 □ °C 낮아졌습니다.
>
> ⓑ 온도 변화가 가장 클 때는 □시와 □시 사이 입니다.
>
> ⓒ 오전 10시와 온도가 같은 시각은 오후 □시 입니다.

( )

전략 온도 변화가 가장 클 때는 선분이 가장 많이 기울어진 곳이므로 그래프에서 두 점 사이의 간격이 가장 많이 벌어진 곳을 찾습니다.

> 물결선을 사용한 꺾은선그래프를 그릴 때 물결선에 의해 꺾은선이 잘리지 않도록 필요 없는 부분만 물결선으로 나타냅니다.

최대·최소

10

| KMC 경시 기출 유형 |

수혁이네 모둠 학생들이 운동한 시간을 조사하여 막대그래프로 나타냈습니다. 운동을 가장 많이 한 학생과 가장 적게 한 학생의 운동한 시간의 차는 몇 시간 몇 분인지 구하시오.

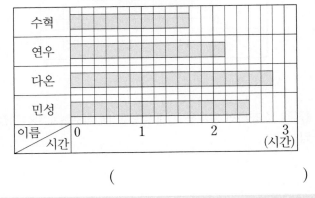

모둠 학생들이 운동한 시간

( )

전략 가로 눈금 한 칸이 몇 분을 나타내는지 구합니다.

11

| 고대 경시 기출 유형 |

도후네 마을의 서점별 소설책과 동화책 판매량을 조사하여 나타낸 막대그래프입니다. 판매된 책이 모두 142권일 때, 책이 가장 많이 팔린 서점의 소설책과 동화책 수의 차를 구하시오.

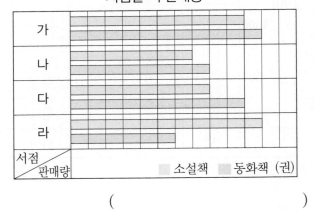

서점별 책 판매량

( )

전략 눈금 한 칸의 크기를 모르는 경우 눈금 10칸이 ■를 나타내면 눈금 한 칸의 크기는 ■÷10입니다.

12

수홍이가 매월 마지막 날에 그달의 입금액과 출금액을 조사하여 나타낸 꺾은선그래프입니다. 그래프를 보고 물음에 답하시오.

(단, 이자는 생각하지 않습니다.)

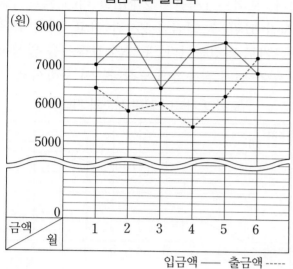

입금액과 출금액

입금액 —— 출금액 -----

(1) 4월의 입금액과 출금액의 차는 얼마입니까?

(   )

(2) 마지막 날에 통장에 돈이 가장 많이 있는 달은 얼마가 있는지 구하시오.

(   )

전략 ① 세로 눈금 한 칸이 얼마를 나타내는지 알아봅니다.
② 남은 돈에 입금액은 더하고 출금액은 빼서 이번 달에 남은 돈을 구합니다.
③ 돈이 가장 많이 남은 달을 찾고 그때의 금액을 알아봅니다.

자료가 2개인 꺾은선그래프예요.

두 그래프 사이의 간격이 가장 클 때 입금액과 출금액의 차가 가장 커요.

어림하여 그래프로 나타내기

13

어느 은행의 시간대별 이용자 수를 나타낸 꺾은선그래프입니다. 이용자 수를 반올림하여 십의 자리까지 나타내면 20명이 되는 때는 몇 번입니까?

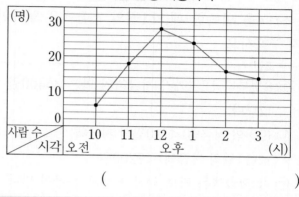

시간대별 은행 이용자 수

(   )

전략 반올림하여 십의 자리까지 나타낼 때 일의 자리 숫자가 0, 1, 2, 3, 4이면 버리고 5, 6, 7, 8, 9이면 올립니다.

14

어느 과일 가게의 월별 사과 판매량을 올림하여 십의 자리까지 나타낸 수를 꺾은선그래프로 나타낸 것입니다. 두 번째로 판매량이 많은 달의 실제 판매량은 몇 개 이상 몇 개 이하인지 구하시오.

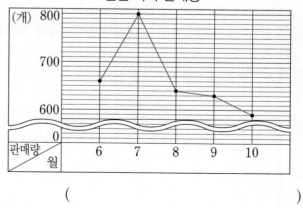

월별 사과 판매량

(   )

전략 올림하여 십의 자리까지 나타내기
⇨ 십의 자리 미만을 올림

V
확률과 통계 영역

모르는 값 구하기

15

| HME 경시 기출 유형 |

현수의 월별 저금액을 조사하여 나타낸 꺾은선 그래프의 일부입니다. 현수의 저금액이 다음 • 조건 •을 만족할 때, 11월의 저금액은 얼마인지 구하시오.

— 조건 —
- ㉠ 8월부터 12월까지 저금액의 합은 35400원 입니다.
- ㉡ (9월의 저금액)<(10월의 저금액)
   <(11월의 저금액)<7200원
- ㉢ 각 저금액은 가로 눈금과 세로 눈금이 만나는 자리에 표시됩니다.

저금액

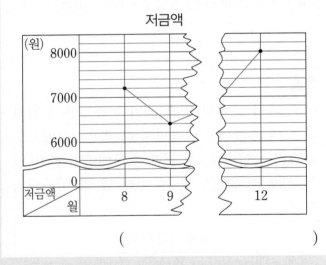

(   )

전략 ① 10월의 저금액과 11월의 저금액의 합을 알아봅니다.
② 각 금액의 범위를 예상해 봅니다.

16

토끼와 거북이 10 km 달리기 경주에서 달린 시간과 거리를 나타낸 꺾은선그래프의 일부입니다. 토끼는 1시간에 2 km를 가는 빠르기로 2시간 달린 후 낮잠을 2시간 자고, 다시 같은 빠르기로 달렸습니다. 토끼의 그래프를 완성하고 누가 먼저 결승점에 도착하는지 구하시오.

토끼와 거북이 달린 시간과 거리

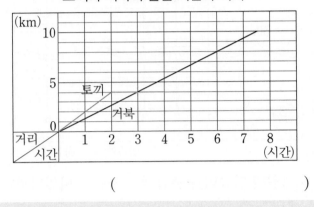

(   )

전략 토끼가 달린 시간과 거리를 그래프로 완성한 후 먼저 10 km에 도착한 것은 누구인지 구합니다.

17

채은이와 다현이가 집에서 공원까지 가는 데 걸리는 시간과 거리를 그래프로 나타냈습니다. 채은이는 일정한 빠르기로 걷다가 9분 후부터 뛰기 시작하여 다현이와 동시에 도착했습니다. 채은이가 같은 빠르기로 처음부터 뛰어간다면 다현이보다 몇 분 먼저 도착하겠습니까?

움직인 거리

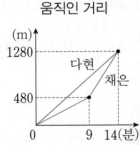

(   )

전략 채은이가 1분 동안 뛰어간 거리를 구한 후 채은이가 1280 m를 뛰어갈 때 걸리는 시간을 구합니다.

│ 그래프의 활용 │

18

그림과 같이 가 물통 안에 나 물통이 들어 있고, 가 물통 안에는 300 mL의 물이 있습니다. 수도꼭지에서 나 물통에 일정하게 물을 받는다고 할 때, 그래프를 보고 나 물통의 부피는 몇 mL인지 구하시오.

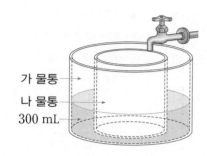

두 물통의 물의 양

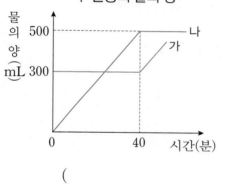

(   )

19

태환이네 마당의 물과 땅의 온도 변화를 1시간 간격으로 조사하여 나타낸 꺾은선그래프입니다. 한 그래프에 2가지 자료를 한번에 나타낸 이유를 쓰시오.

물과 땅의 온도

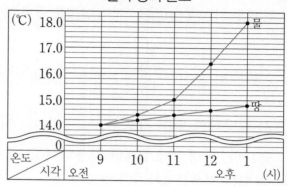

[이유] _____

_____

20

어느 공장의 컴퓨터 생산량을 조사하여 나타낸 꺾은선그래프입니다. 5월부터 컴퓨터 생산량이 점점 줄어들어 8월 생산량과 4월 생산량이 같을 때 나타낼 수 있는 그래프는 모두 몇 가지인지 구하시오. (단, 생산량은 가로 눈금과 세로 눈금이 만나는 자리에 표시됩니다.)

컴퓨터 생산량

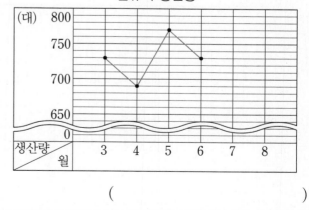

(   )

＊확률과 통계 영역에서의 코딩
코딩에서 어떤 물체를 이동시킬 때 출발 지점부터 도착 지점까지 가는 방향이 같
더라도 명령 기호가 다르면 다른 방법으로 생각합니다.
확률과 통계 영역에서는 명령 기호에 따라 움직이고, 반복 수를 알아봅니다.
약속된 명령 기호와 뜻을 해석하면 문제를 쉽게 해결할 수 있습니다.

1 • 보기 •와 같이 $\dfrac{\text{방향 수}}{\text{걸음 수}}$ 명령 기호가 있습니다. 예를 들어 (2, 2)에서 출발하여 명령 기호 $\dfrac{\rightarrow}{1}$ $\dfrac{\rightarrow}{1}$ $\dfrac{\uparrow}{1}$ 에 따라 (4, 3)으로 갈 수 있습니다. 명령 기호 3개만 사용하여 (2, 2)에서 출발하여 (4, 4)로 갈 수 있는 경우를 4가지만 만드시오.

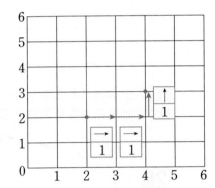

> ─ 보기 ─
> • 방향 명령 기호: $\rightarrow$ (오른쪽), $\leftarrow$ (왼쪽),
> $\uparrow$ (위쪽), $\downarrow$ (아래쪽)
> • 걸음 수 명령 기호: 1 (1칸), 2 (2칸)
> 예 $\dfrac{\rightarrow}{1}$ (오른쪽으로 1칸), $\dfrac{\uparrow}{2}$ (위쪽으로 2칸)

▶ 여러 가지 명령 기호를 사용하여 이동할 수 있습니다.

예 (2, 2) ⇨ (4, 3)

① $\dfrac{\rightarrow}{1}$ $\dfrac{\rightarrow}{1}$ $\dfrac{\uparrow}{1}$

② $\dfrac{\rightarrow}{2}$ $\dfrac{\uparrow}{1}$

2 • 보기 • 는 원이 나타났다가 사라지는 명령 기호입니다.

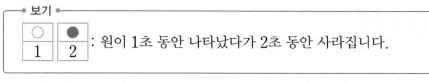

……를 반복했을 때 1분 동안 원은 몇 번 나타나는지 구하시오.

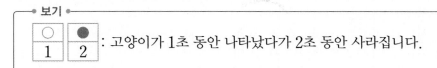

( )

▶ 먼저 명령 기호가 반복되는 주기를 구합니다.

3 • 보기 • 는 고양이가 나타났다가 사라지는 명령 기호입니다.

……를 반복했을 때 1분 동안 고양이는 몇 번 나타나는지 구하시오.

( )

▶ 고양이의 반복되는 행동이 몇 초 간격으로 이루어지는지 구한 후 1분 동안 몇 번 반복되는지 구합니다.

4 다음 명령 기호에 따라 움직일 수 있습니다. • 보기 • 에서 도착 지점까지 가려면 ⬆ ⬆ ↺ ⬆ ⬆ ↻ ⬆ ⬆ 을 가야 합니다.
다음 그림의 출발 지점에서 도착 지점까지 가는 데 알맞은 명령 기호를 ☐ 안에 차례로 써넣으시오.

┌─ 명령기호 ─┐

⬆ : 앞으로 한 칸

↺ : 왼쪽으로 회전

↻ : 오른쪽으로 회전

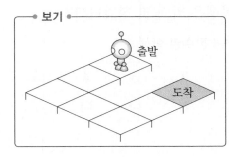

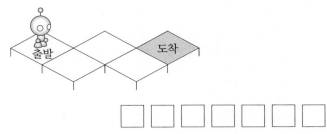

☐ ☐ ☐ ☐ ☐ ☐ ☐ ☐

▶

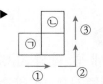

㉠에서 출발하여 ㉡에 도착하려면 다음과 같이 명령 기호가 3번 필요합니다.
① 앞으로 한 칸 이동
② 왼쪽으로 회전
③ 앞으로 한 칸 이동

정보처리

1 4학년 현장체험학습 불참자 수를 조사하여 나타낸 막대그래프의 일부입니다. •조건•에 따라 완성할 수 있는 막대그래프는 모두 몇 가지입니까?

현장체험학습 불참자 수

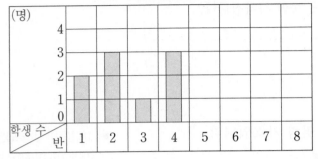

• 조건 •
① 각 반의 불참자 수는 1명 이상 4명 이하입니다.
② 앞 반과 뒷 반의 불참자 수는 서로 다릅니다.

(   )

창의·사고

2 시안이네 반 학생 35명이 헌혈증서 35장을 모았습니다. 다음은 헌혈증서를 낸 장수별로 학생 수를 조사하여 나타낸 표입니다. 이 표의 가에 알맞은 학생은 최대 몇 명입니까?

헌혈증서를 낸 장수별 학생 수

헌혈증서(장)	0	1	2	3	4	5
학생 수	15	11	가	나	다	1

(   )

3 민정이가 주사위를 27번 던졌을 때, 눈이 나온 횟수를 나타낸 표입니다. 나온 눈의 수의 합이 97일 때, 4의 눈은 몇 번 나왔습니까?

주사위의 눈이 나온 횟수

눈의 수	1	2	3	4	5	6
횟수	6	5	2			8

( )

4 그림과 같이 200 L의 물이 들어 있는 큰 수조 안에 작은 수조가 있습니다. 작은 수조에 일정하게 물을 받을 때, 두 수조의 물의 양이 두 번째로 같아지는 때는 작은 수조에 물을 넣기 시작한 지 몇 분 후인지 구하시오. (단, 작은 수조에 들어 있는 물의 양은 큰 수조에 들어 있는 물의 양에 포함시키지 않습니다.)

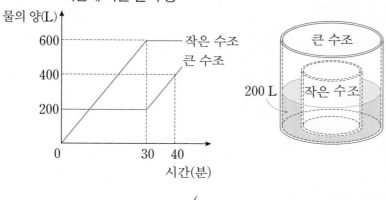

( )

생활 속 문제

5 효주네 마을의 인구를 올림하여 백의 자리까지 나타낸 수를
꺾은선그래프로 나타낸 것입니다. 인구가 가장 많이 감소했을
때, 최소 몇 명이 감소했는지 구하시오.

효주네 마을의 인구 수

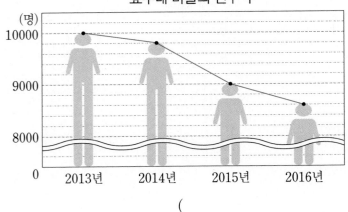

( )

생활 속 문제

6 물이 일정하게 나오는 수도를 틀어 가 물통에 물을 채우기 시
작한 지 30분 후에 나 물통에 물을 넣기 시작했습니다. 가 물
통의 물의 높이가 나 물통의 물의 높이의 2배가 되는 것은 가
물통에 물을 채우기 시작한 지 몇 분 후입니까?

물을 채울 때 걸리는 시간

( )

7 어느 해수욕장의 연도별 입장객 수를 반올림하여 천의 자리까지 나타낸 수를 꺾은선그래프로 나타낸 것입니다. 2015년 실제 입장객 수와 2016년 실제 입장객 수의 차는 몇 명 이상 몇 명 미만인지 구하시오.

연도별 입장객 수

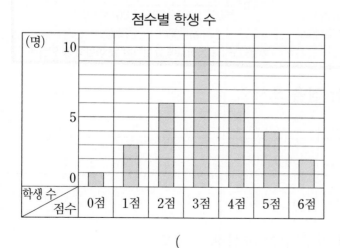

(   )

8 민재네 반의 수행평가 점수별 학생 수를 나타낸 막대그래프입니다. 문제는 모두 3문제이고 1번 문제는 1점, 2번 문제는 2점, 3번 문제는 3점입니다. 학생들이 맞힌 문제 수는 모두 51문제일 때, 두 문제만 맞힌 학생은 몇 명입니까?

점수별 학생 수

(   )

특강 영재원·**창의융합** 문제

❖ 다음 기사를 읽고 물음에 답하시오. (9~10)

인구 절벽 시대의 시작

교육부는 2016 OECD(경제협력개발지구) 교육지표 조사결과를 발표했습니다.

교사 1인당 학생 수는 초등학교 16.9명, 중학교 16.6명, 고등학교 14.5명으로 집계되었습니다. 학급당 학생 수도 같은 기간 큰 폭으로 감소하여*학령인구 감소 현상이 급격히 가시화되고 있습니다.

이번 통계는 인구 절벽 시대의 시작을 여실히 보여 주는 자료이기도 합니다.

학급당 학생 수도 큰 폭으로 감소했습니다. 초등학교의 경우 23.6명으로 10년 전 대비 9명이 줄어 중학교보다 감소폭이 컸습니다. 중학교 학급당 학생 수는 31.6명으로 10년 전 대비 4.1명 감소한 수치입니다.

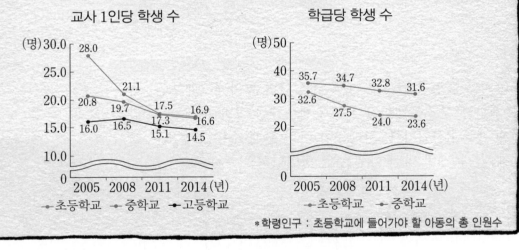

*학령인구 : 초등학교에 들어가야 할 아동의 총 인원수

9 위 그래프를 보고 알 수 있는 점을 쓰시오.

_____

_____

10 위 그래프를 보고 앞으로의 인구 수를 예상해 보시오.

_____

_____

VI

규칙성 영역

[주제 학습 23] 규칙이 있는 두 수 사이의 대응 관계

▲와 ◉ 사이의 대응 관계를 나타낸 표입니다. ▲가 13일 때 ◉는 얼마인지 구하시오.

▲	34	31	28	25	22
◉	136	124	112	100	88

(   )

선생님, 질문 있어요!

Q. 대응이란 무엇인가요?

A. 두 수 사이에 규칙적인 관계에 의하여 서로 짝을 이루게 되는 것을 말합니다.

두 수 사이의 관계를 식으로도 표현해 보세요.

[문제 해결 전략]

① ▲와 ◉ 사이의 대응 관계를 식으로 나타내기

  ◉는 ▲의 4배이므로 ▲와 ◉ 사이의 대응 관계를 식으로 나타내면 ▲×4=◉입니다.

② ▲가 13일 때 ◉의 값 구하기

  ▲×4=◉에서 ▲=13이면 ◉=13×4=52입니다.

따라 풀기 1

△와 □ 사이의 대응 관계를 나타낸 표입니다. 표를 완성하시오.

△		4	5		7		9
□	21	28		42	49	56	

따라 풀기 2

표를 완성하고 △와 □ 사이의 대응 관계를 식으로 나타내시오.

△		2	3		5	6	7
□	6	12		24		36	42

□=(   )

[확인 문제]

1-1 ◉와 ♥ 사이의 대응 관계를 나타낸 표입니다. ㉠과 ㉡에 알맞은 수의 합을 구하시오.

◉	8	9	10	11	12
♥	4	5	6	㉠	㉡

( )

[한 번 더 확인]

1-2 ◉와 ♥ 사이의 대응 관계를 나타낸 표입니다. ㉠과 ㉡에 알맞은 수의 차를 구하시오.

◉	2	3	4	㉠	6
♥	16	24	㉡	40	48

( )

2-1 영화관에 의자가 다음과 같이 놓여 있습니다. 의자의 수를 ★, 팔걸이의 수를 ◉라 할 때 ★과 ◉ 사이의 대응 관계를 식으로 나타내시오.

[식] _____

2-2 성냥개비를 다음과 같이 놓고 있습니다. 정사각형의 수를 □, 성냥개비의 수를 △라 할 때 □와 △ 사이의 대응 관계를 식으로 나타내시오.

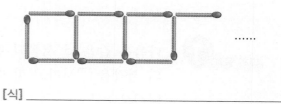

[식] _____

3-1 ♥와 ◆ 사이의 대응 관계를 나타낸 표입니다. ◆가 75일 때 ♥는 얼마입니까?

♥	3	4	5	6	7
◆	15	20	25	30	35

( )

3-2 ◉와 ★ 사이의 대응 관계를 나타낸 표입니다. 표를 완성하고 ◉가 123일 때 ★은 얼마인지 구하시오.

◉	3	6	9	12	15
★	1	2	3		

( )

[주제 학습 **24**] 생활 속에서 규칙 찾기

다음은 같은 날 서울과 방콕의 시각을 나타낸 표입니다. 서울의 시각을 △시, 방콕의 시각을 □시라고 할 때 △와 □ 사이의 대응 관계를 식으로 나타내시오.

서울	오전 10시	낮 12시	오후 2시	오후 4시
방콕	오전 8시	오전 10시	낮 12시	오후 2시

[식] _____

선생님, 질문 있어요!

Q. 왜 나라마다 시각이 서로 다른가요?

A. 지구는 자전을 하기 때문에 해가 뜨는 시각이 각 지역마다 다릅니다. 영국 런던의 그리니치 천문대를 기준선으로 하여 경도 15°를 1시간으로 시간선을 나누어 표준시를 정하였습니다.

문제 해결 전략

① 두 나라의 시각의 차이 구하기
오전 10시와 오전 8시 두 시각의 차이는 2시간이므로 방콕은 서울보다 2시간 늦습니다.
② 두 시각의 대응 관계를 식으로 나타내기
□=△−2 또는 △=□+2

1 따라 풀기

다음은 같은 날 서울과 런던의 시각을 나타낸 표입니다. 서울의 시각을 △시, 런던의 시각을 □시라고 할 때, 표를 완성하고 △와 □ 사이의 대응 관계를 식으로 나타내시오.

서울	오후 1시	오후 2시	오후 3시	오후 4시	
런던	오전 5시		오전 7시		오전 9시

[식] _____

2 따라 풀기

서울이 오후 4시일 때 이스라엘의 수도인 예루살렘의 시각은 같은 날 오전 10시입니다. 서울의 시각이 오전 11시일 때 같은 날 예루살렘의 시각은 오전 몇 시입니까?

(   )

[확인 문제]

1-1 하나와 두나가 규칙 알아맞히기 놀이를 하고 있습니다. 하나가 4라고 말하면 두나가 13이라고 답하고, 하나가 6이라고 말하면 두나는 15라고 답합니다. 또 하나가 15라고 말하면 두나는 24라고 답합니다. 하나가 27이라고 말하면 두나는 어떤 수를 답해야 합니까?

(   )

[한 번 더 확인]

1-2 재석이와 준하가 수 카드를 이용하여 규칙 알아맞히기 놀이를 하고 있습니다. 재석이가 4 를 내면 준하는 28 을 내고, 재석이가 6 , 9 를 내면 준하는 각각 42 , 63 을 냅니다. 준하가 91 을 냈다면 재석이는 어떤 수가 쓰인 카드를 냈습니까?

(   )

2-1 색 테이프를 한 번 자르는 데 걸리는 시간은 2초입니다. 이 색 테이프를 쉬지 않고 25도막으로 자르는 데 걸리는 시간은 모두 몇 초인지 구하시오.

(   )

2-2 나무 막대를 한 번 자르는 데 걸리는 시간은 6초입니다. 이 나무 막대를 쉬지 않고 50도막으로 자르는 데 걸리는 시간은 몇 분 몇 초입니까?

(   )

3-1 6명이 앉을 수 있는 탁자를 그림과 같이 한 줄로 이어 붙이고 있습니다. 46명이 앉으려면 탁자를 몇 개 붙여야 합니까?

(   )

3-2 학생들이 탁자를 다음과 같이 한 줄로 붙여서 앉으려고 합니다. 탁자 9개를 한 줄로 붙이면 모두 몇 명이 앉을 수 있습니까?

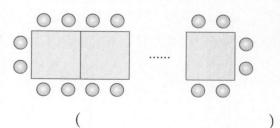

(   )

VI
규
칙
성
영
역

[주제 학습 25] 그림에서 규칙 찾기

그림과 같이 성냥개비로 정삼각형을 만들고 있습니다. 정삼각형 10개를 만드는 데 필요한 성냥개비는 모두 몇 개인지 구하시오.

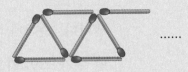 ......

(   )

문제 해결 전략

① 정삼각형의 수와 성냥개비의 수의 규칙을 찾아 표로 나타내기

정삼각형을 한 개씩 더 만들 때마다 성냥개비는 2개씩 늘어납니다.

정삼각형의 수와 성냥개비의 수 사이의 대응 관계를 표로 나타내면 다음과 같습니다.

정삼각형의 수	1	2	3	......
성냥개비의 수	3	5	7	......

② 정삼각형의 수와 성냥개비의 수의 대응 관계를 식으로 나타내기

정삼각형의 수($\triangle$)와 성냥개비의 수($\square$) 사이의 대응 관계를 식으로 나타내면 $\square = 2 \times \triangle + 1$입니다.

③ 필요한 성냥개비의 수 구하기

정삼각형 10개를 만드는 데 필요한 성냥개비는 모두 $2 \times 10 + 1 = 21$(개)입니다.

선생님, 질문 있어요!

Q. 도형이 늘어나는 규칙은 어떻게 찾아야 하나요?

A. 도형의 개수가 늘어날 때마다 성냥개비가 몇 개씩 늘어나는지 알아보고 두 수 사이의 대응 관계를 식으로 나타냅니다.

참고

왼쪽에서 정삼각형의 수($\triangle$)와 성냥개비의 수($\square$)의 대응 관계를 $\square = 3 + 2 \times (\triangle - 1)$과 같은 식으로도 나타낼 수 있습니다.

 따라 풀기 1

그림과 같이 면봉으로 정사각형을 만들고 있습니다. 면봉 52개로 만들 수 있는 정사각형은 모두 몇 개입니까?

 ......

(   )

[확인 문제]

1-1 이쑤시개를 사용하여 다음과 같은 방법으로 정사각형 모양의 탑을 만들려고 합니다. 10층이 되게 만들려면 이쑤시개는 모두 몇 개 필요합니까?

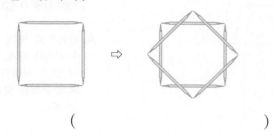

(   )

2-1 다음은 정사각형 6개로 이루어진 도형입니다. 색칠한 정사각형을 포함하는 크고 작은 직사각형은 모두 몇 개입니까?

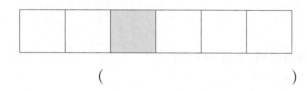

(   )

3-1 그림과 같이 정사각형의 각 변을 3등분하여 작은 정사각형을 만들고 있습니다. 네 번째 그림에서 만들어지는 가장 작은 정사각형은 모두 몇 개입니까?

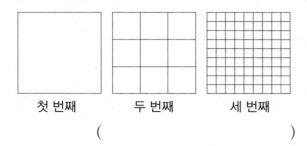

| 첫 번째 | 두 번째 | 세 번째 |

(   )

[한 번 더 확인]

1-2 성냥개비를 사용하여 다음과 같은 방법으로 정육각형 모양의 탑을 만들려고 합니다. 성냥개비 90개를 모두 사용하여 만든다면 탑은 모두 몇 층이 됩니까?

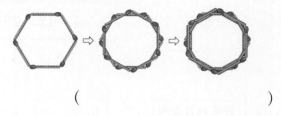

(   )

2-2 다음은 정사각형 8개로 이루어진 도형입니다. 색칠한 정사각형을 포함하는 크고 작은 직사각형은 모두 몇 개입니까?

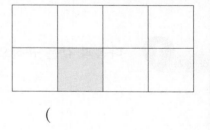

(   )

3-2 그림과 같이 정삼각형의 각 변을 2등분하여 작은 정삼각형을 만들고 있습니다. 여섯 번째 그림에서 만들어지는 가장 작은 정삼각형은 모두 몇 개입니까?

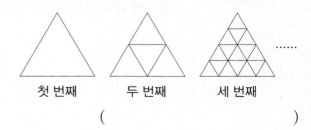

| 첫 번째 | 두 번째 | 세 번째 |

(   )

VI 규칙성 영역

[주제 학습 26] 수의 배열에서 규칙 찾기

다음과 같은 규칙으로 수를 나열할 때 500은 몇 번째 수인지 구하시오.

$$4, \ 12, \ 20, \ \cdots\cdots, \ 500$$

(   )

선생님, 질문 있어요!

Q. 수의 배열에서 어떻게 규칙을 찾을 수 있나요?

A. 연속으로 놓여 있는 두 수 사이의 관계, 한 번 건너 뛴 수 사이의 관계 등에서 규칙을 찾을 수 있습니다.

규칙은 반복되어 나타나므로 그 다음에 올 수를 생각할 수 있어.

문제 해결 전략

① 규칙 찾기

    $4+8=12, 12+8=20$이므로 8씩 커지는 규칙입니다.

② 규칙을 식으로 나타내기

    4부터 시작하여 8씩 □번 더하여 500이 되었으므로 식으로 나타내면

    $4+8×□=500$입니다.

③ 500이 몇 번째 수인지 구하기

    $8×□=496, □=496÷8, □=62$

    따라서 500은 4에서 8씩 62번 더한 것이므로 63번째 수입니다.

---

1 **따라 풀기**

다음과 같은 규칙으로 수를 나열할 때 65번째 수를 구하시오.

$$6, \ 10, \ 14, \ 18 \cdots\cdots$$

(   )

2 **따라 풀기**

어떤 수부터 시작하여 6씩 커지는 수를 차례로 적었더니 50번째 수가 309였습니다. 30번째 수는 무엇인지 구하시오.

(   )

[확인 문제]

1-1 다음과 같이 뛰어서 셀 때 8000에 가장 가까운 수를 구하시오.

$$6490-6540-6590-6640-\cdots\cdots$$

(   )

2-1 다음과 같이 수의 쌍을 규칙적으로 늘어놓았습니다. (7, 2)는 몇 번째에 있습니까?

$$(1, 1), (1, 2), (2, 1), (1, 3), (2, 2), (3, 1),$$
$$(1, 4)\cdots\cdots$$

(   )

3-1 다음과 같은 규칙으로 분수를 늘어놓을 때 50번째에 오는 분수의 분모와 분자의 합을 구하시오.

$$\frac{1}{2},\ \frac{1}{3},\ \frac{2}{3},\ \frac{1}{4},\ \frac{2}{4},\ \frac{3}{4},\ \frac{1}{5}\ \cdots\cdots$$

(   )

[한 번 더 확인]

1-2 다음과 같은 규칙으로 뛰어서 셀 때 13에서 100번 뛰어서 센 수를 구하시오.

$$13-14-16-19-\cdots\cdots$$

(   )

2-2 다음과 같이 수의 쌍을 규칙적으로 늘어놓았습니다. 80번째에 놓이는 수의 쌍을 구하시오.

$$(1, 1), (1, 2), (2, 1), (1, 3), (2, 2), (3, 1),$$
$$(1, 4)\cdots\cdots$$

(   )

3-2 다음과 같은 규칙으로 분수를 늘어놓을 때 57번째에 오는 분수의 분모와 분자의 합을 구하시오.

$$1,\ 1,\ \frac{1}{2},\ 1,\ \frac{2}{3},\ \frac{1}{3},\ 1,\ \frac{3}{4},\ \frac{2}{4},\ \frac{1}{4},$$
$$1,\ \frac{4}{5},\ \frac{3}{5}\ \cdots\cdots$$

(   )

VI 규칙성 영역

[주제 학습 **27**] 반복되는 배열에서 규칙 찾기

다섯 손가락을 이용하여 오른쪽과 같이 엄지부터 시작하여 화살표 방향으로 수를 세려고 합니다. 95는 어느 손가락에서 세어지는지 구하시오.

(   )

문제 해결 전략

① 반복되는 규칙 찾기

8개의 수가 한 묶음으로 일정하게 반복됩니다.

② 95의 위치 구하기

95÷8=11…7이므로 8씩 센 수가 11번 반복되고 7이 남습니다.

손가락	엄지	검지	중지	약지	소지
8로 나눈 나머지	1	2	3	4	5
		0	7	6	

따라서 95는 나머지가 7인 위치의 손가락인 중지에 세어집니다.

선생님, 질문 있어요!

Q. 일정하게 반복되는 배열에서 수의 위치는 어떻게 찾을 수 있나요?

A. 반복되는 규칙을 찾은 후 반복되는 부분을 묶어 봅니다. 묶음을 이루는 개수로 나누어 어떤 수의 위치를 알 수 있습니다.

묶음을 이루는 개수로 나누었을 때 나머지로 어떤 수의 위치를 알 수 있어요.

 따라 풀기 1

다섯 손가락을 이용하여 오른쪽과 같이 엄지부터 시작하여 화살표 방향으로 150까지 수를 세려고 합니다. 검지는 모두 몇 번 세는지 구하시오.

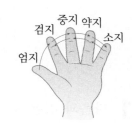

(   )

따라 풀기 2

지호는 다음과 같이 검은 바둑돌과 흰 바둑돌을 일정한 규칙으로 늘어놓았습니다. 늘어놓은 바둑돌 전체의 개수가 160개일 때 검은 바둑돌은 몇 개인지 구하시오.

(   )

[확인 문제]

1-1 다음과 같은 규칙으로 수를 나열했습니다. 360은 어떤 알파벳 아래에 있는지 구하시오.

A	B	C	D	E	F	G
1	2	3	4	5	6	7
14	13	12	11	10	9	8
15	16	17	18	19	20	21
28	27	26	25	24	23	22

( )

2-1 다음과 같은 규칙으로 수를 나열하였습니다. 12번째 줄의 가장 왼쪽에 있는 수는 얼마인지 구하시오.

$$1 \leftarrow 첫\ 번째\ 줄$$
$$2 \quad 3 \leftarrow 두\ 번째\ 줄$$
$$4 \quad 5 \quad 6 \leftarrow 세\ 번째\ 줄$$
$$7 \quad 8 \quad 9 \quad 10$$
$$11 \quad 12 \quad 13 \quad 14 \quad 15$$

( )

3-1 다음은 원 안에 0부터 9까지의 수를 같은 간격으로 쓴 것입니다. 0에서 출발하여 시계 방향으로 3칸씩 건너뛰어 갈 때, 1004번째에 도달하는 수는 무엇입니까?

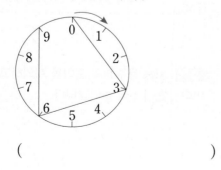

( )

[한 번 더 확인]

1-2 다음과 같은 규칙으로 수를 배열해 나갈 때 123은 어느 줄의 몇째 칸에 쓰이는지 구하시오.

	첫째	둘째	셋째	넷째	다섯째	여섯째	……
A 줄	1	6	7	12	13	18	……
B 줄	2	5	8	11	14	17	……
C 줄	3	4	9	10	15	16	……

( )

2-2 다음과 같은 규칙으로 수를 나열하였습니다. 14번째 줄에 있는 수들의 합은 얼마인지 구하시오.

$$1 \leftarrow 첫\ 번째\ 줄$$
$$2 \quad 3 \leftarrow 두\ 번째\ 줄$$
$$4 \quad 5 \quad 6 \leftarrow 세\ 번째\ 줄$$
$$7 \quad 8 \quad 9 \quad 10$$
$$11 \quad 12 \quad 13 \quad 14 \quad 15$$

( )

3-2 윤아는 건반 아래에 쓰인 순서로 피아노를 치고 있습니다. 윤아가 건반을 250번 쳤다면 마지막에 친 음은 무엇입니까?

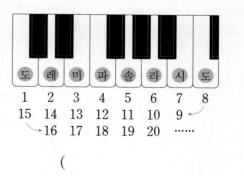

( )

STEP 2 | 실전 경시 문제

두 수 사이의 대응 관계

1

☆과 ♡ 사이의 대응 관계를 나타낸 표입니다. ☆이 189일 때 ♡는 얼마인지 구하시오.

☆	3	9	15	21
♡	1	3	5	7

(   )

전략 ♡가 변할 때마다 ☆은 어떤 변화가 있는지 살펴보고 두 수 사이의 관계를 식으로 나타냅니다.

2
| 성대 경시 기출 유형 |

△와 □ 사이의 대응 관계를 나타낸 표입니다. ㉠+㉡+㉢+㉣의 값을 구하시오.

△	1	2	3	㉡	9	㉢	27	54
□	54	㉠	18	9	6	3	㉣	1

(   )

전략 △가 커질 때마다 □가 일정한 비율만큼 줄어들면 △와 □의 곱이 일정한 경우입니다.

3
| 창의·융합 |

맥박은 심장 박동에 따라 심장에서 나오는 혈액이 동맥의 벽에 닿아 생기는 주기적인 움직임을 말합니다. 민호의 맥박 수는 1분에 82회입니다. ☆분 동안 잰 민호의 맥박 수를 ♡회라 할 때, ☆과 ♡ 사이의 대응 관계를 식으로 나타내고, 15분 동안 잰 민호의 맥박 수는 몇 회인지 구하시오.

[식] _____

(   )

전략 ☆이 1씩 늘어날 때마다 ♡는 몇씩 늘어나는지 알아보고 두 수의 대응 관계를 식으로 나타냅니다.

4

길이가 4 cm인 용수철이 있습니다. 이 용수철에 200 g짜리 추를 한 개 매달면 용수철이 1.5 cm씩 늘어납니다. 용수철에 매단 200 g짜리 추의 수를 △개, 늘어난 용수철의 전체 길이를 □ cm라 할 때, △와 □ 사이의 대응 관계를 식으로 나타내고, 늘어난 용수철의 전체 길이가 17.5 cm이면 200 g짜리 추를 몇 개 매단 것인지 구하시오.

[식] _____

(   )

전략 처음 용수철의 길이를 제외하고 △가 1씩 늘어날 때마다 □는 1.5씩 늘어납니다.

생활 속에서 규칙 찾기

5

6명이 앉을 수 있는 식탁과 의자를 그림과 같이 놓고 있습니다. 식탁 12개를 한 줄로 이어 붙일 때 의자는 모두 몇 개 필요합니까?

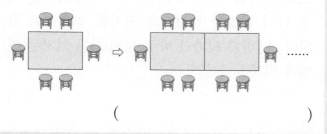

(   )

전략 식탁의 수와 의자의 수의 대응 관계를 표로 만들어 알아본 후 식으로 나타냅니다.

6

다음과 같이 지오가 수를 말하면 다나가 규칙에 따라 답을 합니다. 지오가 39를 말하면 다나는 어떤 수로 답해야 합니까?

지오가 말한 수	다나가 답한 수
85	169
68	196
56	121
39	?

(   )

전략 다나는 어떤 규칙을 정하여 답한 것인지 규칙을 찾습니다.

7

6월의 어느 날 서울의 시각이 오후 10시일 때 같은 날 베를린의 시각은 오후 3시입니다. 서울에 사는 민아가 6월 6일 오후 1시부터 한 시간 동안 베를린에 있는 아빠와 통화를 하였습니다. 통화를 마쳤을 때 베를린의 시각은 몇 시입니까?

(   )

전략 서울과 베를린 두 나라의 시각 차이가 몇 시간인지 알아봅니다.

8 | 창의 · 융합 |

4월의 어느 날 런던과 도쿄의 시각을 나타낸 것입니다. 런던에서 4월 15일 오후 7시에 영국과 일본 축구팀이 친선 경기를 할 때 도쿄는 몇 월 며칠 몇 시입니까?

(   )

전략 런던이 오전 5시일 때 도쿄가 오후 1시임을 이용하여 시간 차가 몇 시간인지 알아봅니다.

9

2014년에 준호의 나이는 9세였고 2016년에 아버지의 나이는 45세였습니다. 아버지의 나이가 61세가 되는 해에 준호의 나이는 몇 세가 됩니까?

(   )

전략 2016년 준호의 나이를 구한 후 아버지의 나이와 준호의 나이 사이의 대응 관계를 알아봅니다.

10

길이가 4 m 20 cm인 *목재를 한 번 자르는 데 50초가 걸린다고 합니다. 이 목재를 쉬지 않고 잘라서 30 cm짜리 나무 도막을 최대한 많이 만드는 데 걸리는 시간은 모두 몇 분 몇 초입니까?

(   )

전략 30 cm짜리 나무 도막을 몇 도막까지 만들 수 있는지 구하고 자른 횟수와 도막의 수 사이의 대응 관계를 알아봅니다.

*목재: 건축이나 가구를 만드는 데 쓰이는 나무로 된 재료

11

둘레가 12.8 m인 원 모양의 탁자에 80 cm 간격으로 의자가 놓여 있습니다. 의자 수보다 앉으려는 사람이 두 사람 적어서 의자 2개를 빼고 다시 일정한 간격으로 의자를 놓으려고 합니다. 11번째 의자와 마주 보게 되는 의자는 몇 번째 의자입니까?

(   )

전략 처음에 놓여 있던 의자와 2개를 뺀 의자의 수를 구한 후 그림을 그려 알아봅니다.

12

다음은 어느 수족관의 돌고래 공연 관람 시간 표입니다. 3회가 끝나고 1시간 동안 점심 시간이고 모두 6회의 공연을 한다면 공연이 모두 끝나는 시각은 오후 몇 시 몇 분입니까?

돌고래 공연

돌고래 공연 관람 시간표

순서	1회	2회	3회	……
시작 시각	10시	11시 15분	12시 30분	……
끝나는 시각	10시 45분	12시		……

(   )

전략 먼저 한 회의 공연 시간과 공연과 공연 사이의 쉬는 시간을 알아봅니다.

13

| 창의 · 융합 |

세균은 작은 병균이라는 뜻으로 박테리아(bacteria)라고도 합니다. 세균은 주로 몸이 둘로 나뉘는 이분법으로 번식을 합니다. 이와 같이 30초마다 2배로 증가하는 세균이 있습니다. 이 세균 한 마리가 256마리 되는 데 걸리는 시간은 몇 분입니까?

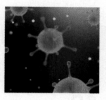

(   )

전략 세균 한 마리가 30초가 지날 때마다 몇 마리가 되는지 규칙을 이용하여 알아봅니다.

14

윤아는 10일에 한 번씩 8000원의 용돈을 받아 그중 4000원은 용돈 받는 날 저금합니다. 윤아가 1월 10일 수요일에 처음 저금을 하여 68000원을 모으는 때는 몇 월 며칠 무슨 요일인지 구하시오. (단, 2월은 28일까지 있습니다.)

(   )

전략 4000원씩 몇 번 저금해야 68000원이 되는지 알아본 후 마지막에 저금하는 날은 며칠 후인지 알아봅니다.

그림에서 규칙 찾기

15

그림과 같이 성냥개비로 정오각형을 만들고 있습니다. 성냥개비 53개로 만들 수 있는 정오각형은 모두 몇 개입니까?

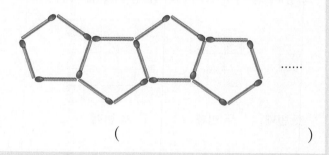

......

(   )

전략 정오각형이 한 개씩 늘어날 때마다 성냥개비는 몇 개씩 늘어나는지 알아본 후 정오각형 수와 성냥개비 수 사이의 대응 관계를 식으로 나타냅니다.

16

| 성대 경시 기출 유형 |

규칙에 따라 첫 번째에는 삼각형, 두 번째에는 12각형, 세 번째에는 48각형이 그려져 있습니다. 5번째에는 어느 도형이 그려집니까?

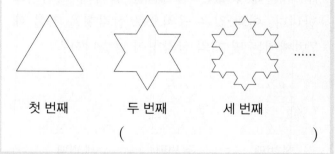

| 첫 번째 | 두 번째 | 세 번째 | ...... |

(   )

전략 삼각형의 한 변의 수가 몇 배씩 늘어나는지 알아보거나 도형의 이름에서 규칙을 찾아봅니다.

17

| 성대 경시 기출 유형 |

크기가 같은 정사각형 모양의 종이를 규칙에 따라 늘어놓은 것입니다. 9번째에는 정사각형 모양의 종이가 모두 몇 장 놓이겠습니까?

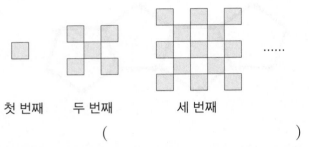

첫 번째   두 번째   세 번째

(   )

전략 순서에 따라 정사각형 모양의 종이의 수가 어떻게 변하는지 규칙을 찾습니다.

수의 배열에서 규칙 찾기

19

다음과 같은 규칙으로 분수를 늘어놓았습니다. $\frac{30}{32}$은 몇 번째 분수입니까?

$$\frac{1}{2}, \ \frac{1}{3}, \ \frac{2}{3}, \ \frac{1}{4}, \ \frac{2}{4}, \ \frac{3}{4}, \ \frac{1}{5} \ \cdots\cdots$$

(   )

전략 늘어놓은 분수를 알맞게 묶어서 묶음의 규칙을 이용하여 구합니다.

18

삼각형을 크기가 같은 4개의 삼각형으로 나눈 후 가운데에 있는 삼각형을 잘라서 버리려고 합니다. 이와 같은 규칙으로 삼각형을 자를 때 7번째에는 몇 개의 삼각형이 남습니까?

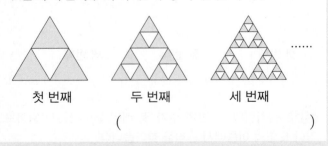

첫 번째   두 번째   세 번째

(   )

전략 순서에 따라 남는 삼각형의 수가 어떤 규칙으로 늘어나는지 찾아봅니다.

20

일정하게 커지는 규칙으로 수를 나열하였습니다. 나열된 수에서 20번째 수는 85이고, 42번째 수는 173입니다. 나열된 수 중에서 30번째 수는 얼마입니까?

(   )

전략 20번째 수와 42번째 수의 차와 일정하게 커지는 수의 개수를 이용하여 일정하게 커지는 수를 먼저 구합니다.

반복되는 배열에서 규칙 찾기

21

| 고대 경시 기출 유형 |

다음과 같이 수를 규칙에 따라 채운 표에서 색칠된 부분의 네 수의 합은 128입니다. 오른쪽과 같이

A	B
C	D

각 칸에 있는 네 수를 차례로 A, B, C, D라 할 때, A+B+C+D=448인 경우 중에서 B가 될 수 있는 가장 큰 수를 구하시오.

1	3	5	7	9	11	13	15
31	29	27	25	23	21	19	17
33	35	37	39	41	43	45	47
							49

( )

전략 수를 채운 표에서 홀수 번째 줄과 짝수 번째 줄의 수의 규칙을 찾아 A, B, C, D의 각 수를 구합니다.

22

〈☆〉은 오른쪽 그림에서 ☆이 속한 가로 줄과 세로 줄에 놓인 수들의 합을 나타냅니다. 예를 들어 〈4〉는 4가 속한 가

1	2	3
4	5	6
7	8	9

로 줄과 세로 줄에 놓인 수 1, 4, 7, 5, 6의 합인 23입니다. 이때 〈1〉+〈2〉+……+〈9〉의 값은 얼마입니까?

( )

전략 〈1〉, 〈2〉, ……, 〈9〉를 각각의 합으로 나타낸 후 전체 합에 각각의 수가 몇 개씩 들어 있는지 알아봅니다.

23

| 성대 경시 기출 유형 |

다음과 같은 규칙으로 수를 나열할 때 색칠된 칸에 쓰이는 수는 무엇입니까?

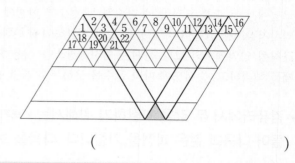

( )

전략 색칠된 칸에 쓰이는 수가 굵은 선 안에 공통으로 놓이는 수임을 이용하여 해결합니다.

24

| 창의 · 융합 |

비밀번호는 접근을 제어하는 데 사용되는 데이터의 형식으로 오늘날에는 컴퓨터, 휴대 전화, 현금 자동입출금기 등의 접근 제어를 위해 사용됩니다. 12자리 수로 되어 있는 비밀번호의 • 조건 • 이 다음과 같을 때 비밀번호를 구하시오.

┌─ 조건 ─────────────────┐
㉠ 12자리 수의 맨 앞자리 숫자는 8이고 일의 자리 숫자는 5입니다.
㉡ 서로 이웃한 세 수의 합은 항상 19입니다.
└────────────────────────┘

8											5

( )

전략 앞에서부터 시작하여 차례로 구하면 이웃한 숫자가 반복되는 규칙을 찾을 수 있습니다.

Ⅵ 규칙성 영역

* 규칙성 영역에서의 코딩

코딩에서 두 수를 교환할 때 단순히 두 변수가 한번에 교환된 것처럼 보이지만 실제로는 임시저장소를 만들어 각 값들을 옮겨 저장하여 교환하는 것입니다.

규칙성 영역에서의 코딩 문제는 임시저장소를 이용하여 수의 교환 과정을 이해하여 문제를 해결하고, 순서도에 따라 끝수를 구하는 문제를 풀어 봅니다.

> 변수란 정해진 범위 내에서 값이 변할 수 있는 수를 나타내요.

❖ 컴퓨터에서 두 값을 교환하기 위해서는 • 보기 • 와 같이 '임시저장소'를 만들어 다음과 같은 과정을 거칩니다. 다음을 보고 물음에 답하시오. **(1~2)**

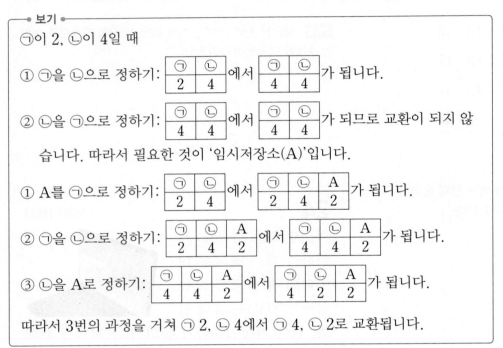

─ 보기 ─

㉠이 2, ㉡이 4일 때

① ㉠을 ㉡으로 정하기: | ㉠ | ㉡ | 에서 | ㉠ | ㉡ | 가 됩니다.
         | 2 | 4 | | 4 | 4 |

② ㉡을 ㉠으로 정하기: | ㉠ | ㉡ | 에서 | ㉠ | ㉡ | 가 되므로 교환이 되지 않
         | 4 | 4 | | 4 | 4 |

  습니다. 따라서 필요한 것이 '임시저장소(A)'입니다.

① A를 ㉠으로 정하기: | ㉠ | ㉡ | 에서 | ㉠ | ㉡ | A | 가 됩니다.
         | 2 | 4 | | 2 | 4 | 2 |

② ㉠을 ㉡으로 정하기: | ㉠ | ㉡ | A | 에서 | ㉠ | ㉡ | A | 가 됩니다.
         | 2 | 4 | 2 | | 4 | 4 | 2 |

③ ㉡을 A로 정하기: | ㉠ | ㉡ | A | 에서 | ㉠ | ㉡ | A | 가 됩니다.
         | 4 | 4 | 2 | | 4 | 2 | 2 |

따라서 3번의 과정을 거쳐 ㉠ 2, ㉡ 4에서 ㉠ 4, ㉡ 2로 교환됩니다.

1 ㉠에 5가, ㉡에 10이 저장되어 있을 때, ㉠을 10으로, ㉡을 5로 교환하려면 몇 번의 과정을 거쳐야 합니까?

(   )

▶ 임시저장소를 ㉠으로 정하고 ㉠을 ㉡으로 정합니다.

2 ㉠에 10이, ㉡에 20이, ㉢에 30이 저장되어 있을 때, ㉠을 20으로, ㉡을 30으로, ㉢을 10으로 교환하려면 최소 몇 번의 과정을 거쳐야 하는지 구하시오. (단, ㉠과 ㉡을 바꾸고, 그 다음에 ㉡과 ㉢을 바꿉니다.)

(   )

▶ 임시저장소를 ㉠으로 정하고 ㉠을 ㉡으로 정하여 ㉠의 수를 바꿉니다. 이 방법을 ㉡과 ㉢에도 반복합니다.

3 오른쪽과 같이 수의 계산이나 어떤 일의 처리 과정을 그림으로 나타낸 것을 순서도라고 합니다. 오른쪽은 어떤 수가 순서도를 따라 계산되어 결과가 나오는 그림입니다. 시작수가 10일 때 끝수는 2가 된다면 시작수가 22일 때 끝수는 얼마인지 구하시오.

(   )

▶ 순서도에서 ( )는 시작과 끝, ⟶는 계산의 흐름, ☐는 계산할 것, ◇는 예, 아니요를 판단합니다.

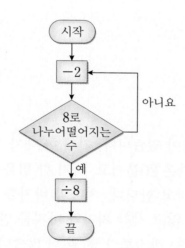

4 오른쪽은 어떤 수가 순서도를 따라 계산되어 결과가 나오는 그림입니다. 시작수가 18일 때 끝수는 2가 됩니다. 시작수가 78일 때 끝수는 얼마인지 구하시오.

(   )

▶ 78로 시작하여 8로 나누어떨어지지 않으면 다시 되돌아가서 시작합니다.

VI 규칙성 영역

창의·융합

1 우리는 음식을 통해서 *열량을 섭취하고, 섭취한 열량을 소비하며 생활하고 있습니다. 다음은 피자 한 조각을 통해 섭취하는 열량과 10분 동안 달리기를 하여 소비하는 열량을 나타낸 것입니다. 달리기를 하는 시간을 □분, 소비하는 열량을 △ kcal라고 할 때 □와 △ 사이의 대응 관계를 식으로 나타내고, 피자 3조각을 먹고 섭취한 열량을 모두 소비하려면 적어도 몇 분 동안 달리기를 해야 하는지 구하시오.

*열량: 몸 안에서 발생하는 에너지의 양인 열량을 이용하여 일정한 체온을 유지하기 위해 음식 조절 및 운동을 할 수 있습니다.

열량의 단위로는 cal(칼로리), kcal(킬로칼로리)가 있습니다.

피자 1조각 280 kcal   10분 동안 달리기 60 kcal

[식] _____

(   )

2 치마와 바지를 만드는 공장이 있습니다. 기계 한 대가 치마 한 벌을 만드는 데 걸리는 시간은 20분이고, 바지 한 벌을 만드는 데 걸리는 시간은 40분이라고 합니다. 치마와 바지를 만드는 기계가 오전 9시부터 쉬지 않고 각각 치마와 바지를 만들었다면 오후 4시까지 만든 치마는 바지보다 몇 벌 더 많습니까?

(   )

3 다음은 같은 날 같은 시각 세 도시의 시각을 나타낸 세계지도와 2016년 브라질 리우 올림픽에서 대한민국 축구 대표팀의 조별 예선 경기 일정을 나타낸 표입니다. 세 도시의 시각을 이용하여 독일과 경기를 할 때의 브라질 리우데자네이루의 날짜와 시각을 구하시오.

대한민국 조별 예선 경기 일정

일시 (한국 기준)	8월 5일 오전 8시	8월 8일 오전 4시	8월 11일 오전 4시
상대국	피지	독일	멕시코

(   )

4 첫 번째 수와 두 번째 수는 각각 2, 4이고, 세 번째 수는 바로 앞의 수인 두 번째 수에 6을 더하여 앞의 앞의 수인 첫 번째 수를 뺀 8입니다. 이와 같은 규칙으로 수를 나열할 때, 120번째 수까지의 합을 구하시오.

> 2,　4,　8,　10 ……

(   )

창의·융합

5 토너먼트는 두 팀씩 경기를 하여 진 팀은 탈락을 하고 이긴 팀끼리 다시 경기를 하여 우승 팀을 가리는 경기 방식입니다. 어느 배구 대회에서 토너먼트 방식으로 경기를 했더니 참

가한 팀들의 총 경기 횟수가 11번이었습니다. 준우승한 팀은 몇 번 경기를 한 것입니까? (단, 준우승한 팀이 우승한 팀보다 경기 횟수가 적습니다.)

(   )

생활 속 문제

6 500원짜리, 100원짜리, 50원짜리 동전이 있습니다. 동전이 모두 48개 있고, 동전의 금액의 합이 5400원입니다. 50원짜리 동전의 금액의 합은 500원짜리 동전의 금액의 합의 반과 같다면 100원짜리 동전은 몇 개입니까?

(   )

창의·사고

7 그림과 같이 일정한 규칙으로 삼각형이 늘어나고 있습니다. 첫 번째부터 10번째까지의 그림에서 흰색 삼각형은 보라색 삼각형보다 몇 개 더 많은지 구하시오.

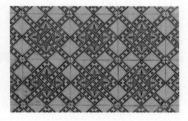

첫 번째　　두 번째　　　세 번째 ......

(　　　　　　　　　　　)

창의·융합

8 오른쪽 그림은 패턴(pattern)의 한 종류로 규칙적인 형태나 양식이 일정하게 반복됩니다. 패턴은 옷의 무늬나 벽지의 무늬 등에서 주로 볼 수 있습니다. 지영이는 다음과 같이 가는 직선과 굵은 직선을 규칙적으로*교차하면서 그리려고 합니다. 24번째 그림에서 각 직선이 만났을 때 생기는 점은 모두 몇 개인지 구하시오.

*교차: 서로 엇갈리거나 마주침

첫 번째　　두 번째　　세 번째　　네 번째　　5번째

(　　　　　　　　　　　)

특강 영재원·**창의융합** 문제

9 길이가 3 cm, 5 cm인 막대가 각각 한 개씩 있습니다. 이 막대를 이용하여 잴 수 있는 길이는 다음과 같이 4가지 방법이 있습니다.

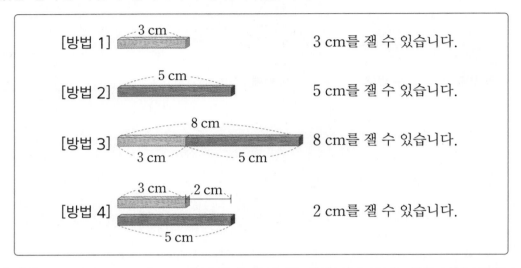

길이가 6 cm, 8 cm, 13 cm인 막대가 각각 한 개씩 있습니다. 위와 같은 방법으로 길이를 잴 때, 잴 수 있는 길이는 모두 몇 가지인지 풀이 과정을 쓰고 답을 구하시오.

[풀이] _____

_____

_____

_____

_____

_____

_____

_____

[답] _____

VII

논리추론 문제해결 영역

| 주제 구성 |

28 나이 맞히기

29 논리 추리하기

30 조건을 이용한 문제 해결

[주제 학습 28] 나이 맞히기

올해 준호의 나이는 5세, 어머니의 나이는 32세입니다. 어머니의 나이가 준호의 나이의 2배가 되는 때는 몇 년 후입니까?

(   )

[문제 해결 전략]

① □년 후의 나이 나타내기

□년 후 준호의 나이는 (5+□)세, 어머니의 나이는 (32+□)세입니다.

② 어머니의 나이가 준호의 나이의 2배가 되는 때 구하기

준호의 나이의 2배가 어머니의 나이이므로

$(5+□)×2=32+□$, $10+□×2=32+□$, $10+□=32$, $□=32-10=22$입니다.

따라서 어머니의 나이가 준호의 나이의 2배가 되는 때는 22년 후입니다.

따라 풀기 1 올해 할머니의 연세는 76세, 손녀인 윤아의 나이는 12세입니다. 할머니의 연세가 윤아의 나이의 5배가 되는 해에 윤아는 몇 세입니까?

(   )

따라 풀기 2 올해 하나의 나이는 12세이고, 두나의 나이는 8세입니다. 두 사람의 나이의 합이 44세가 되는 것은 몇 년 후입니까?

(   )

[**확인 문제**]

1-1 다음 글을 읽고 어머니의 나이를 구하시오.

> • 나와 어머니의 나이의 합은 55세입니다.
> • 아버지의 나이는 어머니보다 5세 더 많습니다.
> • 내 나이의 4배는 아버지의 나이보다 5세 적습니다.

(   )

2-1 아버지와 아들의 대화를 읽고 지금 아버지의 나이를 구하시오.

> 아버지: 내가 지금 네 나이였을 때 너는 2살이었지.
> 아들: 제가 지금 아버지의 연세가 되는 해에 아버지는 80세가 되십니다.

(   )

3-1 두 사람의 대화를 읽고 올해 김 선생님의 나이를 구하시오.

> 가: 김 선생님이 올해 몇 살이시지요?
> 나: 16년 전 김 선생님은 그의 아들 나이의 세 배보다 세 살이 적었지요.
> 가: 내가 알기로는 올해 김 선생님의 연세는 김 선생님 아들 나이의 2배입니다.

(   )

[**한 번 더 확인**]

1-2 다음 글을 읽고 이모와 할머니의 연세를 각각 구하시오.

> • 이모와 할머니의 연세의 합은 100세입니다.
> • 할머니가 이모의 나이였을 때 이모는 할머니 나이의 $\frac{1}{2}$이었습니다.

이모 (   )
할머니 (   )

2-2 어머니가 지금 아들의 나이였을 때 아들은 3세였습니다. 또 아들이 지금 어머니의 나이가 되었을 때 어머니는 90세라고 합니다. 지금 어머니와 아들의 나이를 각각 구하시오.

어머니 (   )
아들 (   )

3-2 다음을 읽고 올해 어머니의 나이와 딸의 나이를 각각 구하시오.

> "15년 전 내 나이는 딸의 나이의 3배보다 2살 많았어요. 아! 올해는 딸의 나이의 2배군요."

어머니 (   )
딸 (   )

VII

논리추론 문제해결 영역

[주제 학습 29] 논리 추리하기

어떤 마을에 살고 있는 사람들은 언제나 참말만 하는 참말쟁이와 언제나 거짓말만 하는 거짓말쟁이만 삽니다. 이 마을에 살고 있는 한 사람이 다른 사람에게 "적어도 우리들 중에서 한 사람은 거짓말쟁이입니다."라고 말하였습니다. 이 말을 한 사람은 참말쟁이입니까, 거짓말쟁이입니까?

(   )

[문제 해결 전략]

① 말을 한 사람이 거짓말쟁이라고 가정하기
'적어도 우리들 중에서 한 사람은 거짓말쟁이입니다.'라고 말한 것이 거짓말이 되므로 우리 모두 참말쟁이가 됩니다. 그런데 말을 한 사람이 거짓말쟁이라고 가정했기 때문에 논리적으로 맞지 않습니다.

② 말을 한 사람이 참말쟁이라고 가정하기
'적어도 우리들 중에서 한 사람은 거짓말쟁이입니다.'라고 말한 것에서 어떠한 모순도 찾을 수 없습니다.

③ 말을 한 사람이 참말쟁이인지, 거짓말쟁이인지 판단하기
말을 한 사람은 참말쟁이입니다.

따라 풀기 1

지호는 아버지, 어머니, 형과 함께 중국집에 갔습니다. 가족들은 각자 좋아하는 음식인 짜장면, 짬뽕, 볶음밥, 군만두를 한 종류씩 주문했습니다. 좋아하는 음식이 모두 다를 때 가족들이 좋아하는 음식을 각각 구하시오.

> • 아버지와 지호는 짬뽕을 좋아하지 않습니다.
> • 어머니는 짜장면을 좋아합니다.
> • 아버지와 형은 짬뽕과 군만두를 주문했습니다.

아버지 (   ), 어머니 (   ),

형 (   ), 지호 (   )

1-1 지우, 호영, 정애, 창민 네 사람 중 한 명이 상을 받았습니다. 다음 대화에서 한 사람만 거짓말을 하였습니다. 거짓말을 한 사람은 누구입니까?

> 지우: 호영이가 받았어.
> 호영: 창민이가 받았어.
> 정애: 나는 안 받았어.
> 창민: 호영이가 거짓말을 했어.

(   )

1-2 하늘, 바다, 금별, 은별, 새별 중 참말을 한 사람은 누구입니까?

> 하늘: 우리 다섯 명은 모두 참말을 해.
> 바다: 우리 중 한 명만 참말을 해.
> 금별: 우리 중 두 명만 참말을 해.
> 은별: 우리 중 세 명만 참말을 해.
> 새별: 우리 중 네 명만 참말을 해.

(   )

2-1 하나, 두나, 세나, 네나는 각각 강아지를 한 마리씩 기르고 있습니다. 강아지의 이름은 백호, 태웅, 구슬, 하미입니다. 다음을 읽고 주인과 강아지를 짝 지어 쓰시오.

> • 태웅이의 주인은 네나의 가장 친한 친구입니다.
> • 하나는 구슬이의 주인은 모르지만 세나의 강아지인 백호를 돌보았습니다.
> • 하나는 강아지의 이름을 자신의 이름의 앞 글자를 따서 지었습니다.

하나 (   )
두나 (   )
세나 (   )
네나 (   )

2-2 명호, 선수, 지민, 호진이네 과수원은 재배하는 과일이 각각 다릅니다. 각 과수원에서 재배하는 과일은 사과, 배, 감, 포도 중 한 가지입니다. 다음을 읽고 과일과 재배하는 과수원을 짝 지어 쓰시오.

> • 사과를 재배하는 과수원은 명호가 가장 좋아하는 친구의 과수원입니다.
> • 지민이는 호진이네 과수원에서 수확한 포도를 선물로 받았습니다.
> • 선수는 선수네 과수원에서 수확한 과일로 곶감을 만들어 할머니 댁에 보냈습니다.

사과 (   )
배 (   )
감 (   )
포도 (   )

VII 논리추론 문제해결 영역

[주제 학습 **30**] 조건을 이용한 문제 해결

다음을 읽고 농장에 있는 소, 돼지, 닭은 모두 몇 마리인지 구하시오.

> • 돼지의 $\frac{3}{4}$은 15마리입니다.
>
> • 돼지의 $\frac{2}{5}$는 닭의 $\frac{1}{3}$과 같습니다.
>
> • 닭의 $\frac{3}{8}$은 소의 $\frac{3}{4}$과 같습니다.

(   )

[문제 해결 전략]

① 돼지의 수 구하기

돼지의 수를 □마리라 하면 □÷4×3=15, □÷4=5, □=20입니다.

② 닭의 수 구하기

20÷5×2=8이고 닭의 $\frac{1}{3}$이 8마리이므로 닭은 8×3=24(마리)입니다.

③ 소의 수 구하기

24÷8×3=9이므로 소의 $\frac{3}{4}$이 9마리입니다.

소의 수를 △마리라 하면 △÷4×3=9, △÷4=3, △=12입니다.

⇨ (소의 수)+(돼지의 수)+(닭의 수)=12+20+24=56(마리)

선생님, 질문 있어요!

Q. 조건을 이용한 문제는 어떻게 해결하나요?

A. 주어진 조건에 맞게 식으로 나타내어 문제를 해결합니다.

참고

• 전체의 $\frac{1}{\blacktriangle}$이 ■이면

  전체는 ■×▲입니다.

• 전체의 $\frac{\bullet}{\blacktriangle}$이 ■이면

  전체는 ■×▲÷●입니다.

---

1 톱니바퀴 ㉮, ㉯가 있습니다. ㉮는 10초에 4바퀴를 돌고, ㉯는 15초에 9바퀴를 돈다고 합니다. 45초 동안 톱니바퀴 ㉮와 ㉯가 쉬지 않고 일정한 빠르기로 돌았다면 돈 바퀴 수의 차는 몇 바퀴입니까?

(   )

2 ㉮ 수도꼭지로 물을 받아 8 L들이 물통을 가득 채우는 데 20분이 걸리고, ㉯ 수도꼭지로 물을 받아 4 L들이 물통을 가득 채우는 데 5분이 걸린다고 합니다. ㉮, ㉯ 두 수도꼭지를 동시에 사용하여 84 L들이 물탱크에 물을 가득 채우려면 몇 분이 걸리겠습니까?

(   )

[확인 문제]

1-1 수영장에 물을 가득 채우는 데 큰 수도꼭지 1개만으로는 9시간이 걸리고, 작은 수도꼭지 1개만으로는 18시간이 걸린다고 합니다. 큰 수도꼭지 3개와 작은 수도꼭지 6개를 동시에 틀어 놓을 경우 수영장에 물이 가득 차는 데 걸리는 시간은 몇 시간 몇 분입니까?

(   )

2-1 승우, 민찬, 혜진, 영수가 가지고 있는 구슬은 모두 60개입니다. 다음을 보고 구슬을 가장 많이 가지고 있는 사람과 가장 적게 가지고 있는 사람의 이름을 차례로 쓰시오.

- 승우는 혜진이가 가지고 있는 구슬의 $\frac{1}{2}$만큼 가지고 있습니다.
- 민찬이는 혜진이가 가지고 있는 구슬의 $\frac{1}{4}$만큼과 영수가 가지고 있는 구슬을 합한 것만큼 가지고 있습니다.
- 혜진이가 가지고 있는 구슬은 전체 구슬의 $\frac{1}{3}$보다 4개 더 많습니다.
- 영수는 혜진이보다 구슬을 15개 적게 가지고 있습니다.

(   )

[한 번 더 확인]

1-2 깊이가 19 m인 물탱크가 있습니다. 오전 12시부터 오후 5시까지 물탱크에 물을 받으면 물의 높이가 5 m 올라가고, 오후 5시부터 다음날 오전 12시까지 물을 사용하면 물의 높이가 2 m 내려갑니다. 매일 같은 방법으로 물을 받고 사용한다면 물탱크의 물이 넘칠 때는 처음 물을 받기 시작한 지 며칠째 되는 날입니까?

(   )

2-2 은호와 진희는 카드를 나누어 가졌습니다. 은호가 가지고 있는 카드의 수는 두 사람이 가지고 있는 카드 수의 $\frac{1}{2}$보다 1장이 적고, 진희가 가지고 있는 카드 수는 두 사람이 가지고 있는 카드 수의 $\frac{1}{4}$보다 10장이 많습니다. 두 사람이 가지고 있는 카드는 모두 몇 장입니까?

(   )

| 나이 맞히기 |

1

나이가 4세씩 차이 나는 사람이 6명 있습니다. 나이가 가장 많은 사람은 나이가 가장 적은 사람의 나이의 2배입니다. 나이가 두 번째로 많은 사람의 나이는 몇 세입니까?

(   )

전략 나이가 가장 적은 사람의 나이를 □세로 하여 식을 세우면 나이가 두 번째로 적은 사람은 (□+4)세입니다.

2

| KMC 기출 유형 |

나는 2010년에 태어났습니다. 2021년에 누나와 내 나이의 합은 누나와 내 나이의 차의 5배입니다. 누나가 태어난 해를 구하시오.

(단, 태어난 해에 1세가 됩니다.)

(   )

전략 나는 2010년에 태어났으므로 내 나이는 2021년에 12세이고, 누나와 나의 나이 차는 항상 일정합니다.

3

7년 전 할아버지의 연세는 7년 전 형과 동생의 나이의 합의 3배이고, 내년 할아버지의 연세는 내년 형과 동생 나이의 합의 2배입니다. 올해 할아버지의 연세는 몇 세입니까?

(   )

전략 7년 전 형과 동생의 나이의 합을 □세라 하면 7년 전 할아버지의 연세는 (□×3)세입니다.

4

| 창의 · 융합 |

농부와 수학자의 대화를 읽고 농부의 세 아들은 각각 몇 살인지 구하시오.

> 농부: 내 나이가 36살인데 세 아들의 나이를 곱하면 내 나이와 같아요. 세 아들의 나이는 각각 몇 살일까요?
>
> 수학자: 나이의 곱을 알아도 문제를 해결하기에 부족합니다. 힌트를 하나 더 주시지요.
>
> 농부: 초등학교에 다니는 가장 나이가 많은 아들은 쌍둥이 동생들보다 키가 크답니다.

(   )

전략 곱해서 36이 되는 세 수 중 같은 수가 있는 세 수를 알아봅니다.

규칙 찾기 전략

5

선반 위에 다음과 같이 교과서, 미술용품, 필통 순으로 정리하였습니다. 각각은 한 칸씩 이동하거나 한 칸을 건너뛸 수 있습니다. ㉠에서 ㉡과 같이 정리하려면 적어도 몇 번 움직여야 합니까?

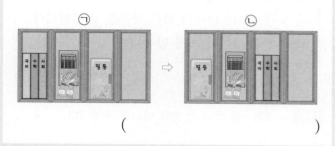

( )

전략 교과서, 미술용품, 필통이 움직이는 과정을 직접 그려 봅니다.

6

규칙을 찾아 ㉠에 알맞은 수를 구하시오.

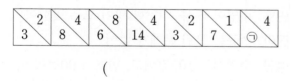

( )

전략 대각선 아래에 있는 숫자와 위에 있는 숫자 사이의 규칙을 찾아봅니다.

7

일정한 규칙에 따라 그림을 그릴 때 8번째 모양의 ?에 알맞은 도형을 그리시오.

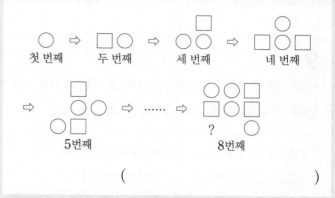

( )

전략 이전 단계와 비교하여 같은 모양이 변한 규칙과 새로 생긴 모양의 규칙을 찾아봅니다.

8

수의 일부를 선택하여 숫자의 순서를 반대로 뒤집었습니다. 653412를 • 보기 •와 같은 방법으로 123456으로 정렬하려면 숫자의 순서를 적어도 몇 번 뒤집어야 합니까?

> — • 보기 • —
> 54213을 12345로 정렬한 경우
> 54213 → 54312 → 54321 → 12345(3번)

( )

전략 어느 자리의 숫자들을 선택해야 가장 적은 횟수로 바꿀 수 있을지 생각해 봅니다.

논리 추리하기

9

어떤 연산 규칙(◎)을 설명하고 있습니다. 이 연산 규칙을 사용하여 3◎4를 계산하시오.

1◎5=1 (참)	4◎3=12 (거짓)
5◎3=25 (거짓)	3◎2=9 (참)
2◎3=5 (거짓)	6◎2=36 (참)

( )

전략 참, 거짓의 논리를 보고 연산 규칙을 찾습니다.

10

㉮, ㉯, ㉰ 세 가게에서 파는 물건은 옷, 가방, 신발 중의 하나이며 서로 다른 물건을 팝니다. 예지, 현수, 영애가 서로 다른 가게에서 물건을 샀다면 영애는 어느 가게에서 무슨 물건을 샀는지 차례로 쓰시오.

㉠ 예지는 ㉮ 가게에서 사지 않았습니다.

㉡ 현수는 ㉯ 가게에서 사지 않았습니다.

㉢ ㉮ 가게에서 물건을 산 사람은 가방을 사지 않았습니다.

㉣ ㉯ 가게에서 물건을 산 사람은 옷을 샀습니다.

㉤ 현수는 신발을 사지 않았습니다.

( )

전략 표를 이용하여 어느 가게에서 무슨 물건을 샀는지 알아봅니다.

11

경희, 수진, 이선, 주미의 나이는 12세, 10세, 9세, 4세 중 하나입니다. 다음 ●조건●을 보고 나이가 많은 순서대로 이름을 쓰시오.

──● 조건 ●──

㉠ 이선이는 경희보다 나이가 많습니다.

㉡ 수진이보다 나이가 적은 사람은 한 명입니다.

㉢ 주미의 나이가 가장 많습니다.

( )

전략 ●조건●을 보고 한 명씩 나이를 구합니다.

12

수영, 민호, 진아, 성규, 건태 중에서 한 명만 시험에서 100점을 받았습니다. 다음을 읽고 한 명만 거짓을 말했다면 100점을 받은 사람은 누구인지 이름을 쓰시오.

수영: 진아와 성규는 한 문제씩 틀렸어.

민호: 수영이와 성규 중 한 명이 모두 맞혔어.

진아: 성규는 틀린 문제가 없어.

성규: 수영이는 100점이고, 민호는 90점이야.

건태: 나와 성규는 100점이 아니야.

( )

전략 표를 이용하여 알아봅니다.

조건을 이용한 문제 해결

13

| 창의 · 융합 |

오른쪽 지도에서 ♡는 보물이 있는 곳을 나타냅니다. 다음 • 조건 •을 모두 만족하는 보물의 위치를 3군데 표시하시오.

┌─ 조건 ─
│ ㉠ 가로 줄과 세로 줄에는 1개의 보물만 있습니다.
│ ㉡ 보물이 있는 곳을 둘러싼 사각형에는 보물이 없습니다.
└─

전략 주어진 조건을 만족하도록 먼저 보물이 없는 곳을 ×표 하여 찾습니다.

14

| 고대 경시 기출 유형 |

다음 • 조건 •을 만족하도록 오른쪽 그림의 빈 칸에 1부터 4까지의 수를 알맞게 써넣으시오.

1			2
			3
4			

┌─ 조건 ─
│ ㉠ 어떤 가로 줄이나 세로 줄을 선택해도 1, 2, 3, 4가 한 번씩 들어 있습니다.
│ ㉡ 굵은 선 안의 작은 정사각형에는 1, 2, 3, 4가 한 번씩만 들어 있습니다.
└─

전략 어느 한 곳을 정하여 들어갈 수 없는 수들을 제외시키며 같은 수가 중복되지 않도록 수를 채웁니다.

15

48개의 구슬을 상자 3개에 나누어 담았습니다. 한 상자에서 14개의 구슬을 꺼내 다른 두 상자에 각각 7개씩 나누어 넣었더니 처음 3개의 상자에 들어 있던 구슬의 개수와 똑같은 개수가 되었습니다. 처음 세 상자에 들어 있던 구슬의 개수를 작은 것부터 차례로 쓰시오.

(   )

전략 상자 3개에 들어 있던 구슬의 수를 □개, △개, ☆개로 하여 식을 세웁니다.

16

| 창의 · 융합 |

터키 이스탄불에는 예레바탄 시라이라는 동로마제국의 지하 저수조가 있습니다. 도시의 식

수 부족을 해결하기 위해 만들어진 이 지하 저수조는 이스탄불에 남아 있는 고대 저수조 중 가장 큰 저수조입니다. 물이 들어 있던 지하 저수조에 일정한 속도로 계속 물이 들어오고 있습니다. 15개의 펌프가 있다면 3시간 만에 물을 다 퍼낼 수 있고, 10개의 펌프가 있다면 6시간 만에 물을 다 퍼낼 수 있습니다. 2시간 내에 물을 다 퍼내려면 몇 개의 펌프가 있어야 합니까?

(   )

전략 3시간 동안 들어온 물의 양은 6시간 동안 퍼낸 양과 3시간 동안 퍼낸 양의 차입니다.

17

| 창의·융합 |

다음 기사를 읽고 첫 해에 암소 한 마리가 있었다면 5년째 되는 해에 암소는 모두 몇 마리가 되는지 구하시오.

> **천재일보**　　　　　○○○○년 ○○월 ○○일
>
> 암소 한 마리가 매년 한 마리의 암송아지를 낳는다고 합니다. 이 암송아지도 태어난지 3년째 되는 해부터 매년 한 마리의 암송아지를 낳는다고 합니다.

(　　　　　　　　　)

전략 처음의 암소는 매년 암송아지를 낳을 수 있고 3년째 된 암송아지도 그 이후로 매년 암송아지를 낳을 수 있습니다.

18

1반부터 8반까지 2개 반씩 경기를 하여 진 반은 탈락하는 방식으로 반 대항 피구경기를 진행하였습니다. 다음을 읽고 2반은 2회전에서 어느 반과 경기를 하였는지 구하시오.

- 우승 반은 2반입니다.
- 준우승 반은 4반입니다.
- 5반과 8반이 대결하여 5반이 이겼습니다.
- 7반의 성적은 1승 1패입니다.
- 5반과 2반은 경기를 한 적이 없습니다.

(　　　　　　　　　)

전략 토너먼트전은 두 팀씩 시합하여 진 팀은 탈락하고, 마지막에 남은 두 팀이 우승을 겨루는 경기 방식입니다.

게임 전략 찾기

19

미라와 은주는 15개의 바둑돌을 번갈아 가며 가져가는 놀이를 하려고 합니다. 한 번에 1개부터 3개까지 가져갈 수 있고, 마지막 바둑돌을 가져가는 사람이 이긴다고 할 때 먼저 시작한 미라가 이기기 위해서는 처음에 몇 개를 가져가야 합니까?

(　　　　　　　　　)

전략 은주가 가져간 개수에 상관없이 미라가 이기려면 미라는 두 사람이 가져간 바둑돌의 개수의 합이 4개가 되도록 해야 합니다.

20

바구니 3개에 구슬이 각각 1개, 2개, 7개가 들어 있습니다. 다음과 같은 ●규칙●으로 지욱이와 준형이가 서로 번갈아 가며 구슬을 가져갑니다. 지욱이가 먼저 시작하여 반드시 이기려면 어떻게 해야 합니까?

┌─ ●규칙● ──────────────
- 자기 차례에 적어도 구슬 한 개를 가져갑니다.
- 한 번에 한 바구니에서만 가져갈 수 있고, 몇 개를 가져가도 상관없습니다.
- 마지막 구슬을 가져가는 사람이 이깁니다.
└──────────────────────

_____

_____

전략 지욱이가 구슬을 가져가고 마지막에 남은 두 바구니의 구슬의 개수가 같으면 지욱이가 항상 이길 수 있습니다.

21

두 사람이 1부터 차례대로 번갈아 가며 수를 부르는데 한 번에 1개, 2개, 3개까지 연속으로 부를 수 있습니다. 30을 부르는 사람이 진다고 할 때, 항상 이기기 위해서는 처음 시작하는 사람이 어떤 수를 불러야 합니까?

(   )

전략 처음 수를 부르는 사람은 3번째부터는 다음 사람이 부르는 수의 개수와 자신이 부르는 수의 개수를 더해서 4개가 되도록 맞춰서 불러야 합니다.

22

준수와 형준이는 가위바위보를 하여 계단오르기 놀이를 하고 있습니다. 이기면 3계단 올라가고 지면 2계단 내려갑니다. 준

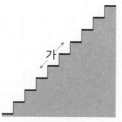

수는 가에서 시작하여 가위바위보를 10번 하고 나니 처음 시작한 곳으로 돌아오게 되었습니다. 준수는 몇 번 이겼습니까?

(단, 비기는 경우는 없습니다.)

(   )

전략 준수가 1번 이기면 몇 번만에 다시 가로 돌아올 수 있는지 생각해 봅니다.

23

| 성대 경시 기출 유형 |

재석이와 명수는 35개의 공깃돌을 번갈아 가며 가져가는 놀이를 하려고 합니다. 한 번에 1개부터 5개까지 가져갈 수 있고, 마지막 공깃돌을 가져가는 사람이 진다고 할 때 먼저 시작한 재석이가 이기기 위해서는 처음에 몇 개를 가져가야 합니까?

(   )

전략 한 번에 1개에서 5개까지 가져갈 수 있으므로 두 사람이 가져간 공깃돌의 개수의 합이 항상 6개가 되도록 합니다.

24

바둑돌 30개를 놓고 정훈이와 현수가 번갈아 가면서 바둑돌을 1개에서 7개까지 원하는 개수만큼 가져가는 놀이를 합니다. 정훈이가 먼저 시작하고 마지막에 남은 바둑돌을 가져가는 사람이 이깁니다. 정훈이가 반드시 이기려고 다음과 같이 하였을 때, ㉮＋㉯＋㉰＋㉱의 값을 구하시오.

> ① 정훈이가 처음에 (가)개 가져갑니다.
> ② 현수가 3개 가져가고 정훈이가 (나)개 가져갑니다.
> ③ 현수가 7개 가져가고 정훈이가 (다)개 가져가서 (라)개가 남습니다.
> ④ 현수가 몇 개를 가져가더라도 정훈이는 남은 바둑돌을 모두 가져가서 이깁니다.

(   )

전략 두 사람이 가져간 바둑돌의 개수의 합이 8개이어야 합니다.

1 컴퓨터는 숫자를 0과 1로만 나타냅니다. 1부터 7까지의 수를 컴퓨터 숫자로 바꾸는 방법은 다음과 같습니다. 같은 방법으로 5를 컴퓨터 숫자로 바꾸어 나타내시오.

> ▶ 컴퓨터는 0과 1로 수를 나타냅니다. 표에 숫자가 있으면 1, 숫자가 없으면 0으로 바꾸어 나타냅니다.

> • 2를 컴퓨터 숫자로 바꾸기
>
> 다음 표에서 숫자 2가 있으면 1, 없으면 0으로 나타냅니다. ㉠에 숫자 2가 없으므로 0, ㉡에 숫자 2가 있으므로 1, ㉢에 숫자 2가 없으므로 0입니다. 따라서 010으로 나타냅니다.
>
> | ㉠ | |
> |---|---|
> | 4 | 5 |
> | 6 | 7 |
>
> | ㉡ | |
> |---|---|
> | 2 | 3 |
> | 6 | 7 |
>
> | ㉢ | |
> |---|---|
> | 1 | 3 |
> | 5 | 7 |

(   )

2 컴퓨터에서 '순환 자리 이동(shift)'은 모든 수가 오른쪽 또는 왼쪽으로 한 자리씩 이동하며 넘친 숫자는 빼고 빈 자리에는 0이 추가되는 것을 말합니다.

> ▶ 자리 이동을 하면 넘친 숫자는 없어지고 빈 자리는 0이 됩니다.

> • 보기 •
>
> • | 1 | 0 | 1 | 1 | 0 | 을 오른쪽으로 자리 이동하기
>
> • 모든 수가 오른쪽으로 한 자리씩 이동 ⇨ | | 1 | 0 | 1 | 1 | 0
>
> • 넘친 숫자를 빼고 빈 자리에 0을 추가 ⇨ | 0 | 1 | 0 | 1 | 1 |

• 보기 •와 같은 방법으로 101을 오른쪽으로 자리 이동하면 어떤 수가 되는지 구하시오.

(   )

3 다음은 어떤 수의 계산 과정을 나타낸 순서도입니다. 예를 들어 시작수가 6이면 끝수는 $(6+2-1) \div 7 = 1$이고 시작수가 13이면 끝수는 2가 됩니다. 시작수가 50일 때, 끝수를 구하시오.

▶ 순서도의 흐름을 보며 시작부터 끝까지 순서도의 기호에 따라 차례로 계산해 봅니다.

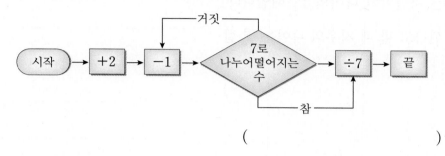

(   )

4 다음은 어떤 수의 계산 과정을 나타낸 순서도입니다. 예를 들어 시작수가 10이면 끝수는 62가 됩니다. 시작수가 0일 때 판단기호 (◇)를 몇 번 거쳐야 끝수가 나오는지 구하시오.

▶ 순서도는 흐름에 따라 차례로 계산하기 때문에 연산 기호 순서를 고려하지 않아도 됩니다.

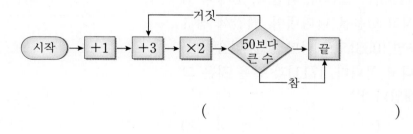

(   )

1 지민, 지영, 지우는 세 자매입니다. 지민이의 나이는 지영이의 나이의 $\frac{2}{3}$이고 지우의 나이는 지민이의 나이의 $1\frac{1}{5}$배입니다. 지영이의 나이는 20살이 안 된다고 할 때 지우의 나이는 몇 살입니까?

(   )

2 빨간색, 파란색, 검정색 3종류의 칩이 있습니다. 빨간색 1개는 파란색 3개와 바꿀 수 있고, 파란색 1개는 검정색 2개와 바꿀 수 있습니다. 그러나 한 색깔을 9개보다

많이 가질 수는 없습니다. [123]은 빨간색, 파란색, 검정색 칩을 각각 1개, 2개, 3개 가지고 있음을 나타내며, 빨간색 칩 1개를 파란색 칩 3개와 바꾸면 [053]으로 나타낼 수 있습니다. 이때, [123]과 [053]은 같다고 합니다. [711]과 같은 것은 그 자신을 포함하여 모두 몇 개입니까?

(   )

3 빨간색, 파란색, 노란색, 초록색, 주황색 탱탱볼이 각각 한 개씩 있습니다. 1, 2, 3, 4, 5반 회장이 각각 탱탱볼을 한 개씩 가져간 후 다음과 같이 예상하였는데 예상이 모두 틀렸다고 합니다. 1, 2, 3, 4, 5반에서 가져간 탱탱볼의 색을 차례대로 쓰시오.

- 2반이 빨간색 또는 주황색 탱탱볼을 가져갔어요.
- 아니에요. 빨간색 탱탱볼은 3반이나 4반이 가져갔어요.
- 아니에요. 4반은 파란색, 노란색, 초록색 탱탱볼 중에서 가져 갔어요.
- 아니에요. 노란색 탱탱볼은 1반이나 2반에서 가져갔어요.
- 아니에요. 1반은 빨간색이나 초록색 탱탱볼을 가져갔어요.

(   )

4 경수와 시우가 다음과 같이 수를 부르는 놀이를 합니다. 시우가 먼저 2를 부르고, 경수가 반드가 이기려면 두 사람이 부른 수는 적어도 몇 개입니까?

- 경수와 시우가 번갈아 가며 수를 하나씩 부릅니다.
- 한 사람이 수 하나를 부르면 다음 사람은 그 수와 그 수보다 작은 수 중 한 개를 더한 수를 부릅니다.
  예를 들어 경수가 8을 부르면 시우는 8에 8보다 작은 1, 2, ……, 7 중 한 수를 더한 9, 10, ……, 15 중 하나를 부릅니다.
  시우가 12를 부르면 경수는 12에 12보다 작은 1, 2, ……, 11 중 한 수를 더한 13, 14, ……, 23 중 하나를 부릅니다.
- 100을 부르는 사람이 이깁니다.

(   )

창의 · 융합

5 숫자 야구 게임의 규칙은 다음과 같습니다.

> • 수비는 1부터 9까지의 숫자 중에서 각 자리의 숫자가 모두 다른 세 자리 수를 정합니다
>
> • 공격은 수비가 정한 수를 알아내기 위해서 세 자리 수를 예상하여 말합니다
>
> • 공격이 예상하여 말한 세 자리 수 중 수비가 정한 수의 숫자와 자리가 모두 맞으면 '스트라이크', 자리는 틀리고 숫자만 맞으면 '볼', 숫자와 자리가 모두 틀리면 '아웃'이라고 대답합니다.
>
> 예 수비가 정한 수가 123일 때,
>
> 〈공격1〉 231 → 〈수비〉 3볼
>
> 〈공격2〉 172 → 〈수비〉 1스트라이크, 1볼
>
> 〈공격3〉 546 → 〈수비〉 아웃

공격이 세 자리 수를 말했을 때 수비가 다음과 같이 대답하였습니다. 수비가 정한 세 자리 수를 구하시오.

> 〈공격1〉 875 → 〈수비〉 1스트라이크
>
> 〈공격2〉 386 → 〈수비〉 아웃
>
> 〈공격3〉 927 → 〈수비〉 1스트라이크
>
> 〈공격4〉 429 → 〈수비〉 1볼

( )

6 지호와 유주는 남매입니다. 1년 전에 지호의 나이는 삼촌의 나이의 $\frac{1}{5}$이었고, 2년 후에 유주의 나이는 삼촌의 나이의 $\frac{1}{8}$이 됩니다. 올해 삼촌의 나이가 20세보다 많고 80세보다 적을 때, 올해 지호와 유주의 나이의 합을 구하시오.

( )

7 문제 해결

다음 표는 2016부터 1씩 작은 수를 규칙에 따라 차례로 쓴 것입니다. 이 표에서 2000의 위치를 (30, 5)로 나타내면 1900의 위치는 (㉠, ㉡)입니다. ㉠+㉡의 값을 구하시오.

	1	2	3	4	5	6	7
10	2016	2015	2014	2013	2012	2011	
20		2005	2006	2007	2008	2009	2010
30	2004	2003	2002	2001	⃝2000	1999	
40		1993	1994	1995	1996	1997	1998
50	1992	1991	1990	1989	1988	1987	
60		1981	1982	1983	1984	1985	1986
				⋮			

(   )

8 창의·융합

*팰린드롬(palindrome)은 기러기, 별똥별과 같이 순서대로 읽은 것과 거꾸로 읽은 것이 같은 낱말이나 문장을 말합니다. 수 중에서도 1441과 같이 순서대로 읽은 수와 거꾸로 읽은 수가 같은 수를 대칭수라고 합니다. 293을 • 보기 •와 같이 거꾸로 배열하여 계산하였더니 3단계 에서 처음으로 대칭수 2992가 되었습니다. • 보기 •와 같이 계산할 때 3단계 에서 처음으로 대칭수 6666이 되는 세 자리 수를 모두 구하시오.

┌─ 보기 ─
│ 1단계 293+392=685
│ 2단계 685+586=1271
│ 3단계 1271+1721=2992
└─

(   )

*팰린드롬은 79년 로마의 어느 건물 벽에서 발견된 방진에서 유래되었다고 합니다. 여기서 ROTAS는 창조, OPERA는 작품, TENET는 법률, AREPO는 경작, SATOR는 신을 뜻합니다. 이 중 TENET가 팰린드롬입니다.

R	O	T	A	S
O	P	E	R	A
T	E	N	E	T
A	R	E	P	O
S	A	T	O	R

Ⅶ
논리추론 문제해결 영역

9 영규와 은주가 바둑돌 한 개를 가지고 다음 •규칙•에 따라 게임을 하려고 합니다. 영규가 이 게임에서 이기려면 1열의 어느 곳에 바둑돌을 놓아야 하는지 해당하는 칸에 모두 ○표 하시오.

> •규칙•
> ① 영규가 먼저 1열의 5개의 칸 중 원하는 곳에 바둑돌을 놓습니다.
> ② 은주는 그 바둑돌을 왼쪽이나 오른쪽 또는 아래로 한 칸씩만 옮길 수 있습니다. 단, 대각선이나 위, 이전에 바둑돌을 놓았던 곳으로는 옮길 수 없습니다.
> ③ 계속해서 번갈아가며 바둑돌을 옮깁니다.
> ④ 색칠된 제일 아래 칸에 바둑돌을 먼저 옮긴 사람이 이깁니다.

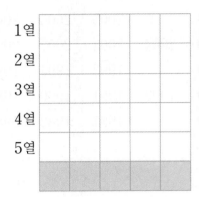

10 하나는 서로 다른 숫자 4개인 두나의 휴대 전화 비밀번호를 알아맞히려고 합니다. 하나가 숫자 4개를 쓰면 두나는 그 수 옆에 A와 B를 씁니다. A는 비밀번호와 같은 자리에, B는 다른 자리에 같은 숫자가 있다는 기호입니다. •보기•에서 A는 숫자 7을, B는 각각 숫자 0과 2를 나타냅니다.

> •보기•
>
> | 두나의 비밀번호 | 하나가 쓴 수 | 두나가 쓴 기호 |
> |---|---|---|
> | 0726 | 5702 | ABB |

하나가 쓴 네 자리 수 옆에 두나가 오른쪽과 같이 기호를 썼을 때, 두나의 비밀번호가 될 수 있는 네 자리 수 중 가장 큰 수를 구하시오.

> ① 1 3 5 7 : AB
> ② 0 2 4 8 : AB
> ③ 1 2 4 8 : A

(   )

1등급 비밀!

TOP OF THE TOP
초등 수학

최강 TOT

정답과 풀이

4학년

4단계

천재교육

최강
TOT

정답과 풀이

정답과 풀이

Ⅰ 수 영역

<table>
<tr><td colspan="2">STEP 1 경시 기출 유형 문제</td><td>8~9쪽</td></tr>
</table>

[주제 학습 1] 10000배

1 100000배   **2** 100000배

[확인 문제] [한 번 더 확인]

1-1 2000배   **1-2** 40000배

2-1 2000배   **2-2** 40배

3-1 534장   **3-2** 3800장

1 ㉠은 십억의 자리 숫자이므로 3000000000(30억)을 나타냅니다.
㉡은 만의 자리 숫자이므로 30000(3만)을 나타냅니다.
3만을 100000배하면 30억이므로 ㉠이 나타내는 수는 ㉡이 나타내는 수의 100000배입니다.

2 ㉠은 억의 자리 숫자이므로 400000000(4억)을 나타냅니다.
㉡은 천의 자리 숫자이므로 4000을 나타냅니다.
4000을 100000배하면 4억이므로 ㉠이 나타내는 수는 ㉡이 나타내는 수의 100000배입니다.

[확인 문제] [한 번 더 확인]

1-1 ㉠은 백억의 자리 숫자이므로 60000000000을 나타냅니다.
㉡은 천만의 자리 숫자이므로 30000000을 나타냅니다.
6은 3의 2배이므로 60000000000은 30000000의 2000배입니다.

1-2 ㉠은 백억의 자리 숫자이므로 80000000000을 나타냅니다.
㉡은 백만의 자리 숫자이므로 2000000을 나타냅니다.
8은 2의 4배이므로 ㉠은 ㉡의 40000배입니다.

2-1 가: 1000만이 300인 수는 30억입니다.
나: 1조가 6인 수는 6조입니다.
6은 3의 2배이고, 1조는 10억의 1000배이므로 나는 가의 2000배입니다.

2-2 가: 1000만이 8000인 수는 800억입니다.
나: 1억이 20인 수는 20억입니다.
8은 2의 4배이고, 100억은 10억의 10배이므로 가는 나의 40배입니다.

3-1 53억 4700만 원에서 1000만 원권 수표로 53억은 530장, 4000만 원은 4장이므로 1000만 원권 수표는 534장까지 찾을 수 있습니다.

3-2 건설 대금을 지불하고 남은 금액은
86억－48억＝38억 (원)입니다.
38억은 100만이 3800인 수이므로 38억 원은 100만 원권 수표로 3800장입니다.

<table>
<tr><td colspan="2">STEP 1 경시 기출 유형 문제</td><td>10~11쪽</td></tr>
</table>

[주제 학습 2] 7, 8, 9

1 1, 2, 3, 4, 5   **2** 4개

[확인 문제] [한 번 더 확인]

1-1 <   **1-2** >

2-1 30   **2-2** 3

3-1 35개   **3-2** 23개

1 높은 자리부터 차례로 비교해 보면 십만의 자리 숫자와 만의 자리 숫자가 같습니다.
6375>□793이므로 □ 안에 들어갈 수 있는 숫자는 1, 2, 3, 4, 5입니다.

> **주의**
>
> □ 안에 6이 들어가면 6375<6793이므로 조건에 성립하지 않습니다.

2 □＝5이면 25억 7304만<25억 8168만이므로
□ 안에는 5보다 큰 수가 들어가야 합니다.
따라서 □ 안에 들어갈 수 있는 숫자는 6, 7, 8, 9로 모두 4개입니다.

[확인 문제] [한 번 더 확인]

1-1 61□061□의 만의 자리 숫자가 0이면 610061□이므로 백의 자리 숫자를 비교하면 4<6이므로
61□061□가 더 큽니다.
따라서 61004□5<61□061□입니다.

1-2 136□48432의 □ 안에 9를 넣었을 때, 만의 자리 숫자를 비교하면 5>4이므로 13695□432가 더 큽니다.
따라서 13695□432>136□48432입니다.

2-1 높은 자리의 숫자부터 차례로 비교하면 천만, 백만, 십만, 만의 자리 숫자가 같으므로 □025>6004입니다.

따라서 □ 안에 들어갈 수 있는 숫자는 6, 7, 8, 9이므로 □ 안에 들어갈 수 있는 숫자들의 합은 6+7+8+9=30입니다.

2-2 높은 자리의 숫자부터 차례로 비교하면 천만, 백만, 십만의 자리 숫자가 같으므로 □4679<34679입니다.

□=3이면 두 수가 같아지므로 □ 안에 들어갈 수 있는 숫자는 3보다 작은 0, 1, 2입니다.

따라서 □ 안에 들어갈 수 있는 숫자들의 합은 0+1+2=3입니다.

3-1 ㉠=3이면 325834257<3258342㉡8이므로
㉡에 들어갈 수 있는 숫자는 5, 6, 7, 8, 9입니다.
⇨ 5개
㉠=0, 1, 2이면 ㉡에 들어갈 수 있는 숫자는 0, 1, 2, 3, 4, 5, 6, 7, 8, 9입니다. ⇨ 10×3=30(개)
따라서 (㉠, ㉡)으로 나타낼 수 있는 경우는
5+30=35(개)입니다.

3-2 ㉠=7이면 10078336>10078㉡36이므로
㉡에 들어갈 수 있는 숫자는 0, 1, 2입니다. ⇨ 3개
㉠=8, 9이면 ㉡에 들어갈 수 있는 숫자는 0, 1, 2, 3, 4, 5, 6, 7, 8, 9입니다. ⇨ 10×2=20(개)
따라서 (㉠, ㉡)으로 나타낼 수 있는 경우는
3+20=23(개)입니다.

STEP 1 경시 기출 유형 문제 12~13쪽

[주제 학습 3] 84620

1 103579 **2** 8855443

[확인 문제][한 번 더 확인]

1-1 9837654 **1-2** 140235
2-1 97524 **2-2** 701234
3-1 3431998 **3-2** 343198

---

1 가장 작은 수는 가장 높은 자리부터 작은 수를 차례로 놓으면 됩니다. 단, 0은 가장 높은 자리에 놓을 수 없습니다.
0<1<3<5<7<9이므로 가장 작은 수는 103579입니다.

2 숫자 카드를 두 번씩 사용할 때 가장 큰 수는 가장 높은 자리부터 큰 수를 두 번씩 차례로 놓을 수 있습니다.
따라서 가장 큰 일곱 자리 수는 8855443입니다.

[확인 문제][한 번 더 확인]

1-1 만의 자리 숫자가 3인 일곱 자리 수는
□□3□□□□입니다.
가장 높은 자리부터 차례로 큰 수를 써넣으면 9837654입니다.
따라서 만의 자리 숫자가 3인 가장 큰 일곱 자리 수는 9837654입니다.

1-2 만의 자리 숫자가 4인 여섯 자리 수는 □4□□□□입니다.
가장 높은 자리부터 차례로 작은 수를 써넣으면 140235입니다.
따라서 만의 자리 숫자가 4인 가장 작은 여섯 자리 수는 140235입니다.

2-1 만들 수 있는 가장 큰 수는 97542이고, 두 번째로 큰 수는 97524입니다.

참고

두 번째로 큰 수를 만들 때에는 가장 큰 수에서 십의 자리 숫자와 일의 자리 숫자를 바꾸면 됩니다.

2-2 700000을 넘지 않는 수 중에서 만들 수 있는 가장 큰 수는 698754이고, 698754는 700000보다 1246 작은 수입니다.
700000을 넘는 수 중에서 만들 수 있는 가장 작은 수는 701234이고, 701234는 700000보다 1234 큰 수입니다.
따라서 1246>1234이므로 만들 수 있는 여섯 자리 수 중에서 700000에 가장 가까운 수는 701234입니다.

3-1 가장 큰 수: 4433221,
가장 작은 수: 1001223
⇨ 두 수의 차: 4433221-1001223=3431998

주의

0부터 4까지의 숫자를 두 번까지 모두 사용하면 10자리 수가 되므로 숫자 7개를 골라서 사용해야 합니다.

3-2 가장 큰 수: 443322,

두 번째로 큰 수: 443321,

가장 작은 수: 100122,

두 번째로 작은 수: 100123

⇨ 두 수의 차: 443321−100123=343198

STEP 1 경시 기출 유형 문제   14~15쪽

[주제 학습 4] 6543201

1 76534   **2** 102354

[확인 문제][한 번 더 확인]

1-1 1023456789   **1-2** 520134

2-1 2654301   **2-2** 4개

3-1 39개   **3-2** 12개

---

1 다섯 자리 수이므로 □□□□□로 놓으면 가장 큰 수는 76543이고, 두 번째로 큰 수는 76534입니다.

2 여섯 자리 수이므로 □□□□□□로 놓으면 가장 작은 수는 102345이고, 두 번째로 작은 수는 102354입니다.

[확인 문제][한 번 더 확인]

1-1 0부터 9까지의 숫자를 모두 사용하여 10억에 가장 가까운 10자리 수가 되려면 10억보다 큰 수 중 가장 작은 수이어야 합니다.

따라서 10억에 가장 가까운 10자리 수는 1023456789입니다.

1-2 0부터 5까지의 수를 모두 한 번씩 사용하므로 여섯 자리 수입니다.

여섯 자리 수 중에서 520000보다 큰 수 중 520000에 가장 가까운 수는 520134이고, 520000보다 작은 수 중 520000에 가장 가까운 수는 514320입니다.

520134−520000=134, 520000−514320=5680,

134<5680이므로 조건을 모두 만족하는 수는

520134입니다.

2-1 백만의 자리 숫자가 2이고, 십의 자리 숫자가 0인 일곱 자리 수는 2□□□□0□입니다.

따라서 가장 큰 수가 되려면 가장 높은 자리부터 큰 수를 차례로 쓰면 되므로 조건을 모두 만족하는 가장 큰 수는 2654301입니다.

2-2 54132보다 큰 다섯 자리 수이므로 54□□□라고 하면 54□□□>54132이므로 □□□는 132보다 큽니다.

1, 2, 3을 한 번씩 사용하여 만들 수 있는 수는 123, 132, 213, 231, 312, 321이고 이 중에서 132보다 큰 수는 213, 231, 312, 321입니다.

따라서 조건을 모두 만족하는 수는 4개입니다.

3-1 7799999보다 크고 7800001보다 작은 수는 7800000입니다.

7800000은 200000이 39개 모인 수입니다.

3-2 765400<7654□□에서 □□에 들어갈 수 있는 수를 구합니다.

따라서 □□가 될 수 있는 수는 01, 02, 03, 10, 12, 13, 20, 21, 23, 30, 31, 32이므로 765400보다 큰 수는 모두 12개입니다.

참고

십의 자리 숫자가 0, 1, 2, 3일 때, 일의 자리 숫자는 십의 자리 숫자가 아닌 수를 사용합니다.

STEP 2 실전 경시 문제   16~21쪽

1 2000배   **2** 8

3 6억 1000만 톤   **4** ㉡

5 30배   **6** 15장

7 0, 1, 2, 3, 4, 5   **8** 2개

9 30   **10** 24

11 3개   **12** ㉠

13 857420   **14** 865437210

15 8개   **16** 58118742

17 50132   **18** 875043

19 408612   **20** 4350867, 4356807

21 1032458679   **22** 9460800000000 km

23 17   **24** 5

1 ㉠이 나타내는 수는 8000000000입니다.
㉡이 나타내는 수는 4000000입니다.
$8 \div 4 = 2$이고 1000000000은 1000000의 1000배이므로 ㉠이 나타내는 수는 ㉡이 나타내는 수의 2000배입니다.

2 억이 62이면 62억, 100만이 38이면 3800만, 만이 13이면 13만이므로 주어진 수는 62억 3813만입니다.
이 수를 1000배하면 6조 2381억 3000만이므로 십억의 자리 숫자는 8입니다.

3 그림에 있는 이산화탄소 배출량의 단위는 백만 톤입니다. 우리나라 이산화탄소 배출량은 백만이 610인 수이므로 6억 1000만 톤입니다.

4 ㉠ 23만을 100배한 수 → 2300만
㉡ 1000만을 3배한 수 → 3000만
㉢ 2500만보다 100만 작은 수 → 2400만
따라서 3000만>2400만>2300만이므로 가장 큰 수는 ㉡입니다.

5 가: 100만이 6000개인 수는 60억입니다.
나: 1000만이 20개인 수는 2억입니다.
6은 2의 3배이고, 10억은 1억의 10배이므로 60억은 2억의 30배입니다.

6 판매한 금액은 백만 원짜리 수표로 25장이므로 2500만 원입니다.
① 천만 원짜리 수표가 0장인 경우
백만 원짜리 수표가 25장이므로 모두 25장입니다.
② 천만 원짜리 수표가 1장인 경우
백만 원짜리 수표가 15장이므로 모두 16장입니다.
③ 천만 원짜리 수표가 2장인 경우
백만 원짜리 수표가 5장이므로 모두 7장입니다.
따라서 백만 원짜리 수표는 15장입니다.

7 백만, 십만의 자리 숫자가 같고, 3982>3507이므로 □ 안에 들어갈 수 있는 숫자는 0, 1, 2, 3, 4, 5입니다.

8 아홉 자리 수로 자릿수가 같고, 높은 자리 숫자부터 차례로 비교하면 억의 자리부터 만의 자리까지 같으므로 □356>8240입니다.
□=8이면 8356>8240이므로 □ 안에 들어갈 수 있는 숫자는 8, 9로 모두 2개입니다.

9 모두 아홉 자리 수이고 억, 천만의 자리 숫자가 각각 같습니다.
백만의 자리 숫자는 5와 □이고, 십만의 자리 숫자는 8과 0이므로 □ 안에 들어갈 수 있는 숫자는 5보다 커야 합니다.
따라서 □ 안에 들어갈 수 있는 숫자는 6, 7, 8, 9이므로 6+7+8+9=30입니다.

10 자릿수를 비교하면 모두 같고, 십만, 만의 자리 숫자가 다르므로 68<□5<98입니다.
따라서 □ 안에 들어갈 수 있는 숫자는 7, 8, 9이므로 7+8+9=24입니다.

11 24□35029<24535030에서 □ 안에 들어갈 수 있는 숫자는 0, 1, 2, 3, 4, 5입니다.
24535030<245350□6에서 □ 안에 들어갈 수 있는 숫자는 3, 4, 5, 6, 7, 8, 9입니다.
따라서 □ 안에 공통으로 들어갈 수 있는 숫자는 3, 4, 5로 모두 3개입니다.

12 ㉠ 53□4899 ㉡ 52□4899 ㉢ 5302□99에서 십만의 자리 숫자를 비교하면 ㉡이 가장 작습니다.
㉠과 ㉢의 크기를 비교하면 ㉠의 □ 안에 0을 넣어도 ㉠이 더 크므로 □ 안의 숫자에 관계없이 ㉠>㉢입니다. 따라서 가장 큰 수는 ㉠입니다.

13 만의 자리 숫자가 5인 여섯 자리 수를 □5□□□□로 놓고 높은 자리부터 큰 숫자를 차례로 놓으면 857420입니다.

14 백만의 자리 숫자가 5이고 천의 자리 숫자가 7인 아홉 자리 수는 □□5□□7□□□입니다. 높은 자리부터 큰 숫자를 차례로 놓으면 865437210입니다.

15 구하는 수를 42□□□라고 하면
42□□□>42130에서 □□□는 130보다 큰 수이어야 합니다.
숫자 4, 2를 제외한 0, 1, 3으로 만들 수 있는 세 자리 수 중에서 130보다 큰 수는 301, 310이므로
42130보다 큰 수는 42301, 42310입니다.
구하는 수를 43□□□라고 하면
43□□□>42130에서 □□□는 숫자 4, 3을 제외한 0, 1, 2로 만들 수 있는 세 자리 수이므로 42130보다 큰 수는 43210, 43201, 43102, 43120, 43021, 43012입니다.
따라서 42130보다 큰 수는 모두 2+6=8(개)입니다.

16 가장 큰 수: 85625027,
가장 작은 수: 27506285
⇨ 두 수의 차: 85625027−27506285=58118742

17 만의 자리 숫자가 5인 가장 작은 다섯 자리 수는
50123입니다.
두 번째로 작은 수: 50124,
세 번째로 작은 수: 50126,
네 번째로 작은 수: 50127,
다섯 번째로 작은 수: 50132

18 몇 번째로 큰 수를 만들 때에는 일의 자리, 십의 자리
순으로 숫자를 바꿔 가며 만듭니다.
가장 큰 수: 875430,
두 번째로 큰 수: 875403,
세 번째로 큰 수: 875340,
네 번째로 큰 수: 875304,
다섯 번째로 큰 수: 875043

19 천의 자리 숫자가 일의 자리 숫자의 4배이므로 일의
자리 숫자는 2이고, 천의 자리 숫자는 8입니다.
4□□6□□에서 4□86□2이고, 가장 작은 수가 되려면
남은 0, 1, 3, 5, 7, 9 중 작은 숫자를 넣어야 합니다.
따라서 조건을 모두 만족하는 가장 작은 여섯 자리 수
는 408612입니다.

> **참고**
> 4배의 관계가 되는 수는 (1, 4), (2, 8)인데 4는 십만의 자리
> 숫자이므로 일의 자리 숫자가 2, 천의 자리 숫자가 8이 됩니
> 다.

20 4350786<(조건을 만족하는 수)<4357086에서 조
건을 만족하는 수는 435□8□□입니다.
435□8□□에서 □ 안에 0, 6, 7을 넣어 범위에 맞는
수를 만들어 보면 4350867, 4350876, 4356807,
4356870인데 4350876과 4356870은 일의 자리 숫자
가 십의 자리 숫자보다 작습니다.
따라서 조건을 모두 만족하는 수는 4350867, 4356807
입니다.

21 조건을 만족하는 가장 작은 수는 1032457689입니다.
두 번째로 작은 수는 백의 자리 숫자와 일의 자리 숫자
를 바꾼 수이므로 1032457986이고
세 번째로 작은 수는 가장 작은 수에서 백의 자리와 일
의 자리를 바꾼 수이므로 1032458679입니다.

22 사용한 숫자가 13개이므로 구하는 수는 13자리 수이
고 십억의 자리 숫자가 0, 억의 자리 숫자가 8이므로
□□□08□□□□□□□□이라고 할 수 있습니다.
7조보다 큰 수이므로 조의 자리 숫자는 9이고, 천억의
자리 숫자가 백억의 자리 숫자보다 작으므로 천억의
자리 숫자는 4, 백억의 자리 숫자는 6입니다.
따라서 1광년은 9460800000000 km입니다.

23 ㉠>㉡이라 하면
㉠㉡35672589−㉡㉠35672589=900000000이므로
㉠㉡−㉡㉠=9입니다.
㉠㉡−㉡㉠=9가 되려면 ㉠은 ㉡보다 1 커야 하므로
㉠, ㉡이 될 수 있는 수는
(㉠, ㉡) ⇨ (2, 1), (3, 2), (4, 3), (5, 4), (6, 5), (7, 6),
(8, 7), (9, 8)입니다.
따라서 ㉠+㉡의 값이 가장 크게 되는 경우는 ㉠=9,
㉡=8일 때이므로 ㉠+㉡=9+8=17입니다.

24 ㉠>㉡이라 하면
㉠205㉡6820−㉡205㉠6820=2억 9997만이므로
㉠205㉡−㉡205㉠=29997입니다.
㉠205㉡−㉡205㉠=29997에서 ㉠, ㉡이 될 수 있는
수는 (㉠, ㉡) ⇨ (4, 1), (5, 2), (6, 3), (7, 4), (8, 5),
(9, 6)입니다.
따라서 ㉠+㉡의 값이 가장 작게 되는 경우는 ㉠=4,
㉡=1일 때이므로 ㉠+㉡=4+1=5입니다.

STEP 3 코딩 유형 문제   22~23쪽

1 ②
2 ①
3

1		2	3
1	2	3	
	2	1	3

4 5번

1 화살표 방향에 따라 움직이면 ②에 도착합니다.

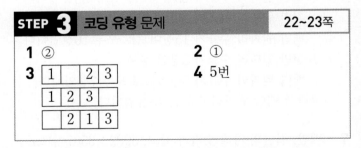

2 규칙에 따라 움직이면 ①에 도착합니다.

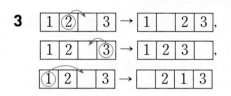

3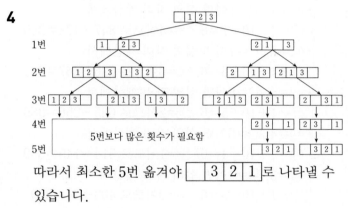

4

따라서 최소한 5번 옮겨야 [ ][3][2][1]로 나타낼 수 있습니다.

STEP 4 **도전! 최상위 문제** 24~27쪽

1 현아	**2** 100배
3 8개	**4** 7개
5 20002	**6** 42장
7 7	**8** 6가지

1 1억은 100000000으로 1 다음에 0이 8개 있으며 10000(만)이 10000(만)개인 수입니다.
현아: 1000만과 900만을 더한 수는 1900만입니다.

2 가장 큰 16자리 수를 만들면 9997767664443330입니다.
이때 왼쪽에서부터 처음에 나오는 숫자 6은 백억의 자리 숫자이고, 다음에 나오는 숫자 6은 억의 자리 숫자이므로 100배입니다.

주의

숫자 카드를 16자리 수에 맞춰 세 번까지 사용합니다. 숫자 카드 6장을 모두 세 번씩 사용하여 18자리 수를 만들지 않도록 합니다.

3 가장 큰 수와 가장 작은 수를 만들어 각 자리 숫자의 합과 차를 구합니다.

가장 큰 수	가장 작은 수	각 자리 숫자의 합	각 자리 숫자의 차
9	1	10	⑧
9	0	9	9
1	1	2	0
8	0	⑧	⑧
8	0	⑧	⑧
9	9	18	0
8	1	9	7
5	3	⑧	2
5	3	⑧	2
5	3	⑧	2
3	5	⑧	2
0	8	⑧	⑧

따라서 각 자리 숫자의 합 또는 차가 8인 자리는 모두 8개입니다.

4 • 억이 73, 십만이 40인 수
  ⇨ 73<u>0</u>4<u>0000000</u> ⇨ 6개
• 십억이 360, 억이 25, 백만이 60인 수
  ⇨ 362560<u>000000</u> ⇨ 7개
• 조가 45, 억이 654, 만이 7800인 수
  ⇨ 45065478<u>000000</u> ⇨ 6개
따라서 가장 오른쪽 자리부터 연속으로 있는 0의 개수가 가장 많은 것의 0의 개수는 7개입니다.

주의

연속으로 있는 0의 개수만 세어야 합니다. 사이에 있는 숫자 0이 한 개라도 있으면 연속된 0이라 하지 않습니다.

5 '나'는 30000보다 크고 60000보다 작으므로 만의 자리 숫자는 3, 4, 5가 될 수 있고, 천의 자리 숫자는 8, 백의 자리 숫자는 3, 십의 자리 숫자는 0이면서 짝수입니다.
조건을 모두 만족하는 수는 38300, 38302, 38304, 38306, 38308, 48300, 48302, 48304, 48306, 48308, 58300, 58302, 58304, 58306, 58308입니다.

따라서 두 번째로 큰 수는 58306이고, 세 번째로 작은 수는 38304이므로 두 수의 차는
58306−38304=20002입니다.

6 5000만 원짜리 수표가 ㉠장, 1억 원짜리 수표가 ㉡장, 5억 원짜리 수표가 ㉢장 있다고 하면
㉠×3=㉡×5이므로
(㉠, ㉡)=(5, 3), (10, 6), (15, 9)……입니다.
1억×㉡×10=5억×㉢×3이므로
(㉡, ㉢)=(3, 2), (6, 4), (9, 6)……입니다.
따라서 (㉠, ㉡, ㉢)은
(5, 3, 2), (10, 6, 4), (15, 9, 6)……입니다.
(㉠, ㉡, ㉢)=(5, 3, 2)일 때 수표의 전체 금액은
5000만×5+1억×3+5억×2=15억 5000만 (원)이므로 수표가 (5, 3, 2)장씩 있는 묶음이 □묶음일 때 전체 금액이 217억이라면 15억 5000만×□=217억, □=14입니다.
따라서 1억 원짜리 수표는 3장씩 14묶음 있으므로
3×14=42(장)입니다.

7 서로 다른 숫자 카드이므로 [?] 는 0, 2, 3, 5, 6 ,7, 9 중 하나입니다.
[?] 가 0일 때, 가장 큰 수와 가장 작은 수의 차는
88441100−10014488=78426612이므로
[?] 는 0이 아닙니다.
[?] 가 2일 때,
88442211−11224488=77217723(×)
[?] 가 3일 때,
88443311−11334488=77108823(×)
[?] 가 5일 때,
88554411−11445588=77108823(×)
[?] 가 6일 때,
88664411−11446688=77217723(×)
[?] 가 7일 때,
88774411−11447788=77326623(○)
[?] 가 9일 때,
99884411−11448899=88435512(×)
따라서 [?] 에 쓰여진 숫자는 7입니다.

8 528㉠㉡㉢920<528㉢㉠㉡920이므로
528㉢㉠㉡920−528㉠㉡㉢920=369000입니다.
㉢㉠㉡920−㉠㉡㉢920=369000에서
㉢㉠㉡−㉠㉡㉢=369입니다.

$$\begin{array}{r} ㉢\ ㉠\ ㉡ \\ -\ ㉠\ ㉡\ ㉢ \\ \hline 3\ 6\ 9 \end{array}$$

일의 자리 계산에서 ㉡−㉢=9이므로
- ㉡=9, ㉢=0이면 백의 자리 계산이 맞지 않으므로 될 수 없습니다.
- ㉡=8, ㉢=9이면 십의 자리 계산에서
㉠−1+10−8=6, ㉠=5이므로 958−589=369
- ㉡=7, ㉢=8이면 십의 자리 계산에서
㉠−1+10−7=6, ㉠=4이므로 847−478=369
- ㉡=6, ㉢=7이면 십의 자리 계산에서
㉠−1+10−6=6, ㉠=3이므로 736−367=369
- ㉡=5, ㉢=6이면 십의 자리 계산에서
㉠−1+10−5=6, ㉠=2이므로 625−256=369
- ㉡=4, ㉢=5이면 십의 자리 계산에서
㉠−1+10−4=6, ㉠=1이므로 514−145=369
- ㉡=3, ㉢=4이면 십의 자리 계산에서
㉠−1+10−3=6, ㉠=0이므로 403−34=369

(이때, ㉠, ㉡, ㉢은 9자리 수 사이에 있는 숫자이므로 ㉠, ㉢은 0이어도 되기 때문에 ㉠=0이 될 수 있습니다.)
따라서 처음 수가 될 수 있는 경우는 6가지입니다.

> **주의**
> ㉢㉠㉡−㉠㉡㉢=369의 계산에서 ㉠, ㉢은 0이 될 수 없지만 문제에서는 수의 사이에 있는 숫자를 찾는 것이므로 ㉠, ㉢이 0이 될 수 있습니다.

특강 영재원·**창의융합** 문제	28쪽

9 9400억 원   **10** 약 1150억 개
11 9번

10 11억 5천만 개는 우리 은하에 있는 별의 약 $\frac{1}{100}$이므로 우리 은하에 있는 전체 별은 11억 5천만 개의 약 100배인 약 1150억 개입니다.

11 11억 5천만을 100배한 수는 1150억입니다.
1150억을 숫자로 나타내면 115000000000이므로 0을 9번 써야 합니다.

Ⅱ 연산 영역

STEP 1 경시 **기출 유형** 문제　　　30~31쪽

[주제 학습 5]

$$
\begin{array}{r}
\boxed{3}\,2 \\
\times\ 2\,\boxed{8} \\
\hline
2\,\boxed{5}\,6 \\
6\,4\ \ \\
\hline
8\,\boxed{9}\,6
\end{array}
$$

1 543
2 18

[확인 문제] [한 번 더 확인]

1-1 4, 2, 8

1-2

$$
\begin{array}{r}
7\,\boxed{4} \\
\times\ \boxed{8}\,5 \\
\hline
\boxed{3}\,7\,0 \\
\boxed{5}\,9\,2\ \ \\
\hline
6\,\boxed{2}\,9\,0
\end{array}
$$

2-1

$$
\begin{array}{r}
\ \ \ \ \boxed{7}\,5\,\boxed{7} \\
\boxed{3}\,4\,)\,2\,5\,7\,3\,8 \\
2\,\boxed{3}\,8\ \ \ \ \ \\
\hline
\boxed{1}\,9\,3\ \ \ \\
1\,7\,\boxed{0}\ \ \ \\
\hline
2\,3\,8 \\
\boxed{2}\,3\,8 \\
\hline
0
\end{array}
$$

2-2 18
3-1 7
3-2 23

1 ㉢×㉢의 일의 자리 숫자가 9이고
㉠㉡㉢×㉢=1□□9이므로 ㉢=3입니다.
㉢×㉡=3×㉡의 일의 자리 숫자가 2이므로 ㉡=4
입니다. ㉢×㉠=3×㉠의 일의 자리 숫자가 5이므로
㉠=5입니다.

2 십의 자리 계산에서 ㉠+㉠의 값은 한 자리 수이므로
소수 둘째 자리 계산에서도 받아올림이 없습니다.
소수 첫째 자리와 일의 자리 계산에서 ㉠+㉡=㉢,
㉡+㉠=㉢이므로 ㉠.㉠㉠+㉠.㉡㉠에서 받아
올림이 한 번도 없습니다.
㉠+㉡=㉢, ㉠+㉠=㉡에서
㉠+㉡=㉠+㉠+㉠=㉢이고,
㉡+㉢=㉠+㉠+㉠+㉠+㉠이 10보다 크므로
㉠>2입니다.
그런데 ㉠이 4이거나 4보다 크면 ㉢은 한 자리 숫자
가 될 수 없으므로 ㉠=3입니다.
따라서 ㉠=3, ㉡=㉠+㉠=3+3=6, ㉢=3+3+3=9
입니다. ▷ ㉠+㉡+㉢=3+6+9=18

[확인 문제] [한 번 더 확인]

1-1 C×3의 일의 자리 숫자가 4이므로 C=8입니다.
B×3+2의 일의 자리 숫자가 8이므로 B=2이고,
A×3의 일의 자리 숫자가 2이므로 A=4입니다.
▷ 1428×3=4284

1-2

$$
\begin{array}{r}
7\,㉠ \\
\times\ ㉡\,5 \\
\hline
㉢\,7\,0 \\
㉣\,9\,2\ \ \\
\hline
6\,㉤\,9\,0
\end{array}
$$

7㉠×5=㉢70에서 72×5=360,
74×5=370, 76×5=380……이
므로 ㉠=4, ㉢=3입니다.
74×㉡=㉣92에서 4×㉡의 일의
자리 숫자가 2이므로 ㉡=3 또는
㉡=8입니다. 74×3=222, 74×8=592이므로
㉡=8, ㉣=5입니다.
따라서 ㉢+9=㉤, 3+9=12에서 ㉤=2입니다.

2-1

$$
\begin{array}{r}
㉡\,5\,㉢ \\
㉠\,4\,)\,2\,5\,7\,3\,8 \\
2\,㉣\,8\ \ \ \ \ \\
\hline
㉤\,9\,3\ \ \ \\
1\,7\,㉥\ \ \ \\
\hline
2\,3\,8 \\
㉦\,㉧\,8 \\
\hline
0
\end{array}
$$

㉠4×5=170이므로 ㉥=0, ㉠=3입니다.
따라서 나눗셈식은 25738÷34이고 34×7=238이
므로 ㉡=7, ㉣=3, ㉤=1, ㉢=7, ㉦=2, ㉧=3입니다.

2-2 AA×C=CC에서 CC÷C=AA, 11=AA이므로
A=1입니다. 1BB÷11의 몫은 9이므로 C=9,
B=0입니다. AC−AA=D이므로 19−11=8,
D=8입니다.
따라서 A=1, B=0, C=9, D=8이므로 합은 18입
니다.

3-1 가2×가5=5400이므로
70×70=4900, 80×80=6400에서 가=7입니다.
▷ 72×75=5400

3-2 보이지 않는 숫자를 기호로 나타내면 다음과 같습니다.

$$
\begin{array}{r}
㉠\,㉡\,2\,5 \\
+\ 5\,2\,4\,㉢ \\
\hline
6\,6\,6\,㉣ \\
-\ ㉤\,3\,7\,4 \\
\hline
4\,2\,㉥\,2
\end{array}
$$

㉣−4=2이므로 ㉣=6이고,
5+㉢=㉣에서 5+㉢=6이므
로 ㉢=1입니다.
㉡+2=6에서 ㉡=4이고,
㉠+5=6에서 ㉠=1입니다.
따라서 ㉤=2, ㉥=9이므로 보이지 않는 숫자들의
합은 1+4+1+6+2+9=23입니다.

STEP 1 경시 **기출 유형 문제**　　32~33쪽

[주제 학습 6] $24-3\times(4+2)=6$

1 $86+10\div(9-4)+6\times2=100$

2 $10-(7+4\boxed{\times}2)\boxed{\div}3=5$

[확인 문제] [한 번 더 확인]

1-1 $16\div4+3\boxed{\times}2\boxed{-}1=9$

1-2 $6\boxed{\div}(5\boxed{-}2)\boxed{+}7\times4=30$

2-1 예 $\boxed{3}-\boxed{4}\div\boxed{2}\times\boxed{1}=1$

2-2 66

3-1 60

3-2 예 $\{10000-(1400\times4+1700)\}\div3$; 900원

---

1 ( ) 안에 $+$ 또는 $-$가 들어가도록 차례로 묶어 봅니다.

① $(86+10)\div9-4+6\times2=\underline{96\div9}-4+6\times2$
　　　　　　　　　　　나누어떨어지지 않습니다.

② $86+10\div(9-4)+6\times2=86+10\div5+6\times2$
　　　　　　　　　　　　　$=86+2+12=100\,(\bigcirc)$

③ $86+10\div9-(4+6)\times2=86+10\div9-10\times2$
　　　　　　　　　　　　　나누어떨어지지 않습니다.

2 ・ⓛ이 $\times$일 때:
　$(7+4\bigcirc2)\times3=5$에서 3을 곱해 5가 되는 자연수는 없습니다.

　・ⓛ이 $\div$일 때:
　$(7+4\bigcirc2)\div3=5$, $7+4\bigcirc2=15$에서 계산 결과가 주어진 수들을 더한 값보다 크므로 ⓛ이 $\times$이면 $7+4\times2=15$입니다.
　$\Rightarrow 10-(7+4\times2)\div3=10-(7+8)\div3$
　　　　　　　　　　　　$=10-15\div3$
　　　　　　　　　　　　$=10-5=5$

[확인 문제] [한 번 더 확인]

1-1 □ 안에 $-$, $\times$를 차례로 넣어 봅니다.
　・$16\div4+3\boxed{-}2\boxed{\times}1=4+3-2=5$
　・$16\div4+3\boxed{\times}2\boxed{-}1=4+6-1=9$

1-2 ( ) 안에 $\times$와 $\div$를 넣어도 계산 순서는 변하지 않으므로 ( ) 안에 $+$ 또는 $-$가 들어가는 경우를 생각해 봅니다.
　・$6\square(5+2)\square7\times4=30$인 경우:
　$6-(5+2)\div7\times4=2\,(\times)$, $6\div(5+2)-7\times4\,(\times)$
　・$6\square(5-2)\square7\times4=30$인 경우:
　$6+(5-2)\div7\times4\,(\times)$, $6\div(5-2)+7\times4=30\,(\bigcirc)$

2-1 $3-4\div2\times1=3-2\times1$
　　　　　　　　$=3-2=1$

> **참고**
> 분수 또는 소수의 계산식을 만들 수도 있습니다.
> $3-1\div2\times4=3-\dfrac{1}{2}\times4$
> 　　　　　　　$=3-2=1$

2-2 곱하는 수는 크고, 빼는 수는 작을수록 계산 결과가 큽니다.
　계산 결과가 가장 큰 경우: $(7+3)\times8-2=78$
　곱하는 수는 작고, 빼는 수는 클수록 계산 결과가 작습니다.
　계산 결과가 가장 작은 경우: $(3+7)\times2-8=12$
　따라서 두 수의 차는 $78-12=66$입니다.

3-1 가영: 식을 앞에서부터 차례대로 계산합니다.
　$\Rightarrow 12+32\div2-3\times4=44\div2-3\times4$
　　　　　　　　　　　$=22-3\times4$
　　　　　　　　　　　$=19\times4=76$
　준서: $\times$, $\div$를 먼저 계산한 후 $+$, $-$를 계산합니다.
　$\Rightarrow 12+32\div2-3\times4=12+16-12$
　　　　　　　　　　　$=16$
　따라서 가영이와 준서의 계산 결과의 차는
　$76-16=60$입니다.

3-2 $\{10000-(1400\times4+1700)\}\div3$
　$=\{10000-(5600+1700)\}\div3$
　$=(10000-7300)\div3$
　$=2700\div3$
　$=900$(원)

STEP 1 경시 **기출 유형 문제**　　34~35쪽

[주제 학습 7] 253명

1 3장, 70개　　　　**2** 4명

[확인 문제] [한 번 더 확인]

1-1 69　　　　**1-2** 8

2-1 29　　　　**2-2** 180

3-1 342개　　**3-2** 12일

1 포장지의 수를 □장이라 하고 초콜릿의 수를 구하는
식을 세워 봅니다.
초콜릿을 25개씩 포장하였을 때 초콜릿 5개가 부족
하므로 (초콜릿의 수)=25×□−5이고
초콜릿을 20개씩 포장하였을 때 초콜릿 10개가 남으
므로 (초콜릿의 수)=20×□+10입니다.
25×□−5=20×□+10,
5×□=15, □=3(장)
따라서 필요한 포장지는 3장이고, 초콜릿은
25×3−5=70(개)입니다.

2 상자 수를 □라 하고 귤의 수를 구하는 식을 세워 봅
니다.
한 상자에 귤을 29개씩 담았을 때 18개가 남으므로
(귤의 수)=29×□+18이고
한 상자에 귤을 33개씩 담았을 때 10개가 모자라므
로 (귤의 수)=33×□−10입니다.
29×□+18=33×□−10,
18+10=33×□−29×□,
28=4×□, □=7(상자)
따라서 상자는 7개이고 귤은 29×7+18=221(개)입
니다.
귤을 한 사람에게 50개씩 나누어 주면
221÷50=4…21이므로 4명까지 나누어 줄 수 있습
니다.

[확인 문제][한 번 더 확인]
1-1 나눗셈의 몫이 가장 크려면 나뉠 수는 가장 크게, 나
누는 수는 가장 작게 만들어야 합니다.
⇨ 854÷12=71…2
따라서 나눗셈의 몫과 나머지의 차는 71−2=69입
니다.

1-2 어떤 수를 □라 하고 잘못 계산한 나눗셈식을 쓰면
□÷23=11…3입니다.
검산을 이용하여 어떤 수를 구하면
(어떤 수)=23×11+3=256입니다.
따라서 바르게 계산하면 256÷32=8입니다.

2-1 어떤 수를 □라 하고 몫을 각각 △, ○라 하면
200÷□=△…26이므로
□×△+26=200, □×△=174입니다.
□×△=174에서 174의 약수는 1, 2, 3, 6, 29, 58,
87, 174이고 □가 될 수 있는 수는 나머지 26보다 큰
수입니다.

241÷□=○…9이므로
□×○+9=241, □×○=232입니다.
□×○=232에서 232의 약수는 1, 2, 4, 8, 29, 58,
116, 232이고 □가 될 수 있는 수는 나머지 9보다 큰
수입니다.
따라서 어떤 수는 공통인 수 29, 58 중 50보다 작은
수인 29입니다.

참고
어떤 수를 나누어떨어지게 하는 수를 그 수의 약수라고
합니다.

2-2 □÷8=○…2, □=8×○+2입니다.
○=1일 때, □=8×1+2=10
○=2일 때, □=8×2+2=18
○=3일 때, □=8×3+2=26
○=4일 때, □=8×4+2=34
○=5일 때, □=8×5+2=42
○=6일 때, □=8×6+2=50
따라서 □는 10, 18, 26, 34, 42, 50이므로 모두 더
한 값은 10+18+26+34+42+50=180입니다.

3-1 학생 수를 □명이라 놓고 식을 세웁니다.
한 사람에게 사탕을 15개씩 주면 사탕 3개가 모자라
므로 (사탕의 수)=15×□−3입니다.
한 사람에게 사탕을 13개씩 주면 사탕 43개가 남으
므로 (사탕의 수)=13×□+43입니다.
⇨ 15×□−3=13×□+43,
15×□−13×□=46,
2×□=46, □=23
따라서 민서네 반 학생은 23명이므로
(사탕 수)=15×23−3=342(개)입니다.

다른 풀이
학생 수를 □명이라 생각하면 다음과 같은 그림을 그릴
수 있습니다.

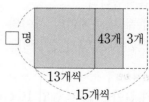

위 그림에서 보면 □명에게 사탕을 2개씩 주면 사탕은
43+3=46(개)가 됩니다.
(학생 수)=46÷2=23(명),
(사탕 수)=15×23−3=342(개)

연산 영역
정답과 풀이

3-2 사각형을 그려서 문제를 풀어 봅니다.

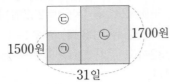

5월은 31일까지 있습니다.
(31일 동안 1700원의 녹즙을 마신 가격)
$=1700×31=52700$(원)$=㉠+㉡+㉢$,
(실제 낸 금액)$=50500$원$=㉠+㉡$입니다.
따라서 ㉢을 $1700-1500=200$(원)으로 나누면
1500원인 녹즙을 마신 날수를 알 수 있습니다.
가격이 인상되기 전 녹즙을 마신 날수는
$(52700-50500)÷200=11$(일)이므로
녹즙 가격이 인상된 날은 12일부터입니다.

STEP **1** 경시 **기출 유형** 문제 36~37쪽

[주제 학습 8] 50분

1 4분 후 **2** 12초 후

[확인 문제] [한 번 더 확인]

1-1 12 cm **1-2** $7\dfrac{1}{7}$ cm

2-1 27초 **2-2** 21초

3-1 6시간 **3-2** 오후 5시

1 (수영이가 1분 동안 걷는 거리)$=5×4=20$ (m),
(형준이가 1분 동안 걷는 거리)$=5×6=30$ (m)
따라서 두 사람은 1분에 $20+30=50$ (m)씩 가까워
지므로 $200÷50=4$(분) 후에 만날 수 있습니다.

2 1분은 60초입니다.
60초에 60 m를 움직이므로 1초에 1 m를 가는 빠르
기로 움직입니다.
따라서 두 엘리베이터 사이의 거리가 24 m가 되려
면 $24÷2=12$(초)가 걸립니다.

[확인 문제] [한 번 더 확인]

1-1 폭죽의 길이는 15초 동안 16 cm가 줄었습니다.
$15초=\dfrac{15}{60}분=\dfrac{1}{4}$분이므로 $\dfrac{3}{4}$분 동안 폭죽의 길이는
$16×3=48$ (cm)가 줄어듭니다.
따라서 남은 폭죽의 길이는 $60-48=12$ (cm)입니다.

1-2 $\dfrac{1}{5}분=\dfrac{12}{60}$분$=12$초이고 12초 동안 탄 양초의 길이는
$10\dfrac{4}{7}-8\dfrac{6}{7}=1\dfrac{5}{7}=\dfrac{12}{7}$ (cm)입니다.
$12+12=24$이므로 24초 동안 탄 양초의 길이는
$\dfrac{12}{7}+\dfrac{12}{7}=\dfrac{24}{7}=3\dfrac{3}{7}$ (cm)입니다.
따라서 남은 양초의 길이는 $10\dfrac{4}{7}-3\dfrac{3}{7}=7\dfrac{1}{7}$ (cm)입
니다.

2-1 기차는 1초에 $90000÷60÷60=25$ (m)씩 달립니다.
(시간)$=$(거리)$÷$(속력)이므로 기차가 철교를 완전히
건너는 데 걸리는 시간은 $(575+100)÷25=27$(초)
입니다.

> **참고**
>
> 기차가 철교를 완전히 통과한다는 것은
> (철교의 길이)$+$(기차의 길이)만큼 가는 것입니다.

2-2 (길이가 122 m인 기차가 35초 동안 움직인 거리)
$=32×35=1120$ (m),
(길이가 122 m인 기차가 35초 동안 움직인 거리)
$=$(터널의 길이)$+$(기차의 길이)이므로
$1120=$(터널의 길이)$+122$,
(터널의 길이)$=1120-122=998$ (m)입니다.
따라서 길이가 115 m인 기차가 터널에 진입해서 완
전히 빠져 나갈 때까지 $998+115=1113$ (m)를 움
직여야 하므로 $1113÷53=21$(초)가 걸립니다.

3-1 아버지와 아들이 1시간 동안 일한 양은 전체의
$\dfrac{2}{18}+\dfrac{1}{18}=\dfrac{3}{18}$입니다.
$\dfrac{3}{18}+\dfrac{3}{18}+\dfrac{3}{18}+\dfrac{3}{18}+\dfrac{3}{18}+\dfrac{3}{18}=1$이므로 과일을
모두 수확하는 데 걸리는 시간은 6시간입니다.

3-2 수찬이와 정은이가 1시간 동안 일한 양은
전체 일의 $\dfrac{2}{15}+\dfrac{3}{15}=\dfrac{5}{15}=\dfrac{1}{3}$입니다.
$\dfrac{1}{3}+\dfrac{1}{3}+\dfrac{1}{3}=1$이므로 전체 일을 다 하는 데 3시간이
걸립니다.
따라서 두 사람이 함께 일을 하면 오후 2시에 시작하
여 3시간 후인 오후 5시에 일을 끝낼 수 있습니다.

STEP 1 경시 기출 유형 문제 38~39쪽

[주제 학습 9] 3

1 83.15   **2** 5

[확인 문제][한 번 더 확인]

1-1 2.8   **1-2** 72

2-1 6.273   **2-2** 14.76 cm

3-1 1, 2   **3-2** $6\dfrac{2}{7}$

---

1 어떤 소수를 □라고 하면

□$\times 0.1 = 4.27$이므로 □$= 42.7$입니다.

$\dfrac{25}{100} = 0.25$이므로 42.7보다 $\dfrac{25}{100}$ 큰 수는

$42.7 + 0.25 = 42.95$이고, 42.7보다 2.5 작은 수는

$42.7 - 2.5 = 40.2$입니다.

따라서 두 수의 합은 $42.95 + 40.2 = 83.15$입니다.

2 두 소수의 차 74.943에서 소수 셋째 자리 숫자가 3이므로 가장 작은 소수 세 자리 수의 소수 셋째 자리 숫자는 7이고 7은 숫자 카드 중에서 가장 큰 숫자입니다. 따라서 가장 큰 소수 두 자리 수에서 십의 자리 숫자는 7이 됩니다.

주어진 숫자 카드에서 1이 가장 작은 수이므로 가장 큰 소수 두 자리 수의 소수 둘째 자리 숫자는 1, 가장 작은 소수 세 자리 수의 일의 자리 숫자는 1입니다.

가장 큰 소수 두 자리 수는 7㉠.㉡1이고, 가장 작은 소수 세 자리 수는 1.㉡㉠7이라고 하면

```
      7  ㉠ . ㉡  1
 -    1  . ㉡ ㉠  7
 ─────────────────
      7  4 . 9  4  3
```

소수 둘째 자리 계산에서 $10 + 1 - 1 - ㉠ = 4$, $㉠ = 6$입니다.

㉡은 1보다 크고 6보다 작은 수이므로 알맞은 수는 2, 3, 4, 5이고 이 중에서 가장 큰 수는 5입니다.

[확인 문제][한 번 더 확인]

1-1

$1\dfrac{7}{10}$	0.3	★	$\dfrac{3}{2}$
		㉠	
		$\dfrac{3}{10}$	
$\dfrac{2}{5}$		0.4	

가로, 세로, 대각선에 있는 수들의 합이 모두 같으므로 $1\dfrac{7}{10} + 0.3 + ★ + \dfrac{3}{2} = ★ + ㉠ + \dfrac{3}{10} + 0.4$입니다.

$1\dfrac{7}{10} = 1.7$, $\dfrac{3}{2} = \dfrac{15}{10} = 1.5$, $\dfrac{3}{10} = 0.3$이므로

$1.7 + 0.3 + 1.5 = ㉠ + 0.3 + 0.4$,

$3.5 = ㉠ + 0.7$, $㉠ = 2.8$입니다.

1-2 $(7 ★ 0.25) = (7 + 0.25) \times 10$

$= 7.25 \times 10 = 72.5$

이고 72.5의 자연수 부분은 72입니다.

2-1 ㉢에서 1.25374의 100배는 125.374이므로 소수 둘째 자리 숫자는 7입니다. ⇨ □.□7□

- 소수 셋째 자리 숫자는 홀수이고 2배한 수가 한 자리 수이므로 1, 3입니다. ⇨ 2.□71, 6.□73
- 소수 첫째 자리 숫자는 3보다 작으므로 0, 1, 2입니다.

따라서 조건을 만족하는 소수 세 자리 수는 2.071, 2.171, 2.271, 6.073, 6.173, 6.273이므로 가장 큰 수는 6.273입니다.

2-2 ㉠ 0.001이 123개인 수는 0.123이고 0.123을 100배한 수는 12.3입니다.

㉡ 12.3을 $\dfrac{1}{10}$배한 수는 1.23입니다.

㉢ 0.123을 10배한 수는 1.23입니다.

따라서 ㉠, ㉡, ㉢의 세 막대의 길이의 합은

$12.3 + 1.23 + 1.23 = 14.76$ (cm)입니다.

3-1 $3 - \dfrac{2}{5} = 2\dfrac{5}{5} - \dfrac{2}{5} = 2\dfrac{3}{5}$

$2\dfrac{3}{5} > 2\dfrac{□}{5}$이므로 □ 안에는 3보다 작은 1, 2가 들어갈 수 있습니다.

3-2 $8 > 5 > 4 > 3 > 2$이므로 만들 수 있는 가장 큰 대분수는 자연수 부분이 가장 큰 수인 $8\dfrac{5}{7}$이고, 만들 수 있는 가장 작은 대분수는 자연수 부분이 가장 작은 수인 $2\dfrac{3}{7}$입니다. ⇨ $8\dfrac{5}{7} - 2\dfrac{3}{7} = 6\dfrac{2}{7}$

참고

숫자 카드 ㉠, ㉡, ㉢으로 대분수 만들기

- ㉠ > ㉡ > ㉢일 때

가장 큰 대분수 ⇨ $㉠\dfrac{㉢}{㉡}$, 가장 작은 대분수 ⇨ $㉢\dfrac{㉡}{㉠}$

STEP 2 실전 경시 문제   **40~47쪽**

1 1, 3, 9

2
$$\begin{array}{r} 2\ 3 \\ \times\ 6\ 7 \\ \hline 1\ 5\ 4\ 1 \end{array}$$
또는
$$\begin{array}{r} 6\ 7 \\ \times\ 2\ 3 \\ \hline 1\ 5\ 4\ 1 \end{array}$$

3 12096   **4** 36

5 $(25+3)\times12+8\div2$; 340

6 $123+45-67+8-9=100$

7 2, 4, 8   **8** 5개

9 65분

10 ; 42

11 13

12 333, 777

13 393

14 454

15 225

16 103

17 $2\frac{2}{9}$ cm   **18** 900 m

19 14분   **20** 오전 8시 53분

21 75분 후   **22** 6명

23 1   **24** 9가지

25 42.57   **26** 143.76 m

27 1400년 전   **28** 350개

29 $\frac{3}{7}$ kg   **30** $\frac{1}{4}$ kg

31 120000원   **32** 12마리

1 C×C의 일의 자리 숫자가 1이므로 C=1 또는 C=9
인데 ABC×C=1251이므로 C=9입니다.
백의 자리의 계산에서 ABC×A=ABC이므로 A=1
입니다.
2+1+C+1의 일의 자리 숫자가 B이므로
2+1+9+1=13, B=3입니다.

2 B×D의 일의 자리 숫자가 1이므로 B=3, D=7이거
나 B=7, D=3입니다.
① B=3, D=7인 경우

$$\begin{array}{r} 2\ 3 \\ \times\ 4\ 7 \\ \hline 1\ 0\ 8\ 1 \end{array}, \quad \begin{array}{r} 2\ 3 \\ \times\ 5\ 7 \\ \hline 1\ 3\ 1\ 1 \end{array}, \quad \begin{array}{r} 2\ 3 \\ \times\ 6\ 7 \\ \hline 1\ 5\ 4\ 1 \end{array},$$

$$\begin{array}{r} 4\ 3 \\ \times\ 2\ 7 \\ \hline 1\ 1\ 6\ 1 \end{array}, \quad \begin{array}{r} 5\ 3 \\ \times\ 2\ 7 \\ \hline 1\ 4\ 3\ 1 \end{array}, \quad \begin{array}{r} 6\ 3 \\ \times\ 2\ 7 \\ \hline 1\ 7\ 0\ 1 \end{array}$$

② B=7, D=3인 경우

$$\begin{array}{r} 6\ 7 \\ \times\ 2\ 3 \\ \hline 1\ 5\ 4\ 1 \end{array}, \quad \begin{array}{r} 5\ 7 \\ \times\ 2\ 3 \\ \hline 1\ 3\ 1\ 1 \end{array}, \quad \begin{array}{r} 4\ 7 \\ \times\ 2\ 3 \\ \hline 1\ 0\ 8\ 1 \end{array}$$

⇨ A, B, C, D, E, F가 2부터 7까지의 서로 다른 수
인 경우는 23×67=1541, 67×23=1541입니다.

3
$$\frac{1}{6}=\frac{3}{\square}+\frac{3}{\square}+\frac{3}{\square}+\frac{3}{\square}$$
$$=\frac{12}{\square}=\frac{12}{72}$$
이므로 □=72입니다.
$$\frac{1}{6}=\frac{7}{\triangle}+\frac{7}{\triangle}+\frac{7}{\triangle}+\frac{7}{\triangle}$$
$$=\frac{28}{\triangle}=\frac{28}{168}$$
이므로 △=168입니다.
⇨ □×△=72×168=12096

참고

크기가 같은 분수 만들기

• 분모와 분자에 0이 아닌 같은 수를 곱하여 크기가 같
은 분수를 만들 수 있습니다.
$$\frac{1}{6}=\frac{1\times2}{6\times2}=\frac{1\times3}{6\times3}=\frac{1\times4}{6\times4}=\frac{1\times5}{6\times5}$$
$$\Rightarrow \frac{1}{6}=\frac{2}{12}=\frac{3}{18}=\frac{4}{24}=\frac{5}{30}$$

• 분모와 분자를 0이 아닌 같은 수로 나누어 크기가 같
은 분수를 만들 수 있습니다.
$$\frac{28}{168}=\frac{28\div7}{168\div7}=\frac{28\div28}{168\div28}$$
$$\Rightarrow \frac{28}{168}=\frac{4}{24}=\frac{1}{6}$$

4 민재가 생각한 수를 1, 2, ……, 9라 하고 ①, ②에서
구한 수를 찾습니다.

생각한 수	①	②
1	13+5=18	186+10=196
2	23+5=28	286+10=296
3	33+5=38	386+10=396
4	43+5=48	486+10=496
5	53+5=58	586+10=596
6	63+5=68	686+10=696
7	73+5=78	786+10=796
8	83+5=88	886+10=896
9	93+5=98	986+10=996

따라서 이 중에서 11로 나누어떨어지는 것은
$396 \div 11 = 36$이므로 몫은 36입니다.

5 곱하는 값이 클수록 계산 결과가 큽니다. 따라서
$$(25+3) \times 12 + 8 \div 2 = 28 \times 12 + 8 \div 2$$
$$= 336 + 4 = 340$$
입니다.

7 답이 같은 식은 다음과 같습니다.
$1 \times 2 = (3+5) \div 4 = 2$,
$1 \times 4 = (3+5) \div 2 = 4$,
$2 \times 4 = (3+5) \div 1 = 8$
따라서 두 식의 계산 결과로 나올 수 있는 수는 2, 4, 8
입니다.

8 계산 결과가 두 자리 수인 경우를 생각해 봅니다.
$2 \times 4 + 6 = 14$, $4 \times 6 + 2 = 26$, $4 \times 6 - 2 = 22$,
$4 \times 6 \div 2 = 12$, $4 \div 2 \times 6 = 12$, $2 \times 6 + 4 = 16$
따라서 12, 14, 16, 22, 26으로 모두 5개입니다.

9 (헨젤이 걸어간 거리)$= 25 \times 221$
$$= 5525 \text{ (m)}$$
(헨젤이 가는 데 걸린 시간)$= 5525 \div 85$
$$= 65(분)$$

10 선의 개수는 1개 줄어들고, 선의 길이는 1칸씩 늘어납
니다. 따라서 선은 6개, 선의 길이는 7칸이므로 ㉠$=6$,
㉡$=7$입니다.
$\Rightarrow$ ㉠$\times$㉡$= 6 \times 7 = 42$

11 만들 수 있는 가장 큰 두 자리 수는 85이고, 가장 작은
두 자리 수는 13입니다.
따라서 $85 \div 13 = 6 \cdots 7$이므로 몫과 나머지의 합은
$6 + 7 = 13$입니다.

12 $111 \div 12 = 9 \cdots 3$이므로 나머지는 3입니다.
$222 \div 12 = 18 \cdots 6$이므로 나머지는 6입니다.
$333 \div 12 = 27 \cdots 9$이므로 나머지는 9입니다.
$444 \div 12 = 37$이므로 나머지는 0입니다.
$555 \div 12 = 46 \cdots 3$이므로 나머지는 3입니다.
$666 \div 12 = 55 \cdots 6$이므로 나머지는 6입니다.
$777 \div 12 = 64 \cdots 9$이므로 나머지는 9입니다.
$888 \div 12 = 74$이므로 나머지는 0입니다.
$999 \div 12 = 83 \cdots 3$이므로 나머지는 3입니다.
따라서 333과 777을 12로 나눌 때 나머지가 9로 가장
큽니다.

13 큰 수를 □, 작은 수를 ○라 할 때
□$-$○$=265$, □$\div$○$=5\cdots9$입니다.
□$=$○$+265$, □$=$○$\times 5 + 9$이므로
○$+265=$○$\times 5 + 9$, ○$\times 4 = 256$, ○$=64$이고
□$=329$입니다.
따라서 □$+$○$=329+64=393$입니다.

14 일의 자리에서 반올림하여 110이 되는 수는 105 이상
114 이하인 자연수이므로 몫은 105 이상 114 이하입
니다.
(어떤 수)$\div 4 = 105 \cdots 2$
$\Rightarrow$ (어떤 수)$= 4 \times 105 + 2 = 422$
(어떤 수)$\div 4 = 114 \cdots 2$
$\Rightarrow$ (어떤 수)$= 4 \times 114 + 2 = 458$
몫이 105 이상 114 이하일 때 어떤 수는 422, 426,
430, 434, 438, 442, 446, 450, 454, 458이 될 수 있
습니다.
버림하여 십의 자리까지 나타내면 90이 되는 수는 90
이상 99 이하인 자연수이므로 몫은 90 이상 99 이하입
니다.
(어떤 수)$\div 5 = 90 \cdots 4 \Rightarrow$ (어떤 수)$= 5 \times 90 + 4 = 454$
(어떤 수)$\div 5 = 99 \cdots 4 \Rightarrow$ (어떤 수)$= 5 \times 99 + 4 = 499$
몫이 90 이상 99 이하일 때 어떤 수는 454, 459, 464,
469, 474, 479, 484, 489, 494, 499가 될 수 있습니다.
따라서 이 중에서 공통으로 들어 있는 수는 454이므로
어떤 수는 454입니다.

15 ≪1≫$=1+2+3+4+7$
≪2≫$=1+2+3+5+8$
$\vdots$
≪9≫$=3+6+7+8+9$
이므로 각각 5개의 수의 합을 나타냅니다. 전체 합에
는 각각의 수가 똑같은 개수만큼 들어 있으므로 각각
의 수를 5번씩 합하여 전체 합을 구하면 됩니다.
$\Rightarrow (1+2+3+4+5+6+7+8+9) \times 5$
$$= 45 \times 5 = 225$$

16 • 5로 나눈 나머지
$20 \div 5 \Rightarrow 0$, $21 \div 5 \Rightarrow 1$, $22 \div 5 \Rightarrow 2$, $23 \div 5 \Rightarrow 3$,
$24 \div 5 \Rightarrow 4$, $25 \div 5 \Rightarrow 0$
나머지 0, 1, 2, 3, 4가 반복되므로 20부터 40까지의
수를 5로 나눈 나머지의 합은 다음과 같습니다.
$(0+1+2+3+4)+(0+1+2+3+4)+(0+1+2+$
$3+4)+(0+1+2+3+4)+0=40$

• 7로 나눈 나머지

$20 \div 7 \Rightarrow 6$, $21 \div 7 \Rightarrow 0$, $22 \div 7 \Rightarrow 1$, $23 \div 7 \Rightarrow 2$, $24 \div 7 \Rightarrow 3$, $25 \div 7 \Rightarrow 4$, $26 \div 7 \Rightarrow 5$, $27 \div 7 \Rightarrow 6$, $28 \div 7 \Rightarrow 0$

6, 0, 1, 2, 3, 4, 5가 반복되므로 20부터 40까지의 수를 7로 나눈 나머지의 합은 다음과 같습니다.

$(6+0+1+2+3+4+5)+(6+0+1+2+3+4+5)$
$+(6+0+1+2+3+4+5)=63$입니다.

$\Rightarrow [20]+[21]+[22]+\cdots\cdots+[38]+[39]+[40]$
$=40+63$
$=103$

17 지렁이가 5분 동안 기어간 거리는 $2\dfrac{7}{9}$ cm이므로

지렁이가 1분 동안 기어간 거리는

$\dfrac{5}{9}+\dfrac{5}{9}+\dfrac{5}{9}+\dfrac{5}{9}+\dfrac{5}{9}=\dfrac{25}{9}$에서 $\dfrac{5}{9}$ cm입니다.

따라서 지렁이가 4분 동안 기어간 거리는

$\dfrac{5}{9}+\dfrac{5}{9}+\dfrac{5}{9}+\dfrac{5}{9}=\dfrac{20}{9}=2\dfrac{2}{9}$ (cm)입니다.

18 연우는 1분에 60 m를 가는 빠르기로 걸어갔으므로 11분 동안 $60 \times 11 = 660$ (m)를 걸어갔습니다.

이때부터 정호가 자전거를 타고 1분에 150 m를 가는 빠르기로 갔으므로 두 사람이 1분마다 걸어간 거리를 표로 나타내면 다음과 같습니다.

시간	11분	12분	13분	14분	15분	16분
연우가 걸어간 거리 (m)	660	720	780	840	900	960
정호가 자전거를 타고 간 거리 (m)	0	150	300	450	600	750
두 사람이 간 거리 (m)	660	870	1080	1290	1500	1710

연우네 집에서 정호네 집까지의 거리는 1.5 km, 즉 1500 m입니다. 두 사람은 연우가 집에서 출발한 지 15분 후에 연우네 집에서 900 m 떨어진 곳에서 만납니다.

19 한 시간마다 두 시계가 가리키는 시각은 5초 차이가 납니다.

하루는 24시간이므로 하루에는 $5 \times 24 = 120$(초), 즉 2분씩 차이가 납니다.

따라서 일주일은 7일이므로 일주일 후 두 시계가 가리키는 시각은 $2 \times 7 = 14$(분) 차이가 납니다.

20 (3일 동안 늦어진 시간)$=2\dfrac{1}{3}+2\dfrac{1}{3}+2\dfrac{1}{3}=7$(분)

(3일 후 오전 9시에 이 시계가 가리키는 시각)
=오전 9시-7분=오전 8시 53분

21 재호가 수희보다 더 빨리 걸으므로 재호와 수희가 만나려면 재호는 수희보다 같은 시간에 둘레길 반 바퀴를 더 돌아야 합니다.

수희는 둘레길을 한 바퀴 도는 데 30분이 걸리므로 반 바퀴 도는 데 15분이 걸립니다. 재호와 수희가 둘레길을 도는 데 걸리는 시간은 다음과 같습니다.

	한 바퀴	한 바퀴 반	두 바퀴	두 바퀴 반	세 바퀴	……
재호	25분	37.5분	50분	62.5분	75분	……
수희	30분	45분	60분	75분	90분	……

따라서 재호와 수희는 출발한 지 75분 후에 처음 만납니다.

22 일한 사람의 수를 □명이라 하면 □명이 4시간 동안 일한 양과 $\dfrac{□}{2}$명이 4시간 동안 일한 양의 합이 큰 밭 전체 일의 양입니다.

큰 밭의 넓이는 작은 밭의 넓이의 2배이므로 그림으로 나타내면 다음과 같습니다.

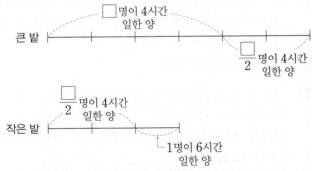

눈금 한 칸은 1명이 6시간 동안 일한 양을 나타내므로 $\dfrac{□}{2}$명이 4시간 동안 일한 양은 2명이 6시간 동안 일한 양과 같습니다. 2명이 6시간 동안 일한 양은 3명이 4시간 동안 일한 양과 같으므로 $\dfrac{□}{2}=3$, □=6입니다.

따라서 일한 사람은 모두 6명입니다.

23 ㉠이 될 수 있는 수는 1, 2, 4, 5, 6, 8이므로 각각의 경우의 차를 구해 보면 다음과 같습니다.

㉠=1일 때: $973.1-13.79=959.31$
㉠=2일 때: $973.2-23.79=949.41$

$\bigcirc=4$일 때: $974.3-34.79=939.51$

$\bigcirc=5$일 때: $975.3-35.79=939.51$

$\bigcirc=6$일 때: $976.3-36.79=939.51$

$\bigcirc=8$일 때: $987.3-37.89=949.41$

따라서 두 수의 차가 가장 큰 경우는 $\bigcirc$이 1일 때입니다.

24 $278.31\bigcirc<27\bigcirc.25$이므로 $\bigcirc=9$입니다.

$\bigcirc=0$일 때, $\bigcirc$은 1, 2, 3, 4, 5, 6, 7, 8입니다.

$\Rightarrow$ 8가지

$\bigcirc=1$일 때, $\bigcirc$은 8입니다. $\Rightarrow$ 1가지

따라서 $(\bigcirc,\ \bigcirc,\ \bigcirc)$은 9가지입니다.

25 차가 4214.43이므로 어떤 소수는 소수 두 자리 수이고 다음과 같이 세로셈으로 나타낼 수 있습니다.

```
      □□5 7
  −   □□.5 7
  ─────────────
    4 2 1 4.4 3
```

두 수의 숫자가 같으므로 □ 안에 알맞은 숫자는 4, 2 입니다. 따라서 어떤 소수는 42.57입니다.

26 15.312의 10배는 153.12입니다.

$1\frac{4}{100}=1.04$이고 막대 10개를 이어 붙이면 겹치는 부분은 9곳이므로 겹치는 부분의 길이의 합은

$1.04+1.04+\cdots\cdots+1.04=9.36\ (\text{m})$입니다.

따라서 이어 붙인 전체의 길이는 막대 10개의 길이의 합에서 겹친 부분의 길이의 합을 **빼면** 되므로

$153.12-9.36=143.76\ (\text{m})$입니다.

27 $512\ \text{g}$부터 거꾸로 세어 보면

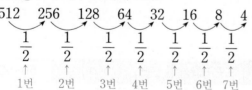

7번의 반감기를 거쳤음을 알 수 있습니다.

따라서 이 원소의 양은 200년마다 절반이 되므로

$200\times7=1400(\text{년})$ 전에 만들어진 것입니다.

28 전체를 1로 생각하고 그림을 그려 문제를 해결합니다.

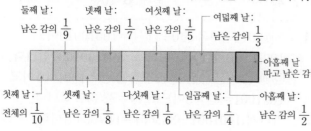

아홉째 날 따고 남은 감은 10칸 중 한 칸이므로 전체의 $\frac{1}{10}$입니다.

남은 감은 35개이고 350의 $\frac{1}{10}$이 35이므로 처음에 달려 있던 감은 $35\times10=350(\text{개})$입니다.

다른 풀이

처음 감나무의 감의 수를 □라 하면

첫째 날 딴 감의 수는 $\square\times\frac{1}{10}$,

남은 감의 수는 $\square\times\frac{9}{10}$입니다.

둘째 날 딴 감의 수는 $(\square\times\frac{9}{10})\times\frac{1}{9}$,

남은 감의 수는 $(\square\times\frac{9}{10})\times\frac{8}{9}$이고

셋째 날 딴 감의 수는 $(\square\times\frac{9}{10}\times\frac{8}{9})\times\frac{1}{8}$,

남은 감의 수는 $(\square\times\frac{9}{10}\times\frac{8}{9})\times\frac{7}{8}$입니다.

같은 방법으로 계속하면 아홉째 날 딴 감의 수는

$\square\times\frac{9}{10}\times\frac{8}{9}\times\frac{7}{8}\times\frac{6}{7}\times\frac{5}{6}\times\frac{4}{5}\times\frac{3}{4}\times\frac{2}{3}\times\frac{1}{2}$이고

따고 남은 감의 수는

$\square\times\frac{9}{10}\times\frac{8}{9}\times\frac{7}{8}\times\frac{6}{7}\times\frac{5}{6}\times\frac{4}{5}\times\frac{3}{4}\times\frac{2}{3}\times\frac{1}{2}$으로 35개

입니다. 따라서 $\square\times\frac{1}{10}=35$, $\square=350(\text{개})$이므로 처음 감나무에는 감이 350개 달려 있었습니다.

29 36의 $\frac{1}{6}$은 6이므로 달에서 민결이의 몸무게는 6 kg입니다.

$6>5\frac{4}{7}$이므로 달에서 민결이와 시안이의 몸무게의 차는 $6-5\frac{4}{7}=5\frac{7}{7}-5\frac{4}{7}=\frac{3}{7}\ (\text{kg})$입니다.

30 $(\text{배 3개의 무게})=2\frac{1}{4}-\frac{3}{4}=1\frac{5}{4}-\frac{3}{4}$

$=1\frac{2}{4}=\frac{6}{4}\ (\text{kg})$

$\frac{6}{4}=\frac{2}{4}+\frac{2}{4}+\frac{2}{4}$이므로 배 1개의 무게는 $\frac{2}{4}$ kg입니다.

배 한 개가 들어 있는 바구니의 무게가 $\frac{3}{4}$ kg이므로 바구니의 무게는 $\frac{3}{4}-\frac{2}{4}=\frac{1}{4}\ (\text{kg})$입니다.

31 귤: 200÷10=20(상자), 사과: 300÷15=20(상자)이
므로 선화의 어머니는 과일 20상자를 만들었고, 그중
19상자를 팔았습니다.
판매한 금액은 15000×19=285000(원)입니다.
선화의 어머니가 지출한 비용은 귤의 값 70000원, 사
과의 값 75000원, 포장 비용 20000원입니다.
따라서 선화의 어머니가 얻은 이익금은
285000−(70000+75000+20000)=120000(원)입니다.

32 모두 수탉을 사면 수탉은 100000÷5000=20(마리)를
살 수 있지만 모두 한 마리 이상을 사야 하므로 수탉을
19마리 사는 경우부터 차례로 알아봅니다.

수탉 수	암탉 수	병아리 수	총 수	금액
19	1	6	26	100000
18	1	21	40	100000
17	1	36	54	100000
16	1	51	68	100000
⋮	⋮	⋮	⋮	⋮
12	3	93	108	100000
12	4	84	100	100000
⋮	⋮	⋮	⋮	⋮

따라서 수탉은 최대 12마리 살 수 있습니다.

STEP 3 코딩 유형 문제 48~49쪽

1 ㉢
2 (예) ⇨ ⇨ ↷ ↶ ↶
3 3000 **4** 75

1 ㉠ 출발 표 : 1 → 2 → 3 → 1 → 3

㉡ 출발 표 : 1 → 2 → 3 → 1 → 3

㉢ 출발 표 : 1 → 2 → 3 → 2 → 1

따라서 명령어에 따라 움직여 도착한 곳의 숫자가 1인
것은 ㉢입니다.

2 여러 가지 방법으로 명령어를 만들 수 있습니다.

⇨ ⇨ ↷ ↶ ↶ : 1×2×3×1×3=18

⇨ ⇨ ⇨ ↷ ↶ : 1×2×3×1×3=18

⇨ ↶ ↷ ⇨ ↶ : 1×2×3×1×3=18

3 ○=(7+3)×3=30, ◇=(5+9)×5=70
⇨ ○ → ◇ → A =(30+70)×30=3000

4 어떤 수가 3으로 나누어떨어지면 그 몫이 나오고, 3으
로 나누어떨어지지 않으면 어떤 수에서 나머지를 뺀
수가 나오는 규칙입니다.

3번	2번	1번	처음 수
1	3	9	27
			10
			11
		4	12
		5	15

⇨ 27+10+11+12+15=75

STEP 4 도전! 최상위 문제 50~53쪽

1 667334 **2** 30가지
3 524개
4 (1, 5), (2, 4), (4, 2), (5, 1)
5 100 **6** 45
7 4가지 **8** 10분

1 ㉮㉯0㉮㉯0㉮㉯0÷㉮㉯=10010010이고
10010010=㉠×10이므로 ㉠=1001001입니다.
㉰㉱㉲㉰㉱㉲㉰㉱㉲÷㉰㉱㉲=1001001이고
1001001=㉡×3이므로 ㉡=333667입니다.
따라서 1001001−333667=667334입니다.

다른 풀이

$$㉮㉯0㉮㉯0㉮㉯0=㉮㉯0000000+㉮㉯0000+㉮㉯0$$
$$=㉮㉯×10000000+㉮㉯×10000$$
$$+㉮㉯×10$$
$$=㉮㉯×(10000000+10000+10)$$
$$=㉮㉯×10010010$$
$$=㉮㉯×1001001×10$$

따라서 ㉠=1001001입니다.

$$㉰㉱㉲㉰㉱㉲㉰㉱㉲$$
$$=㉰㉱㉲000000+㉰㉱㉲000+㉰㉱㉲$$
$$=㉰㉱㉲×(1000000+1000+1)$$
$$=㉰㉱㉲×1001001$$
$$=㉰㉱㉲×333667×3$$

따라서 ㉡=333667입니다.
⇨ $1001001-333667=667334$

2 ㉠=2일 때: $5<1+㉡×3-㉢<10$을 만족하는
(㉡, ㉢)은 (3, 1), (3, 4), (4, 5), (4, 6), (4, 7), (5, 7), (5, 8), (5, 9)로 8가지입니다.
㉠=4일 때: $5<2+㉡×3-㉢<10$을 만족하는
(㉡, ㉢)은 (2, 1), (3, 2), (3, 5), (5, 8), (5, 9)로 5가지입니다.
㉠=6일 때: $5<3+㉡×3-㉢<10$을 만족하는
(㉡, ㉢)은 (2, 1), (2, 3), (3, 4), (3, 5), (4, 7), (4, 8), (4, 9), (5, 9)로 8가지입니다.
㉠=8일 때: $5<4+㉡×3-㉢<10$을 만족하는
(㉡, ㉢)은 (2, 1), (2, 3), (2, 4), (3, 4), (3, 5), (3, 6), (3, 7), (4, 7), (4, 9)로 9가지입니다.

따라서 (㉠, ㉡, ㉢)은 $8+5+8+9=30$(가지)입니다.

3 70으로 나눈 나머지가 34인 수를 각각 30과 50으로 나눈 나머지는 다음과 같습니다.

70으로 나눈 나머지가 34인 수	30으로 나눈 나머지	50으로 나눈 나머지
104	⑭	4
174	24	㉔
244	4	44
314	⑭	14
384	24	34
454	4	4
524	⑭	㉔

따라서 상자 안에 들어 있는 사탕은 최소 524개입니다.

4 □□□□□□×AB=ACCCCCB가 되려면 □=1이고, A+B=C이어야 합니다.

$$\begin{array}{r} 1\ 1\ 1\ 1\ 1\ 1 \\ \times\qquad A\ B \\ \hline B\ B\ B\ B\ B\ B \\ A\ A\ A\ A\ A\ A\quad \\ \hline A\ C\ C\ C\ C\ C\ B \end{array}$$

A+B=6인 경우는 (1, 5), (2, 4), (3, 3), (4, 2), (5, 1)입니다. A, B, C는 서로 다른 수를 나타내므로 (A, B)는 (1, 5), (2, 4), (4, 2), (5, 1)로 나타낼 수 있습니다.

5
$$\frac{20}{2020}<\underbrace{\frac{1}{2001}+\frac{1}{2002}+\cdots+\frac{1}{2019}+\frac{1}{2020}}_{20개}<\frac{20}{2001}$$

이때 $\frac{1}{2001}+\frac{1}{2002}+\cdots+\frac{1}{2019}+\frac{1}{2020}=■$라고 하면 $\frac{20}{2020}<■<\frac{20}{2001}$이므로 $\frac{2001}{20}<\frac{1}{■}<\frac{2020}{20}$,
$\frac{2001}{20}<(가)<\frac{2020}{20}$, $100\frac{1}{20}<(가)<101$입니다.
따라서 (가)의 자연수 부분은 100입니다.

6 두 시계는 1시간에 3분씩 차이가 나므로 1시간(=60분) 차이가 나려면 오전 9시에서 $60÷3=20$(시간) 후인 다음 날 오전 5시입니다.
우빈이의 시계는 20시간 동안 $2×20=40$(분) 빨라지므로 시계가 가리키는 시각은 5시 40분입니다.
㉠=5, ㉡=40이므로 ㉠+㉡=45입니다.

7 •보기•에서 ㉮, ㉯, ㉰, ㉱, ㉲ 사이의 규칙을 알아보면 다음과 같습니다.
$㉮+㉰+㉲=㉯+㉰+㉱=㉰×3$
㉰×3이 2와 7로 나누어떨어지므로 ㉰는 14로 나누어떨어집니다. 표에서 14로 나누어떨어지는 수는 14, 28, 42, 56, 70입니다.
이 중에서 •보기•의 ㉰에 올 수 있도록 자를 수 있는 것은 14, 42, 56, 70으로 4가지입니다.

8 1층부터 13층까지는 12개의 층을 올라가는 것이므로
(한 층을 오르는 데 걸린 시간)
=(걸린 시간)÷(올라간 층수)
=240초÷12층=20(초)입니다.
1층부터 16층까지는 쉬지 않고 올라갔으므로 15개의 층을 올라갈 때 걸리는 시간은
(1층부터 16층까지 올라가는 데 걸린 시간)
=$20×15=300$(초)입니다.

16층부터 24층까지는 쉬면서 올라가고 8개의 층을 올라가는 동안 7개의 층에서 휴식을 취하게 됩니다.

(16층부터 24층까지 올라가는 데 걸린 시간)

=(올라가는 시간)+(쉬는 시간)

=$8 \times 20 + 7 \times 20 = 300$(초)

(1층부터 24층까지 올라가는 데 걸린 시간)

=$300 + 300 = 600$(초)

⇨ 10분

특강	영재원·창의융합 문제	54쪽

9 (1) $\dfrac{2}{7} = \boxed{\dfrac{1}{4}} + \boxed{\dfrac{1}{28}}$

(2) $\dfrac{2}{101} = \boxed{\dfrac{1}{101}} + \boxed{\dfrac{1}{202}} + \boxed{\dfrac{1}{303}} + \boxed{\dfrac{1}{606}}$

9 (1) $\dfrac{2}{7} = \dfrac{4}{14} = \dfrac{6}{21} = \dfrac{8}{28} = \dfrac{10}{35} = \cdots\cdots$

$\dfrac{4}{14} = \dfrac{2}{14} + \dfrac{2}{14} = \dfrac{1}{7} + \dfrac{1}{7}$ (×)

$\dfrac{6}{21} = \dfrac{3}{21} + \dfrac{3}{21} = \dfrac{1}{7} + \dfrac{1}{7}$ (×)

$\dfrac{8}{28} = \dfrac{2}{28} + \dfrac{6}{28} = \dfrac{1}{14} + \dfrac{3}{14}$ (×)

$\dfrac{8}{28} = \dfrac{4}{28} + \dfrac{4}{28} = \dfrac{1}{7} + \dfrac{1}{7}$ (×)

$\dfrac{8}{28} = \dfrac{1}{28} + \dfrac{7}{28} = \dfrac{1}{28} + \dfrac{1}{4}$ (○)

(2) $\dfrac{2}{101} = \dfrac{4}{202} = \dfrac{6}{303} = \dfrac{8}{404} = \dfrac{10}{505} = \dfrac{12}{606} = \cdots\cdots$

$\dfrac{4}{202} = \dfrac{2}{202} + \dfrac{2}{202} = \dfrac{1}{101} + \dfrac{1}{101}$ (×)

$\dfrac{6}{303} = \dfrac{3}{303} + \dfrac{3}{303} = \dfrac{1}{101} + \dfrac{1}{101}$ (×)

$\dfrac{8}{404} = \dfrac{4}{404} + \dfrac{4}{404} = \dfrac{1}{101} + \dfrac{1}{101} + \dfrac{1}{101} + \dfrac{1}{101}$ (×)

$\dfrac{10}{505} = \dfrac{5}{505} + \dfrac{5}{505} = \dfrac{1}{101} + \dfrac{1}{101}$ (×)

$\dfrac{12}{606} = \dfrac{6}{606} + \dfrac{3}{606} + \dfrac{2}{606} + \dfrac{1}{606}$

$= \dfrac{1}{101} + \dfrac{1}{202} + \dfrac{1}{303} + \dfrac{1}{606}$ (○)

Ⅲ 도형 영역

STEP 1	경시 기출 유형 문제	56~57쪽

[주제 학습 10] 5개

1 9개 **2** 4개

[확인 문제] [한 번 더 확인]

1-1 6개 **1-2** 8개

2-1 11개 **2-2** 4개

3-1 15개 **3-2** 31개

1 다음과 같이 만들 수 있는 직사각형은 모두 9개입니다.

2 다음과 같이 만들 수 있는 이등변삼각형은 모두 4개입니다.

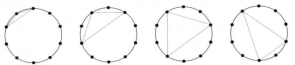

[확인 문제] [한 번 더 확인]

1-1

4개   1개   1개

4개의 점을 연결하여 만들 수 있는 정사각형은 모두 $4+1+1=6$(개)입니다.

1-2 가장 긴 선분을 그으려면 가장 왼쪽 위 또는 가장 오른쪽 아래에 위치한 점을 이용합니다.

① 가로 방향으로 선분을 그을 경우: 3개

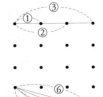

② 비스듬한 방향으로 위에서 두 번째 줄의 점에 선분을 그을 경우: 3개

③ 비스듬한 방향으로 맨 아랫줄의
점에 선분을 그을 경우: 2개
따라서 길이가 서로 다른 선분은 모
두 3+3+2=8(개)입니다.

주의

선분으로 연결한 두 점의 위치가 달라도 길이가 같은 경
우는 한 개로 생각합니다.

2-1 다음과 같이 만들 수 있는 이등변삼각형은 모두 11개
입니다.

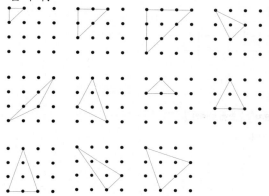

2-2 다음과 같이 만들 수 있는 크기가 다른 정삼각형은
4개입니다.

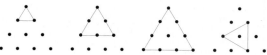

3-1 다음과 같이 만들 수 있는 사각형은 모두 15개입니다.

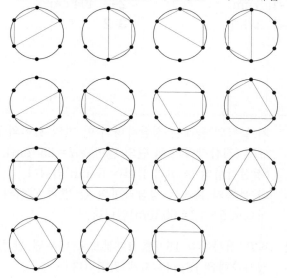

3-2 다음과 같이 만들 수 있는 삼각형은 모두 31개입니다.

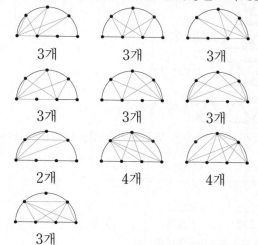

3개   3개   3개
3개   3개   3개
2개   4개   4개
3개

⇨ 3+3+3+3+3+3+2+4+4+3=31(개)

참고

점을 이어 만든 도형의 개수 구하기
• 가로, 세로, 비스듬한 방향으로 두 점을 연결한 선분을
그어 구하고자 하는 도형을 찾습니다.
• 점과 점 사이의 거리를 이용하여 두 점을 연결한 선분과
길이가 같은 선분을 찾습니다.

분홍색 선분의 길이는 선분의 왼쪽 점과 왼쪽 점에서 오
른쪽으로 두 개, 위쪽으로 한 개 이동한 오른쪽 점과 이
루는 거리입니다.
어떤 점과 어떤 점에서 왼쪽 또는 오른쪽으로 두 개, 위
또는 아래로 한 개 이동한 점을 이으면 분홍색 선분과
길이가 같은 파란색 선분을 찾을 수 있습니다.

정답과 풀이

도형 영역

| STEP 1 경시 **기출 유형** 문제 | 58~59쪽 |

【주제 학습 11】 36개

1 16개   **2** 20개

【 확인 문제 】【 한 번 더 확인 】

1-1 18개   **1-2** 16개
2-1 18개   **2-2** 23개
3-1 3개   **3-2** 48 cm

1
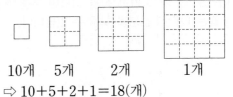

모양: 6개,

모양: 7개,

모양: 2개,

모양: 1개

따라서 사다리꼴은 모두 6+7+2+1=16(개)입니다.

2

5개   5개   5개   5개

⇨ 5+5+5+5=20(개)

[확인 문제] [한 번 더 확인]

1-1 1칸짜리: 6개
2칸짜리: 7개
3칸짜리: 2개
4칸짜리: 2개
6칸짜리: 1개
⇨ 6+7+2+2+1=18(개)

1-2 작은 이등변삼각형 1개짜리: 8개
작은 이등변삼각형 2개짜리: 4개
작은 이등변삼각형 4개짜리: 4개
⇨ 8+4+4=16(개)

2-1 만들 수 있는 정사각형은 다음과 같습니다.

10개   5개   2개   1개

⇨ 10+5+2+1=18(개)

2-2 색칠된 것과 같은 모양의 사다리꼴을 찾으면 다음과 같습니다.

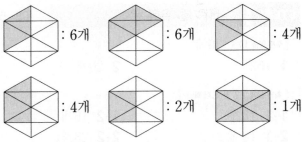

: 6개   : 6개   : 4개

: 4개   : 2개   : 1개

따라서 찾을 수 있는 크고 작은 사다리꼴은 모두 6+6+4+4+2+1=23(개)입니다.

3-1 한 변의 길이가 4 cm인 정삼각형은 △ 모양으로 모두 3개입니다.

3-2 정삼각형의 한 변의 길이는 24÷3=8 (cm)입니다.
따라서 도형의 둘레는 8×6=48 (cm)입니다.

STEP 1 경시 **기출 유형** 문제   60~61쪽

[주제 학습 12] 170 cm

1 60 cm

2 (예)

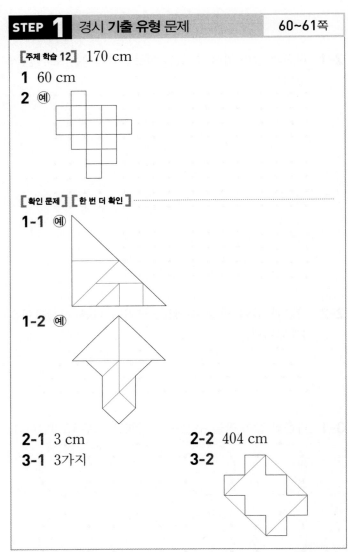

[확인 문제] [한 번 더 확인]

1-1 (예)

1-2 (예)

2-1 3 cm   **2-2** 404 cm

3-1 3가지   **3-2**

1 가 블록의 둘레는 정삼각형의 한 변의 길이의 7배이므로 (정삼각형의 한 변의 길이)×7=35 (cm), (정삼각형의 한 변의 길이)=5 (cm)입니다.
나 블록의 둘레는 정삼각형의 한 변의 길이의 12배이므로 5×12=60 (cm)입니다.

2 작은 정사각형 16개를 4부분으로 나누면 한 부분에 정사각형은 16÷4=4(개)씩입니다.

[확인 문제] [한 번 더 확인]

1-1 다음과 같이 모양을 만들 수도
있습니다.

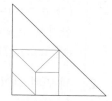

1-2 다음과 같이 모양을 만들 수도
있습니다.

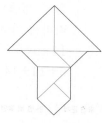

2-1

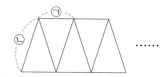

이등변삼각형 10개를 이어 붙이면 ㉠이 10개, ㉡이
2개이므로
(둘레)=㉠×10+㉡×2=40이고
㉠+㉡×2=13입니다.
따라서 ㉠=3, ㉡=5이므로 짧은 변은 3 cm입니다.

2-2 둘레는 다음과 같은 규칙으로 늘어납니다.
정사각형이 1개일 때: 2×4=8 (cm)
정사각형이 2개일 때: 2×6=12 (cm)
정사각형이 3개일 때: 2×8=16 (cm)
정사각형이 4개일 때: 2×10=20 (cm)
⋮
정사각형이 100개일 때: 2×202=404 (cm)

3-1

따라서 만들 수 있는 다각형은 모두 3가지입니다.

3-2 주어진 도형을 두 번 잘라서 그림과 같이 색칠한 부
분으로 옮깁니다.

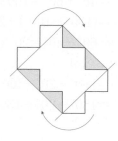

STEP 1 경시 **기출 유형** 문제   62~63쪽

[주제 학습 13] 24개	1 21개

[확인 문제] [한 번 더 확인]	
1-1 9개	**1-2** 34개, 14개
2-1 28개	**2-2** 3개, 2개
3-1 6개	**3-2** 15개

1 그림에서 직각을 찾아
보면 21개입니다.

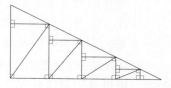

[확인 문제] [한 번 더 확인]

1-1 가장 작은 각 5개짜리: 4개,
가장 작은 각 6개짜리: 3개,
가장 작은 각 7개짜리: 2개
따라서 둔각은 모두 4+3+2=9(개)입니다.

1-2 • 예각의 수 구하기
가장 작은 각 1개짜리: 10개,
가장 작은 각 2개짜리: 9개,
가장 작은 각 3개짜리: 8개,
가장 작은 각 4개짜리: 7개
따라서 예각은 모두 10+9+8+7=34(개)입니다.
• 둔각의 수 구하기
가장 작은 각 6개짜리: 5개,
가장 작은 각 7개짜리: 4개,
가장 작은 각 8개짜리: 3개,
가장 작은 각 9개짜리: 2개
따라서 둔각은 모두 5+4+3+2=14(개)입니다.

2-1 • 꼭짓점 ㄱ을 포함하는 예각의 수 구하기
가장 작은 각 1개짜리: 6개,
가장 작은 각 2개짜리: 5개,
가장 작은 각 3개짜리: 4개,
가장 작은 각 4개짜리: 3개,
가장 작은 각 5개짜리: 2개,
가장 작은 각 6개짜리: 1개
⇨ 6+5+4+3+2+1=21(개)
• 변 ㄴㄷ을 포함하는 예각의 수 구하기 ⇨ 7개

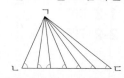

따라서 예각은 모두 21+7=28(개)입니다.

2-2

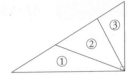

예각삼각형: ②, ①+②,
②+③ ⇨ 3개
둔각삼각형: ①, ③ ⇨ 2개

3-1

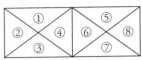

작은 삼각형 1개로 이루어진 둔각삼각형은
①, ③, ⑤, ⑦로 4개입니다.
작은 삼각형이 모여서 이루어진 둔각삼각형은
①+④+⑥+⑤, ③+④+⑥+⑦로 2개입니다.
따라서 그림에서 찾을 수 있는 크고 작은 둔각삼각형
은 모두 4+2=6(개)입니다.

3-2

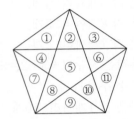

삼각형 1개로 이루어진 둔각삼각형은 ①, ③, ⑦, ⑨,
⑪로 5개이고, 도형 3개로 이루어진 둔각삼각형은
①+②+③, ①+④+⑦, ⑦+⑧+⑨, ⑨+⑩+⑪,
⑪+⑥+③, ④+⑤+⑥, ②+⑤+⑧, ④+⑤+⑩,
⑧+⑤+⑥, ②+⑤+⑩으로 10개입니다.
따라서 그림에서 찾을 수 있는 크고 작은 둔각삼각형
은 모두 5+10=15(개)입니다.

STEP 1 경시 **기출 유형 문제**　　　64~65쪽

[주제 학습 14] 40°

1 6 cm　　　　　　　**2** 34 cm

[확인 문제] [한 번 더 확인]

1-1 150°　　　　　　**1-2** 30°

2-1 90°　　　　　　　**2-2** 72°

3-1 8개

3-2 6 cm, 12 cm, 12 cm

---

1 (각 ㄴㄱㄷ)=180°−(90°+30°)=60°이므로
(각 ㄹㄱㄷ)=60°−30°=30°입니다.
삼각형 ㄱㄹㄷ은 이등변삼각형이므로
(변 ㄹㄷ)=(변 ㄱㄹ)=6 cm입니다.

2 세 변의 길이가 6 cm, 6 cm, 14 cm인 경우
6+6=12 (cm), 12 cm<14 cm이므로 삼각형을 만
들 수 없습니다.
따라서 이등변삼각형 세 변의 길이는 6 cm, 14 cm,
14 cm이고 세 변의 길이의 합은
6+14+14=34 (cm)입니다.

[확인 문제] [한 번 더 확인]

1-1

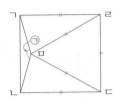

삼각형 ㄹㅁㄷ은 정삼각형이므로
(각 ㄱㄹㅁ)=(각 ㅁㄷㄴ)=90°−60°=30°입니다.
(변 ㄹㄷ)=(변 ㄱㄹ)=(변 ㄹㅁ)=(변 ㅁㄷ)=(변 ㄴㄷ)
이므로 삼각형 ㄱㄹㅁ과 삼각형 ㄴㄷㅁ은 모양과 크
기가 같은 이등변삼각형입니다.
(각 ㄹㅁㄱ)=(각 ㄷㅁㄴ)
　　　　　=(180°−30°)÷2=75°
⇨ ㉠=360°−{(각 ㄱㅁㄹ)+(각 ㄹㅁㄷ)+(각 ㄴㅁㄷ)}
　　=360°−(75°+60°+75°)
　　=360°−210°
　　=150°

1-2

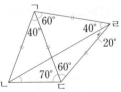

삼각형 ㄱㄷㄹ은 정삼각형, 삼각형 ㄱㄴㄷ은 이등변
삼각형이므로 (변 ㄱㄹ)=(변 ㄱㄷ)=(변 ㄱㄴ)입니다.
따라서 (각 ㄴㄱㄷ)=180°−70°−70°=40°입니다.
(각 ㄴㄱㄹ)=40°+60°=100°이므로
(각 ㄱㄹㄴ)=(180°−100°)÷2=40°,
(각 ㄴㄷㄹ)=60°−40°=20°입니다.
삼각형 ㄴㄷㄹ에서
(각 ㄹㄴㄷ)=180°−20°−(60°+70°)
　　　　　=180°−20°−130°=30°
입니다.

2-1 (각 ㄱㄴㄹ)=(각 ㄴㄱㄹ), (각 ㄷㄱㄹ)=(각 ㄱㄷㄹ)
이므로
(각 ㄴㄱㄹ)×2+(각 ㄷㄱㄹ)×2=180°,
(각 ㄴㄱㄹ)+(각 ㄷㄱㄹ)=90°입니다.
따라서 (각 ㄴㄱㄷ)=90°입니다.

2-2 정오각형의 한 각의 크기는
(180°×3)÷5=540°÷5=108°입니다.
삼각형 ㄱㄴㅁ은 이등변삼각형이므로
(각 ㄱㅁㄴ)=(180°−108°)÷2
=72°÷2=36°
입니다.
⇨ (각 ㄴㅁㄹ)=108°−36°=72°

참고

• 다각형의 각의 크기의 합
삼각형: 180°×1=180°
사각형: 180°×2=360°
오각형: 180°×3=540°
육각형: 180°×4=720°
⇨ (□각형의 각의 크기의 합)=180°×(□−2)
• 정다각형의 한 각의 크기
삼각형: 180°÷3=60°
사각형: 360°÷4=90°
오각형: 540°÷5=108°
육각형: 720°÷6=120°
⇨ (정□각형의 한 각의 크기)=180°×(□−2)÷□

3-1 막대 3개를 골라 삼각형의 세 변의 길이가 될 수 있
는 경우는 다음과 같습니다.
• 2 cm, 2 cm, 2 cm: 정삼각형이므로 이등변삼각
형이라고 할 수 있습니다.
• 2 cm, 2 cm, 3 cm: 이등변삼각형입니다.
• 2 cm, 2 cm, 4 cm: 2 cm+2 cm=4 cm이므로
삼각형을 만들 수 없습니다.
• 3 cm, 3 cm, 2 cm: 이등변삼각형입니다.
• 3 cm, 3 cm, 3 cm: 정삼각형이므로 이등변삼각
형이라고 할 수 있습니다.
• 3 cm, 3 cm, 4 cm: 이등변삼각형입니다.
• 4 cm, 4 cm, 2 cm: 이등변삼각형입니다.
• 4 cm, 4 cm, 3 cm: 이등변삼각형입니다.
• 4 cm, 4 cm, 4 cm: 정삼각형이므로 이등변삼각
형이라고 할 수 있습니다.
따라서 막대 중 3개를 이용하여 만들 수 있는 이등변
삼각형은 모두 8개입니다.

참고

변의 길이에 따라 삼각형 분류하기
• 이등변삼각형: 두 변의 길이가 같은 삼각형

• 정삼각형: 세 변의 길이가 같은 삼각형

⇨ 정삼각형은 이등변삼각형이라고 할 수 있습니다.

3-2 • 세 변의 길이가 6 cm, 6 cm, 18 cm일 때:
6+6<18이므로 삼각형을 만들 수 없습니다.
• 세 변의 길이가 12 cm, 12 cm, 6 cm일 때:
6+12>12이므로 삼각형을 만들 수 있습니다.
따라서 이등변삼각형의 세 변의 길이는 6 cm, 12 cm,
12 cm입니다.

STEP 2 실전 경시 문제   66~73쪽

1 17개   **2** 6개
3 28개   **4** 8가지
5 4개   **6** 28개
7 5개   **8** 16개
9 예

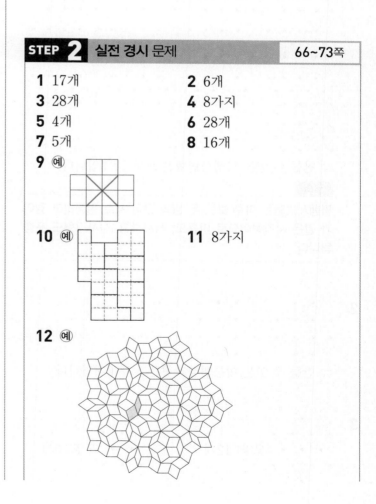

10 예   **11** 8가지

12 예

13 500 cm²   **14** 448 cm²

15 6개   **16** 6개

17 12개   **18** 27군데

19 삼각형, 사각형, 오각형, 육각형, 칠각형, 팔각형

20 7가지

21 (예)   **22** (예)

23 4개   **24** 20개

25 오후 3시 $32\frac{8}{11}$분   **26** 10개

27 직각삼각형, 둔각삼각형

28 9군데   **29** 4가지

30 26 cm   **31** 48°

32 60°

1

➡ 만들 수 있는 평행사변형은 모두 17개입니다.

> **주의**
>
> 평행사변형은 마주 보는 두 쌍의 변이 서로 평행하고 길이가 같은 사각형이므로 마름모, 직사각형, 정사각형도 포함됩니다.

2

➡ 만들 수 있는 이등변삼각형은 모두 6개입니다.

3  모양: 12개   모양: 6개

모양: 2개   모양: 8개

➡ 12+6+2+8=28(개)

4 다음과 같이 8가지의 직각삼각형을 만들 수 있습니다.

5 한 변의 길이가 1인 정사각형의 수: 1개
한 변의 길이가 2인 정사각형의 수: 2개
한 변의 길이가 3인 정사각형의 수: 1개
따라서 정사각형은 모두 1+2+1=4(개)입니다.

6 가장 작은 삼각형 1개짜리: 18개,
가장 작은 삼각형 4개짜리: 8개,
가장 작은 삼각형 9개짜리 2개
따라서 정삼각형은 모두 18+8+2=28(개)입니다.

7 원의 중심을 서로 지나는 세 원이 있을 경우 작은 정삼각형을 4개 그릴 수 있고, 작은 삼각형 4개로 이루어진 큰 정삼각형을 1개 그릴 수 있어 모두 5개의 정삼각형을 그릴 수 있습니다.

> **참고**
>
> (원의 반지름)=(선분 ㄱㄴ)
> =(선분 ㄴㄷ)=(선분 ㄱㄷ)이므로
> 삼각형 ㄱㄴㄷ은 정삼각형이 됩니다.

8 ★을 포함한 직사각형의 가로가 될 수 있는 선분은 4가지이고, 세로가 될 수 있는 선분은 4가지이므로 모두 16개의 직사각형을 그릴 수 있습니다.

> **다른 풀이**
>
> 1칸짜리: 1개, 2칸짜리: 4개, 3칸짜리: 2개, 4칸짜리: 4개, 6칸짜리: 4개, 9칸짜리: 1개
> ➡ 1+4+2+4+4+1=16(개)

9 작은 정사각형이 12개이므로 한 부분에 정사각형이 12÷4=3(개)가 있도록 도형을 나눕니다.
다음과 같이 나눌 수도 있습니다.

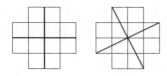

10 정사각형이 30개이므로 한 부분에 정사각형이
30÷6=5(개)가 있도록 도형을 나눕니다.

11 ① 가장 긴 조각 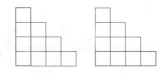 를 왼쪽 또는 아래쪽에
놓습니다.

② 조각 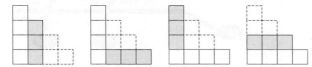 를 왼쪽 또는 아래쪽에 놓습니다.

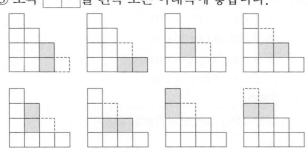

③ 조각 를 왼쪽 또는 아래쪽에 놓습니다.

④ 마지막으로 를 놓습니다.
따라서 모양을 만드는 방법은 모두 8가지입니다.

다른 풀이

①, ②, ③ 각각의 경우에 2가지 방법이 있으므로 모양을
만드는 방법은 모두 2×2×2=8(가지)입니다.

12 자세히 살펴보면 두 가지 종류의 마름모 ◇, ◆를 이용
하여 만들었습니다.

13 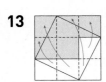 도화지 전체의 넓이가 900 cm²이므로
작은 정사각형 1개의 넓이는 100 cm²
입니다.

위와 같이 옮기면 작은 정사각형이 모두 5개입니다.
⇨ (색칠된 정사각형의 넓이)=100×5=500 (cm²)

14 정사각형 1개의 둘레가 32 cm이므로 한 변은
32÷4=8 (cm)이고 넓이는 8×8=64 (cm²)입니다.
만든 도형의 넓이는 정사각형 7개의 넓이와 같으므로
64×7=448 (cm²)입니다.

---

15 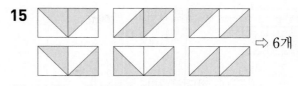 ⇨ 6개

16 • 원 모양이 연결된 것: 3개

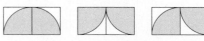

• 원 모양이 연결되지 않은 것: 3개

⇨ 3+3=6(개)

17 주어진 도형 2개로 가장 작은 직사각형 을 만
들 수 있습니다.
이 직사각형 6개로 오른쪽과 같은
정사각형을 만들 수 있으므로
주어진 도형은 적어도 12개가 필
요합니다.

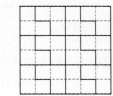

8 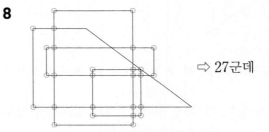 ⇨ 27군데

19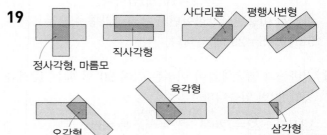

위와 같이 겹쳐서 생길 수 있는 다각형은 삼각형, 사각
형, 오각형, 육각형, 칠각형, 팔각형입니다.

20 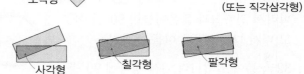 ⇨ 7가지

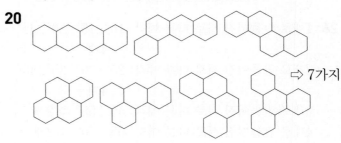

21 도 정답입니다.

22 도 정답입니다.

23 • 예각은 각 1개짜리가 6개, 각 2개짜리가 5개, 각 3개짜리가 1개로 모두 6+5+1=12(개)입니다.
• 둔각은 각 3개짜리가 3개, 각 4개짜리가 3개, 각 5개짜리가 2개로 모두 3+3+2=8(개)입니다.
따라서 예각의 수와 둔각의 수의 차는 12−8=4(개)입니다.

24 두 변의 길이가 같고 세 각이 모두 예각인 삼각형을 찾으면 다음과 같습니다.

①, ③ 모양의 개수: 각 꼭짓점마다 한 개씩 있으므로 각 5개입니다.
② 모양의 개수: 각 꼭짓점마다 2개씩 있으므로 모두 5×2=10(개)입니다.
따라서 이등변삼각형이면서 예각삼각형은 모두 5+10+5=20(개)입니다.

25 긴바늘과 짧은바늘이 이루는 각이 90°인 때는 12시간 동안 22번 있습니다.

12시간$\div22=720$분$\div22=\dfrac{720}{22}$분$=32\dfrac{8}{11}$분

따라서 긴바늘과 짧은바늘이 90°를 이루고 나서 다시 90°를 이룰 때까지는 $32\dfrac{8}{11}$분이 걸립니다. 3시 정각에 90°를 이루므로 3시 $32\dfrac{8}{11}$분에 다시 90°를 이룹니다.

26 1개로 만들어진 서로 다른 예각: 10°, 15°, 20°, 25°
⇨ 4개
2개로 만들어진 서로 다른 예각: 25°, 30°, 35°, 45°
⇨ 4개
3개로 만들어진 서로 다른 예각: 45°, 55° ⇨ 2개
4개로 만들어진 서로 다른 예각: 65°, 70° ⇨ 2개

따라서 4+4+2+2=12(개) 중에서 중복되는 25°와 45°를 제외하면 서로 다른 예각은 모두 10개입니다.

27 색종이를 접은 선을 따라 자르면 오른쪽과 같습니다. 정사각형의 한 각은 90°이므로 바깥쪽 두 삼각형은 직각삼각형, 안쪽 두 삼각형은 둔각삼각형입니다.

28 그림에 표시한 9군데의 각도가 90°보다 크고 180°보다 작습니다.

29 만들 수 있는 이등변삼각형은 다음과 같이 4가지입니다.
① 1 cm, 7 cm, 7 cm
② 3 cm, 6 cm, 6 cm
③ 5 cm, 5 cm, 5 cm
④ 7 cm, 4 cm, 4 cm

> **주의**
> 정삼각형도 이등변삼각형입니다.

30 정사각형의 둘레가 24 cm이므로 한 변의 길이는 24÷4=6 (cm)입니다.
정삼각형의 한 변의 길이도 6 cm이므로 이등변삼각형의 두 변의 길이의 합은 44−(6×4)=20 (cm)입니다.
⇨ (이등변삼각형의 둘레)=20+6=26 (cm)

31

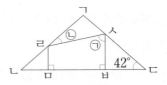

삼각형 ㄱㄴㄷ은 이등변삼각형이므로
(각 ㄴㄱㄷ)=180°−42°−42°=96°이고,
삼각형 ㅅㅂㄷ에서
(각 ㅂㅅㄷ)=180°−90°−42°=48°입니다.
삼각형 ㄱㅅㄹ에서
(각 ㄱㅅㄹ)=180°−96°−ⓛ=84°−ⓛ입니다.
(각 ㄱㅅㄹ)+(각 ㄹㅅㅂ)+(각 ㅂㅅㄷ)=180°이므로
(84°−ⓛ)+⊙+48°=180°입니다.
⇨ ⊙−ⓛ=180°−48°−84°=48°

32

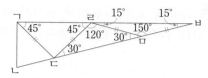

삼각형 ㄹㅁㅂ에서
(각 ㄹㅂㅁ)=(각 ㅁㄹㅂ)=15°이므로
(각 ㄹㅁㅂ)=180°−15°−15°=150°입니다.
삼각형 ㄷㄹㅁ에서
(각 ㄹㅁㄷ)=(각 ㄹㄷㅁ)=180°−150°=30°이므로
(각 ㄷㄹㅁ)=180°−30°−30°=120°,
(각 ㄱㄹㄷ)=180°−15°−120°=45°,
(각 ㄱㄷㄹ)=180°−45°−45°=90°입니다.
⇨ (각 ㄱㄷㄴ)=180°−30°−90°=60°

STEP 3 코딩 유형 문제   **74~75쪽**

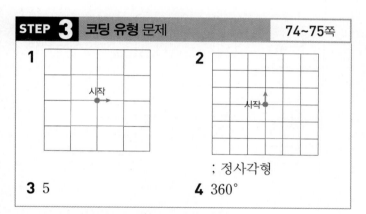

; 정사각형

3 5   **4** 360°

3 명령문을 완성하면 다음과 같습니다.
① 2칸 움직이기 ⇨ ② 왼쪽으로 90° 돌기
⇨ ③ 2칸 움직이기 ⇨ ④ 왼쪽으로 90° 돌기
⇨ ⑤ 1칸 움직이기 ⇨ ⑥ 왼쪽으로 90° 돌기
⇨ ⑦ 1칸 움직이기 ⇨ ⑧ 오른쪽으로 90° 돌기
⇨ ⑨ 1칸 움직이기 ⇨ ⑩ 왼쪽으로 90° 돌기
⇨ ⑪ 1칸 움직이기
따라서 □ 안에 알맞은 수의 합은 2+1+1+1=5입니다.

4 최단 시간에 돌아오기 위해서는 '출발−A−B−C−
출발'과 같이 각 지점을 직선으로 이동하여야 합니다.
네 지점을 직선으로 연결하였을 때 생기는 도형은 사
각형이고 사각형의 네 각의 크기의 합은 360°입니다.

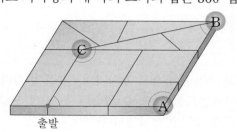

STEP 4 도전! **최상위** 문제   **76~79쪽**

1 14가지		**2** 30개	
3 ㉡		**4** 37개	
5 85°		**6** 31	
7 32		**8** 23가지	

1

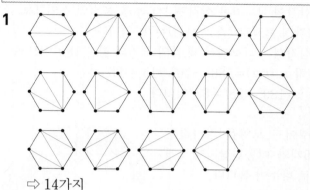

⇨ 14가지

2 세 변의 길이가 같은 정삼각형은 10개, 두 변의 길이가
같은 이등변삼각형은 40개입니다.
따라서 개수의 차는 40−10=30(개)입니다.

주의

정삼각형도 이등변삼각형이므로 이등변삼각형의 수를 30
개라고 하지 않도록 주의합니다.

다른 풀이

(이등변삼각형의 수)−(정삼각형의 수)
=(정삼각형이 아닌 이등변삼각형의 수)이므로 그림에서
두 변의 길이만 같은 이등변삼각형을 찾으면 30개입니다.

3

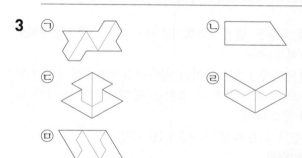

4 ① 아래쪽 방향으로 3개씩 5줄 15개를 찾습니다.
② 가로 방향으로 3개씩 5줄 15개에서 ①과 겹치는
3개를 제외한 12개를 찾습니다.
③ 세로 방향으로 3개씩 5줄 15개에서 ①과 겹치는
3개, ②와 겹치는 2개를 제외한 10개를 찾습니다.
따라서 모두 15+12+10=37(개)입니다.

5 (변 ㄴㄱ)=(변 ㄴㄹ)이므로 삼각형 ㄱㄴㄹ은 이등변
삼각형입니다.

(각 ㄴㄷㄹ)=(각 ㄴㄹㄱ)=(180°−40°)÷2=70°이고, 삼각형 ㄱㄴㄷ은 이등변삼각형이므로
(각 ㄱㄴㄷ)=(각 ㄱㄷㄴ)=(180°−70°)÷2=55°,
(각 ㄹㄴㄷ)=(각 ㄱㄴㄷ)−(각 ㄱㄴㄹ)
$$=55°−40°=15°$$
입니다.
삼각형 ㄹㄴㅂ은 삼각형 ㄱㄴㄷ을 움직인 것이므로
(각 ㄴㄹㅂ)=(각 ㄴㄱㄷ)=70°입니다.
삼각형 ㄴㅁㄹ에서 세 각의 크기의 합은 180°이므로
(각 ㄴㅁㄹ)=180°−70°−15°=95°,
㉠=180°−95°=85°입니다.

6 주어진 모양을 정사각형
5개와 이등변삼각형 4개
로 나누어 봅니다.
삼각형 ①의 넓이는 정사

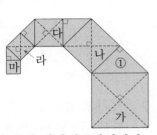

각형 가의 넓이의 $\frac{1}{4}$이고

정사각형 나의 넓이는 삼각형 ①의 넓이의 2배입니다.

정사각형 나의 넓이는 정사각형 가의 넓이의 $\frac{1}{2}$이므로

8입니다.
정사각형의 넓이가 반씩 줄어들고 있으므로
(정사각형 5개의 넓이의 합)=가+나+다+라+마
$$=16+8+4+2+1$$
$$=31$$
따라서 정사각형 5개의 넓이의 합은 31입니다.

7 전체 도형은 평행사변형 12개와 이등변삼각형 8개로 나누어집니다.
평행사변형 1개의 넓이는 이등변삼각형 2개의 넓이와 같으므로 전체 도형의 넓이는 평행사변형 16개의 넓이와 같습니다.
➡ (전체 도형의 넓이)=2×16=32

다른 풀이

전체 도형을 평행사변형과 넓이가
같은 도형으로 나누어 봅니다.
평행사변형과 작은 정사각형은 각각
이등변삼각형 2개로 만들 수 있으므
로 작은 정사각형의 넓이는 평행사
변형의 넓이와 같습니다.
전체 도형은 작은 정사각형 16개로 나눌 수 있으므로 전체 도형의 넓이는 작은 정사각형 16개의 넓이와 같습니다.
➡ 2×16=32

8 보기의 도형을 모두 사용하여 길이가 같은 변끼리 붙여서 만들 수 있는 도형은 다음과 같이 모두 23가지입니다.

특강 영재원·창의융합 문제　　80쪽

9 예

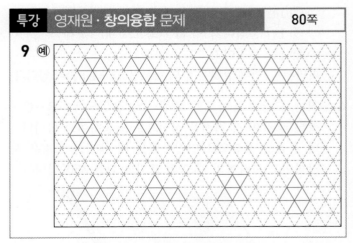

9 여러 가지 방법으로 정삼각형 6개를 변끼리 붙여 만든 헥사아몬드를 그릴 수 있습니다. 위의 모양 중 5개를 바르게 그리면 정답입니다.

Ⅳ 측정 영역

STEP 1 경시 **기출 유형** 문제 | 82~83쪽

[주제 학습 15] 115°

1 65°　　　　　　　　　**2** 26°

[확인 문제] [한 번 더 확인]

1-1 34°　　　　　　　　**1-2** 130°
2-1 80°　　　　　　　　**2-2** 135°
3-1 20°　　　　　　　　**3-2** 80°

1 접은 부분의 각의 크기가 같고, 삼각형의 세 각의 크기의 합은 180°이므로
25°+(각 ㄴㄹㄷ)+90°=180°,
(각 ㄴㄹㄷ)=180°-25°-90°=65°입니다.

다른 풀이

각 ㄱㄹㄴ과 각 ㄹㄴㄷ은 엇각이므로
(각 ㄱㄹㄴ)=(각 ㄹㄴㄷ)=25°입니다.
⇨ (각 ㄴㄹㄷ)=90°-25°=65°

참고

• 맞꼭지각
두 직선이 한 점에서 만날 때 생기는 네 각 중 서로 마주 보는 한 쌍의 각으로 맞꼭지각의 크기는 서로 같습니다.
⇨ 각 ㉠=각 ㉢, 각 ㉡=각 ㉣

• 동위각
서로 다른 두 직선이 다른 한 직선과 만나서 생기는 각 중에서 서로 같은 위치에 있는 각

• 엇각
서로 다른 두 직선이 다른 한 직선과 만나서 생기는 각 중에서 서로 엇갈리는 위치에 있는 각

• 평행한 두 직선과 다른 한 직선이 만날 때 동위각의 크기는 서로 같습니다.
⇨ 각 ㉠=각 ㉤, 각 ㉡=각 ㉥,
　 각 ㉣=각 ㉧, 각 ㉢=각 ㉦
엇각의 크기는 서로 같습니다.
⇨ 각 ㉡=각 ㉧, 각 ㉢=각 ㉥

2 접은 부분의 각의 크기는 서로 같으므로
(각 ㅂㄱㅁ)=(각 ㅁㄱㄷ)=32°입니다.
(각 ㄷㄱㄴ)=90°-32°-32°=26°이므로
삼각형 ㄱㄴㄷ에서
(각 ㄱㄷㄴ)=180°-26°-90°=64°입니다.

삼각형 ㄷㄹㅁ에서 (각 ㅁㄷㄹ)=(각 ㄱㄷㄴ)=64°,
(각 ㄷㄹㅁ)=(각 ㄱㅂㅁ)=90°이므로
㉠=180°-64°-90°=26°입니다.

[확인 문제] [한 번 더 확인]

1-1 삼각형 ㄱㄷㅂ에서 (각 ㅂㄷㄱ)=28°이므로
(각 ㅂㄱㄷ)=180°-90°-28°=62°입니다.
(각 ㅂㄱㄷ)=(각 ㄴㄱㄷ)=(각 ㅁㄱㄷ)=28°이므로
㉠=62°-28°=34°입니다.

1-2 접은 부분의 각의 크기는 서로 같으므로
(각 ㅂㄴㄷ)=(각 ㅁㄴㅂ)=25°,
(각 ㄱㄴㅁ)=90°-25°-25°=40°
입니다. 삼각형 ㄱㄴㅁ에서
(각 ㄱㅁㄴ)=180°-90°-40°=50°이므로
㉠=180°-50°=130°입니다.

2-1 그림과 같이 보조선을 그으면
(각 ㄱㄴㅁ)=180°-(90°+50°)
　　　　　　=40°
(각 ㄷㄴㄹ)=180°-(90°+30°)
　　　　　　=60°
⇨ ㉠=180°-(40°+60°)=180°-100°=80°

다른 풀이

그림과 같이 보조선 다를 그으면
엇각의 크기는 서로 같으므로
㉮=50°, ㉯=30°입니다.
⇨ ㉠=50°+30°=80°

2-2 그림과 같이 보조선을 그어 각각 ㉮, ㉯, ㉰, ㉱라 할 때,

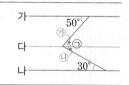

㉮+㉯=360°-120°=240°,
㉰=360°-115°-35°-㉮
　=210°-㉮,
㉱=360°-120°-75°-㉯=165°-㉯입니다.
⇨ ㉰+㉱=(210°-㉮)+(165°-㉯)
　　　　　=375°-(㉮+㉯)
　　　　　=375°-240°=135°

3-1 선분 ㅁㅂ의 연장선을 그으면 오각형 ㅁㅅㄴㄷㄹ의 각의 크기의 합은 540°입니다.
(각 ㅂㅅㄴ)
=540°-(100°+90°+120°+110°)
=540°-420°=120°,

(각 ㅂㅅㄱ)=180°−120°=60°,
(각 ㄱㅂㅅ)=180°−80°=100°
입니다. 따라서 삼각형 ㄱㅂㅅ에서
㉠=180°−100°−60°=20°입니다.

다른 풀이

오각형 ㄱㄴㄷㄹㅁ의 각의 크
기의 합은 540°이므로
㉠+㉡+㉢+100°+90°
+120°+110°=540°입니다.
㉡+㉢=180°−80°=100°이므로
㉠+520°=540°, ㉠=20°입니다.

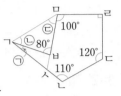

3-2 선분 ㅂㅁ의 연장선을 그으면
사각형 ㄱㄴㅅㅂ에서
(각 ㄴㅅㅁ)
=360°−(90°+90°+50°)
=130°
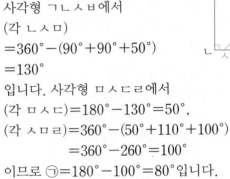
입니다. 사각형 ㅁㅅㄷㄹ에서
(각 ㅁㅅㄷ)=180°−130°=50°,
(각 ㅅㅁㄹ)=360°−(50°+110°+100°)
=360°−260°=100°
이므로 ㉠=180°−100°=80°입니다.

---

2 정오각형은 다음과 같이 삼각형 3개로 나누어지므로
정오각형의 각의 크기의 합은 180°×3=540°입니다.

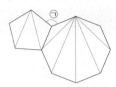

⇨ (정오각형의 한 각의 크기)=540°÷5=108°
정팔각형은 삼각형 6개로 나누어지므로 정팔각형의
각의 크기의 합은 180°×6=1080°입니다.
⇨ (정팔각형의 한 각의 크기)=1080°÷8=135°
따라서 ㉠=360°−108°−135°=117°입니다.

[확인 문제] [한 번 더 확인]

1-1 사각형 ㄱㄴㄹㅁ에서
(각 ㄴㄱㅁ)=120°이므로
(각 ㄴㄹㅁ)
=360°−90°−90°−120°
=60°이고,
(각 ㄴㄹㄷ)=90°−60°=30°입니다.
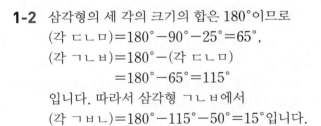
삼각형 ㄴㄷㄹ은 이등변삼각형이므로
(각 ㄴㄷㄹ)=(180°−30°)÷2=75°,
㉠=90°−75°=15°입니다.

1-2 삼각형의 세 각의 크기의 합은 180°이므로
(각 ㄷㄴㅁ)=180°−90°−25°=65°,
(각 ㄱㄴㅂ)=180°−(각 ㄷㄴㅁ)
=180°−65°=115°
입니다. 따라서 삼각형 ㄱㄴㅂ에서
(각 ㄱㅂㄴ)=180°−115°−50°=15°입니다.

2-1 (각 ㄴㄹㅁ)=180°−115°=65°이고,
(각 ㄹㄴㄷ)=180°−65°=115°입니다.
사각형의 네 각의 크기의 합이 360°이므로
사각형 ㄹㄴㄷㅁ에서
(각 ㄹㅁㄷ)=360°−65°−115°−23°
=157°
입니다.

2-2 (변 ㄷㄹ)=(변 ㄴㄷ)=(변 ㄷㅁ)
이므로 삼각형 ㄷㄹㅁ은 이등변
삼각형이고
(각 ㄹㄷㅁ)=90°−60°=30°
입니다.
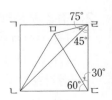

STEP 1 경시 기출 유형 문제   84~85쪽

[주제 학습 16] 105°

1 20°　　　　　　**2** 117°

[확인 문제] [한 번 더 확인]

1-1 15°　　　　　**1-2** 15°
2-1 157°　　　　**2-2** 30°
3-1 360°　　　　**3-2** 360°

1 삼각형 ㄱㄴㄷ은 이등변삼각형이므로
(각 ㄴㄱㄷ)=(각 ㄴㄷㄱ)=(180°−40°)÷2
=140°÷2=70°
입니다.
따라서 삼각형 ㄱㄷㄹ에서
(각 ㄹㄱㄷ)=180°−90°−70°=20°입니다.

(각 ㄷㄹㅁ)=(각 ㄷㅁㄹ)=(180°−30°)÷2=75°
삼각형 ㄴㄷㄹ은 직각이등변삼각형이므로
(각 ㄴㄷㄹ)=(180°−90°)÷2=45°입니다.
⇨ (각 ㄴㄷㅁ)=75°−45°=30°

3-1 삼각형 ㄱㄷㅁ에서
㉠+㉢+㉤=180°이고,
삼각형 ㄴㄹㅂ에서
㉡+㉣+㉥=180°이므로
㉠+㉡+㉢+㉣+㉤+㉥
=180°+180°=360°입니다.

3-2 한 외각의 크기는 이웃하지 않는 나머지 두 내각의 크기의 합과 같으므로 삼각형 ㄱㄴㄷ에서
(각 ㄱㄷㅂ)=(각 ㄱㄴㄷ)+(각 ㄷㄱㄴ)입니다.
삼각형 ㄷㄹㅁ에서(각 ㄱㄷㄹ)=(각 ㄷㄹㅁ)+(각 ㄷㅁㄹ)
이고, 삼각형 ㅅㄷㅂ에서
(각 ㅂㄷㄹ)=(각 ㄷㅅㅂ)+(각 ㄷㅂㅅ)입니다.
따라서 색칠한 각의 합은
(각 ㄱㄷㅂ)+(각 ㄱㄷㄹ)+(각 ㅂㄷㄹ)=360°입니다.

STEP 1 경시 기출 유형 문제   86~87쪽

[주제 학습 17] 8개

1 6개   **2** 75

[확인 문제][한 번 더 확인]
1-1 28개   **1-2** 12
2-1 14   **2-2** 6개
3-1 8개   **3-2** 141개

1 2700 이상 8920 이하인 수 중에서 천의 자리 숫자가 2인 네 자리 수는 2819, 2891, 2918, 2981이고, 천의 자리 숫자가 8인 네 자리 수는 8129, 8192, 8219, 8291, 8912입니다. 이 중에서 2로 나누어떨어지지 않는 수는 2819, 2891, 2981, 8129, 8219, 8291로 모두 6개입니다.

2 66 초과인 수에는 66이 포함되지 않으므로 66 초과인 자연수를 작은 수부터 차례로 9개 쓰면 67, 68, 69, 70, 71, 72, 73, 74, 75입니다.
이하는 기준이 되는 수가 포함되므로 □ 안에 알맞은 자연수는 75입니다.

1-1 26 이상 81 미만인 자연수는 26부터 80까지의 자연수이므로 80−26+1=55(개)입니다.
이 중에서 2로 나누어떨어지는 수는 다음과 같습니다.
㉖, 27, ㉘, 29, ㉚, ……,77, ㉞, 79, ㉚
따라서 조건을 만족하는 수는 모두 28개입니다.

1-2 ·24 이상인 수는 24를 포함하므로 24 이상인 자연수를 작은 수부터 차례로 7개를 쓰면 24, 25, 26, 27, 28, 29, 30입니다. 이때 미만은 기준이 되는 수를 포함하지 않으므로 ㉠은 30보다 1 큰 수인 31입니다.
·30 미만인 수는 30을 포함하지 않으므로 30 미만인 자연수를 큰 수부터 차례로 10개를 쓰면 29, 28, 27, 26, 25, 24, 23, 22, 21, 20입니다. 이때 초과는 기준이 되는 수를 포함하지 않으므로 ㉡은 20보다 1 작은 수인 19입니다.
따라서 ㉠=31, ㉡=19이므로 ㉠−㉡=31−19=12입니다.

2-1 □ 초과 106 미만인 자연수 중에서 가장 작은 수는 □+1, 가장 큰 수는 105입니다.
105÷(□+1)=7, (□+1)×7=105,
□+1=15, □=14입니다.

2-2 어떤 수를 □라고 하면 (□+5)×2는 60 이상인 수이므로 □는 25 이상인 수입니다.
또 □×3은 45 초과 90 이하인 수이므로 □는 15 초과 30 이하인 수입니다.
따라서 두 조건을 모두 만족하는 자연수는 25 이상 30 이하인 수이므로 25, 26, 27, 28, 29, 30으로 모두 6개입니다.

3-1 (엘리베이터에 실은 상자의 무게의 합)
=74×5+55×9=865 (kg)
엘리베이터에 짐을 1000−865=135 (kg) 미만까지 더 실을 수 있습니다.
따라서 135÷15=9이므로 15 kg인 상자를 9개 미만, 즉 8개까지 더 실을 수 있습니다.

3-2 1 kg=1000 g이므로 0.4 kg=400 g입니다.
복숭아 한 개의 무게는 0.4 kg이므로 복숭아 60개의 무게는 400×60=24000 (g)입니다.
80 kg=80000 g이고, (80000−24000)÷400=140이므로 전체의 무게가 80 kg을 초과하려면 복숭아는 최소 140+1=141(개) 더 있어야 합니다.

STEP 1 경시 **기출 유형 문제**   88~89쪽

[주제 학습 18] 26000원

1 21장   **2** 49개

[확인 문제] [한 번 더 확인]

1-1 7000

1-2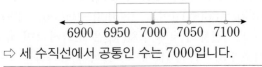
1990 1995 2000 2005 2010

2-1 224장   **2-2** 80장

3-1 169명 이상 203명 이하

3-2 280명 초과 316명 미만

---

1 · 23500을 올림하여 만의 자리까지 나타내면 30000
이므로 시안이는 10000원짜리 지폐를 3장 내야 합
니다.

· 23500을 올림하여 천의 자리까지 나타내면 24000
이므로 채유는 1000원짜리 지폐를 24장 내야 합니다.

따라서 두 사람이 내야 할 지폐 수의 차는
24−3=21(장)입니다.

> **참고**
> 돈을 모자라게 내면 안되므로 올림을 이용하여 문제를
> 해결합니다.

2 올림하여 백의 자리까지 나타낸 수가 700이 되는 수:
600 초과 700 이하인 수
반올림하여 백의 자리까지 나타낸 수가 600이 되는 수:
550 이상 650 미만인 수
따라서 두 조건을 만족하는 수는 600 초과 650 미만
인 수이므로 자연수는 601부터 649까지입니다.
따라서 모두 649−601+1=49(개)입니다.

[확인 문제] [한 번 더 확인]

1-1 올림하여 백의 자리까지 나타낸 수가 7000이 되는
수는 6900 초과 7000 이하인 수입니다.
버림하여 백의 자리까지 나타낸 수가 7000이 되는
수는 7000 이상 7100 미만인 수입니다.
반올림하여 백의 자리까지 나타낸 수가 7000이 되는
수는 6950 이상 7050 미만인 수입니다.
따라서 조건을 모두 만족하는 수는 7000입니다.

> **다른 풀이**
> 한 개의 수직선에 나타내어 공통 범위를 알아봅니다.
>
> 6900 6950 7000 7050 7100
>
> ⇨ 세 수직선에서 공통인 수는 7000입니다.

1-2 일의 자리에서 반올림하여 2000이 되는 자연수의 범
위는 1995 이상 2005 미만인 수입니다.

> **참고**
> 수의 범위를 수직선에 나타내는 방법
>
> | | 기준점 | 화살표 방향 |
> | --- | --- | --- |
> | 이상 | ● | → |
> | 이하 | ● | ← |
> | 초과 | ○ | → |
> | 미만 | ○ | ← |

2-1 (동전의 금액)=500×350+100×497
=175000+49700
=224700(원)
224700을 버림하여 천의 자리까지 나타내면
224000이므로 동전을 1000원짜리 지폐로 바꾸면
224000÷1000=224(장)까지 바꿀 수 있습니다.

2-2 10000원짜리 지폐 13장: 130000원,
1000원짜리 지폐 58장: 58000원,
500원짜리 동전 612개: 306000원,
100원짜리 동전 2979개: 297900원,
50원짜리 동전 305개: 15250원
따라서 모은 돈은 모두
130000+58000+306000+297900+15250
=807150(원)입니다.
807150원을 버림하여 만의 자리까지 나타내면
800000원이므로 800000원까지 바꿀 수 있습니다.
따라서 10000원짜리 지폐로 바꾸면
800000÷10000=80(장)까지 바꿀 수 있습니다.

3-1 버스에 타는 사람 수는 35×5+1=176(명) 이상
35×6=210(명) 이하입니다.
버스에 타는 사람이 176명일 때 학생 수는
176−7=169(명)이고, 버스에 타는 사람이 210명일
때 학생 수는 210−7=203(명)입니다.
따라서 준하네 학교 4학년 학생 수는 169명 이상 203
명 이하입니다.

3-2 40인승 버스가 적어도 8대 필요하므로 직원 수는
40×7=280(명) 초과 40×8=320(명) 이하입니다.
또 45인승 버스가 적어도 7대 필요하므로 직원 수는
45×6=270(명) 초과 45×7=315(명) 이하입니다.
따라서 두 조건을 모두 만족하는 수는 280명 초과
315명 이하이므로 초과와 미만을 사용하여 나타내
면 280명 초과 316명 미만입니다.

STEP **2** 실전 경시 문제 | 90~95쪽

1 40°	**2** 275°
3 30°	**4** 146°
5 135°	**6** 63°
7 74°	**8** 130°
9 125°	**10** 36°
11 ⓐ, ⓕ, ⓑ, ⓔ, ⓓ, ⓒ	**12** 오후 8시 40분
13 2월 17일 오후 10시 또는 2월 17일 22시	
14 31	**15** 88800원
16 4936	**17** 196개 이상 223개 이하
18 315	**19** 6개
20 3800원	**21** 2415000원
22 16998개	

1 직선 가, 나와 평행한 직선 다를 그어 봅니다.

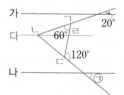

(각 ㄱㄷㄴ)=180°−120°=60°이므로
(각 ㄱㄴㄷ)=180°−60°−60°=60°입니다.
평행선과 한 직선이 만날 때 생기는 같은 쪽 각의 크기는
같으므로 (각 ㄱㄴㄹ)=20°, (각 ㄹㄴㄷ)=㉠입니다.
따라서 (각 ㄱㄴㄷ)=20°+㉠=60°이므로
㉠=40°입니다.

2 점 ㄱ과 점 ㄹ을 이어 보조선을 그어 봅니다.

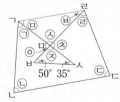

ⓞ+ⓢ=180°, ⓞ+ⓩ=180°이므로 ⓢ=ⓩ입니다.
삼각형 ㅁㅂㅅ에서 ⓩ+50°+35°=180°,
ⓩ=180°−50°−35°=95°입니다.
삼각형 ㄱㅁㄹ에서 ⓢ=95°이므로
ⓜ+ⓑ+95°=180°, ⓜ+ⓑ=85°입니다.
사각형 ㄱㄴㄷㄹ에서
ⓜ+㉠+ⓛ+ⓒ+ⓔ+ⓑ=360°인데,
ⓜ+ⓑ=85°이므로
㉠+ⓛ+ⓒ+ⓔ=360°−85°=275°입니다.

3 (각 ㄱㄴㅁ)=180°−130°
           =50°
(각 ㄱㅁㄴ)=180°−50°−50°
           =80°
삼각형 ㄷㄹㅁ에서
(각 ㄷㅁㄹ)=180°−80°=100°,
(각 ㅁㄹㄷ)=180°−130°=50°이므로
㉠=180°−100°−50°=30°입니다.

4 보조선을 그으면 그림과 같은
사각형 2개로 분리되므로 다각
형의 내각의 크기의 합은
360°+360°=720°입니다.
720°=52°+110°+110°+㉠
       +55°+247°,
720°=㉠+574°이므로 ㉠=146°입니다.

5 종이를 펼쳤을 때 겹쳐지는 각의 크기는 같으므로
(각 ㅁㅂㄹ)=(각 ㄴㄱㄷ)
           =180°−90°−60°
           =30°
입니다. 삼각형 ㅁㅅㅂ에서
(각 ㅁㅅㅂ)=105°,
(각 ㅁㅂㅅ)=30°이므로
(각 ㅅㅁㅂ)=180°−105°−30°=45°이고
㉠=180°−45°=135°입니다.

6 (각 ㄱㄴㅁ)=(각 ㅁㄴㅂ)
           =180°−90°−72°
           =18°
(각 ㅂㄴㄷ)=90°−18°−18°
           =54°
(변 ㄴㄷ)=(변 ㄱㄴ)=(변 ㅂㄴ)이므로 삼각형 ㅂㄴㄷ
은 이등변삼각형입니다. 따라서
(각 ㄴㅂㄷ)=(180°−54°)÷2=63°입니다.

7

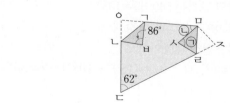

(각 ㄱㅂㄴ)=(각 ㄱㅇㄴ)=86°,
(각 ㅁㅅㄹ)=(각 ㅁㅈㄹ)=㉠입니다.
(각 ㅁㅅㅈ)=(각 ㅅㄹㄷ)=(각 ㅁㄹㅈ)
           =180°÷3=60°
사각형 ㅇㄷㅈㅁ의 네 각의 합은 360°입니다.

(각 ㄱㅁㅅ)＝(각 ㅅㅁㄹ)＝(각 ㄹㅁㅅ)＝ⓒ이라고 하면 86°＋62°＋㉠＋ⓒ×3＝360°, ㉠＋ⓒ×3＝212°입니다.

삼각형 ㅁㅅㄹ에서 세 각의 합이 180°이므로 ㉠＋ⓒ＋60°＝180°, ㉠＋ⓒ＝120° 입니다. 따라서 ㉠＝120°－ⓒ이므로 ㉠＋ⓒ×3＝212°에서 120°－ⓒ＋ⓒ×3＝212°, 120°＋ⓒ×2＝212°, ⓒ×2＝92°, ⓒ＝46°이므로 ㉠＝120°－46°＝74°입니다.

8 (각 ㄴㅅㅇ)＝(각 ㅇㅅㅁ)＝65° 이므로
(각 ㄴㅅㄷ)＝180°－65°－65°＝50° 입니다.
(각 ㄱㅈㄷ)＝(각 ㄱㅁㄷ)＝90° 이므로 (각 ㅇㄴㅅ)＝90°입니다.
삼각형 ㄴㅅㅇ에서
(각 ㄴㅇㅅ)＝180°－65°－90°＝25°이고,
(각 ㅅㅇㅁ)＝(각 ㄴㅇㅅ)＝25°이므로
(각 ㄴㅇㄱ)＝180°－25°－25°＝130°입니다.

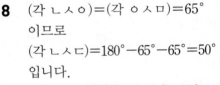
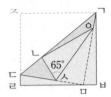

9 (각 ㄱㄴㄷ)＝(각 ㄱㄴㄹ)＋(각 ㄹㄴㄷ),
(각 ㄱㄷㄴ)＝(각 ㄱㄷㄹ)＋(각 ㄹㄷㄴ),
(각 ㄱㄴㄷ)＋(각 ㄱㄷㄴ)＝180°－80°＝100°이므로
(각 ㄱㄴㄹ)＋(각 ㄱㄷㄹ)＋(각 ㄹㄴㄷ)＋(각 ㄹㄷㄴ)＝100°입니다.
45°＋(각 ㄹㄴㄷ)＋(각 ㄹㄷㄴ)＝100°이고
(각 ㄹㄴㄷ)＋(각 ㄹㄷㄴ)＝55°이므로
(각 ㄴㄹㄷ)＝180°－(각 ㄹㄴㄷ)－(각 ㄹㄷㄴ)
＝180°－55°＝125°
입니다.

10 정오각형의 각의 크기의 합은 540° 이므로 한 각의 크기는 540÷5＝108° 입니다. 삼각형 ㄱㄴㄷ과 삼각형 ㄱㅁㄹ은 이등변삼각형이므로
(각 ㄴㄱㄷ)＝(각 ㅁㄱㄹ)＝(180°－108°)÷2＝36° 입니다.
⇨ (각 ㄷㄱㄹ)＝108°－36°－36°＝36°

11 각도기의 중심을 북극점에 맞춘 다음 각도기의 밑금을 북극점과 경도 0° 지점을 잇는 선분에 맞추어 각 도시의 경도와 같은 각을 그린다고 생각하고, 그린 각의 변위에서 각 도시의 위도에 맞게 점을 찍은 것입니다.

12 시침이 35° 움직이면 분침은 12°×35＝420° 움직이고 420°＝360°＋60°이므로 분침은 시계 한 바퀴를 돌고 60° 더 돌았습니다.
분침은 1분에 360°÷60＝6°씩 움직이므로 분침이 60° 움직이면 60°÷6°＝10(분)이 지난 것입니다.
따라서 정아가 숙제를 끝낸 시각은 1시간 10분 후이므로 오후 7시 30분＋1시간 10분＝오후 8시 40분입니다.

13 인천 공항에서 앵커리지까지 8시간, 앵커리지에서 4시간 휴식, 앵커리지에서 뉴욕까지 5시간이 걸렸으므로 인천 공항에서 뉴욕까지 걸린 시간은 17시간입니다.
따라서 뉴욕에 도착했을 때 우리나라의 시각은 2월 17일 오후 8시＋17시간＝2월 18일 오후 1시입니다. 그런데 뉴욕은 우리나라보다 15시간이 늦다고 하였으므로 뉴욕의 시각은 2월 18일 오후 1시－15시간＝2월 17일 오후 10시입니다.

14 ㉠ 21 초과 40 이하인 자연수는 22, 23, ……, 39, 40으로 19개입니다.
ⓒ □ 이상 50 미만인 자연수가 19개이므로 31부터 49까지의 자연수입니다.
따라서 □ 안에 알맞은 수는 31입니다.

15 (KTX를 타는 경우의 요금)
＝28600＋46800×2＋37000＝159200(원)
(무궁화를 타는 경우의 요금)
＝11000＋22000×2＋15400＝70400(원)
⇨ 159200－70400＝88800(원)

16 ㉠의 천의 자리 숫자는 4, 백의 자리 숫자는 9, 십의 자리 숫자는 3입니다. 2로 나누어떨어지므로 일의 자리 수가 될 수 있는 숫자는 0, 2, 4, 6, 8입니다.
따라서 조건을 만족하는 수 중에서 두 번째로 큰 수는 4936입니다.

17 • 하니: 일의 자리에서 반올림하여 나타낸 수가 70이므로 구슬은 65개 이상 74개 이하입니다.
• 두나: 일의 자리에서 버림하여 나타낸 수가 70이므로 구슬은 70개 이상 79개 이하입니다.
• 윤서: 일의 자리에서 올림하여 나타낸 수가 70이므로 구슬은 61개 이상 70개 이하입니다.
구슬의 수의 합이 가장 작을 때는 65＋70＋61＝196(개), 구슬의 수의 합이 가장 클 때는 74＋79＋70＝223(개)입니다.
따라서 세 사람이 가지고 있는 구슬 수의 합은 196개 이상 223개 이하입니다.

18 일의 자리에서 반올림하여 나타내면 60인 수는 55 이상 64 이하인 수이므로 5로 나누기 전의 수는 275 이상 320 이하인 수입니다.

일의 자리에서 반올림하여 나타내면 50인 수는 45 이상 54 이하인 수이므로 7로 나누기 전의 수는 315 이상 378 이하인 수입니다.

어떤 수가 될 수 있는 수는 315 이상 320 이하인 수이고 이 중에서 5와 7로 각각 나누어떨어지는 수는 315 입니다.

19 백의 자리에서 반올림하여 나타내면 3000인 수는 2500 이상 3499 이하인 수입니다.

그중 주어진 숫자 카드로 만들 수 있는 수는
25□□: 2539, 2593
29□□: 2935, 2953
32□□: 3259, 3295
로 모두 6개입니다.

20 1 km 미만: 3000원
1 km 이상 1 km 100 m 미만: 3100원
1 km 100 m 이상 1 km 200 m 미만: 3200원
⋮

따라서 1780 m=1 km 780 m이므로 1780 m를 달릴 때 택시 요금은 3800원입니다.

21 • 567을 올림하여 백의 자리까지 나타내면 600이므로 100장 단위로 관람권을 사면 420000×6=2520000 (원)이 필요합니다.

• 567을 올림하여 십의 자리까지 나타내면 570이므로 10장 단위로 관람권을 사면 45000×57=2565000 (원)이 필요합니다.

• 관람권을 100장 단위로 500장, 10장 단위로 70장을 사면 420000×5+45000×7=2415000(원)이 필요합니다.

따라서 가장 적은 돈으로 관람권을 사려면 2415000원이 필요합니다.

22 버림하여 백의 자리까지 나타내면 8400명이므로 참가자 수는 8400명 이상 8499명 이하입니다.

참가자 모두에게 가래떡을 2개씩 나누어 주려면 참가자 수가 가장 많은 경우인 8499명의 가래떡을 준비해야 합니다.

따라서 가래떡은 적어도 8499×2=16998(개)를 준비해야 합니다.

STEP 3 코딩 유형 문제 | 96~97쪽

1 4개 **2** 400
3 120, 120
4

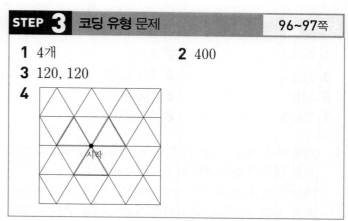

1 ♥에 1부터 8까지의 수를, ♠에 2부터 9까지의 수를 차례로 넣어 표를 완성합니다.
삼각형의 가장 긴 변의 길이가 9 cm이므로 ♥＋♠＞9를 만족하는 삼각형은 다음과 같이 4개입니다.

♥	1	2	3	4	5	6	7	8
♠	2	3	4	5	6	7	8	9
♥＋♠	3	5	7	9	11	13	15	17

참고

삼각형에서 가장 긴 변의 길이는 나머지 두 변의 길이의 합보다 짧습니다.

2 3분 동안에 동쪽으로 4 m를, 북쪽으로 6 m를 가게 됩니다. 3분 간격으로 이와 같이 반복하므로 1시간 동안에는 60÷3=20(번), 2시간 동안에는 20×2=40(번) 반복하게 됩니다.
따라서 2시간 동안에 동쪽으로는 4×40=160 (m), 북쪽으로는 6×40=240 (m)를 가게 됩니다.
⇨ ㉠＋㉡=160+240=400

3 정삼각형의 한 각의 크기는 60°이므로 왼쪽으로 120° 돌아야 정삼각형을 만들 수 있습니다.

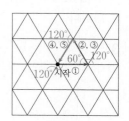

4

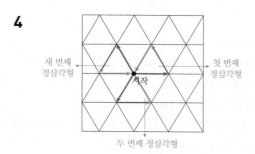

STEP 4 도전! 최상위 문제   98~101쪽

1 40 kg	**2** 65개
3 112°	**4** 5시 40분
5 810°	**6** 16000원
7 256개	**8** 0*9876#

1 저울에서 작은 눈금 한 칸은 2 kg을 나타내므로 아버지와 민호의 몸무게의 합은 112 kg입니다.

바늘이 저울 한 바퀴를 돌면 360°를 이동하므로 바늘이 작은 눈금 한 칸을 움직이면 360°÷60=6°씩 이동합니다.

민호가 내려왔을 때 바늘이 108°만큼 움직였으므로 저울의 눈금은 108°÷6°=18(칸)을 움직인 것입니다.

따라서 민호의 몸무게는 18×2=36 (kg)이고 아버지의 몸무게는 112−36=76 (kg)입니다.

⇨ (아버지의 몸무게와 민호의 몸무게의 차)
   =76−36=40 (kg)

2

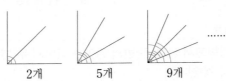

직선이 1개, 2개, 3개, 4개……일 때 찾을 수 있는 예각은 각각 2개, 5개, 9개, 14개……입니다.

직선의 수	1	2	3	4	……
예각의 수	2	5	9	14	……
	1+1	(1+2)+2	(1+2+3)+3	(1+2+3+4)+4	……

따라서 직선을 10개 그을 때 찾을 수 있는 예각은 (1+2+3+4+5+6+7+8+9+10)+10=65(개)입니다.

3

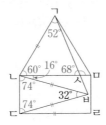

이등변삼각형 ㄴㄷㅂ에서
(각 ㄷㄴㅂ)=(180°−32°)÷2=74°이고
(각 ㅁㄴㄷ)=90°이므로
(각 ㅁㄴㅂ)=90°−74°=16°입니다.
이때 (변 ㄷㄹ)=(변 ㄷㅂ), (변 ㄷㅂ)=(변 ㄴㅂ)이므로 (변 ㄴㅂ)=(변 ㄴㅁ)입니다.

삼각형 ㄱㄴㅁ이 정삼각형이므로
(변 ㄴㅂ)=(변 ㄴㅁ)=(변 ㄴㄱ)에서 삼각형 ㄱㄴㅂ은 이등변삼각형입니다.
(각 ㄱㄴㅂ)=60°+16°=76°이므로
이등변삼각형 ㄱㄴㅂ에서
(각 ㄴㄱㅂ)=(180°−76°)÷2=52°이고
삼각형 ㄱㄴㅅ에서
(각 ㄱㅅㄴ)=180°−60°−52°=68°입니다.
따라서 (각 ㄱㅅㅁ)=180°−68°=112°입니다.

4 시침은 60분에 30° 이동하므로 1분에 30°÷60=0.5°씩 움직입니다. 따라서 시침이 10° 움직이면 10°÷0.5°=20(분)이 지난 것입니다.

시침은 정각에서 20° 움직인 것이므로 현재 시각은 정각 □시에서 40분이 지난 □시 40분입니다. 따라서 분침이 가리키는 숫자는 8이고 시침은 숫자 5와 6 사이에 있으므로 시계가 가리키는 시각은 5시 40분입니다.

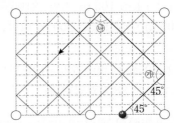

5

공의 움직임을 45°의 각도를 이용하여 알아봅니다.
㉮, ㉯와 같이 만들어지는 각의 크기는 45°+45°=90°입니다.
90°인 각이 모두 9개이므로 90°×9=810°가 되었을 때 오른쪽 아래 구멍으로 들어갑니다.

6 청소년 요금을 □원이라고 하면 연아의 요금은 □원이고 아버지와 어머니의 요금의 합은
20000+20000=40000(원)입니다.
연수와 연준이가 모두 청소년인 경우:
40000+□+□+□=84000,
□=44000÷3=14666.66……(×)
연수가 청소년이고 연준이가 어린이인 경우:
40000+□+□+12000=84000,
□=(84000−52000)÷2=16000 (○)
연수와 연준이가 모두 어린이인 경우:
40000+□+12000+12000=84000,
□=84000−64000=20000 (×)
따라서 청소년 요금은 16000원입니다.

7 첫 번째 변의 수: 1개 ⎞
　　두 번째 변의 수: 4개 ⎬×4
　　세 번째 변의 수: 16개 ⎠×4

변의 수가 4배가 되는 규칙이므로 네 번째 도형에서 찾을 수 있는 변은 $16 \times 4 = 64$(개), 다섯 번째 도형에서 찾을 수 있는 변은 $64 \times 4 = 256$(개)입니다.

8 ・만들 수 있는 소수 네 자리 수 중에서 10보다 작고 10에 가장 가까운 수는 9.9887이고 또 10보다 크고 10에 가장 가까운 수는 10.0122입니다.
$10 - 9.9887 = 0.0113$, $10.0122 - 10 = 0.0122$이므로 ㉠$= 9.9887$입니다.
・올림하여 일의 자리까지 나타내었을 때 10이 되는 소수 네 자리 수 중 가장 작은 수는 9.0001인데 0을 세 번 사용할 수 없으므로 ㉡$= 9.0011$입니다.
・㉠$-$㉡$= 9.9887 - 9.0011 = 0.9876$이므로 비밀번호를 모두 쓰면 0*9876#입니다.

특강	영재원 · **창의융합** 문제	102쪽

9 60초(=1분)
10 30초

9
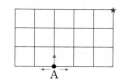

A 지점에서 가장 먼 거리는 오른쪽 상단 끝 부분이고, 작은 정사각형 한 변의 길이의 6배입니다.
작은 정사각형 한 변의 길이만큼 쓰러뜨리는 데 걸리는 시간이 10초이므로 전체를 쓰러뜨리는 데 걸리는 시간은 60초(1분)입니다.

10
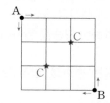

A, B 지점에서 가장 먼 거리는 C 지점이고, 작은 정사각형 한 변의 길이의 3배입니다.
따라서 도미노가 쓰러지는 데 걸리는 시간은 $10 \times 3 = 30$(초)입니다.

Ⅴ 확률과 통계 영역

STEP 1	경시 **기출 유형** 문제	104~105쪽

[주제 학습 19] 8명
1 10명

[확인 문제] [한 번 더 확인]
1-1 2명, 5명　　　　**1-2** 9명
2-1 25칸　　　　　**2-2** 18 cm

1 책을 15권 이상 20권 미만 읽은 사람을 □명이라 하면 책을 10권 이상 15권 미만 읽은 사람은 (□-4)명입니다.
전체 학생 수가 26명이므로
$2 + 4 + (□-4) + □ + 4 = 26$, $6 + □ + □ = 26$,
$□ + □ = 20$, $□ = 10$입니다.
따라서 읽은 책의 수가 15권 이상 20권 미만인 학생이 10명으로 가장 많습니다. 따라서 세로 눈금은 적어도 10명까지 나타낼 수 있어야 합니다.

[확인 문제] [한 번 더 확인]
1-1 김밥과 떡볶이를 좋아하는 학생은 모두
$27 - (4 + 6 + 3 + 7) = 7$(명)입니다.
두 수의 합이 7이므로 김밥을 좋아하는 학생 수와 떡볶이를 좋아하는 학생 수는 다음과 같이 나타낼 수 있습니다.
(1, 6), (2, 5), (3, 4), (4, 3), (5, 2), (6, 1)
음식별로 좋아하는 학생 수가 모두 다르고, 떡볶이를 좋아하는 학생이 김밥을 좋아하는 학생보다 많으므로 떡볶이를 좋아하는 학생은 5명이고, 김밥을 좋아하는 학생은 2명입니다.

1-2 가$+$나$+ 6 + 3 + 1 = 24$이므로
가$+$나$+ 10 = 24$, 가$+$나$= 14$입니다.
조건 ㉡, ㉢을 만족하는 (가, 나)는 (9, 5), (11, 3), (13, 1)이고 이 중에서 ㉠을 만족하는 경우는 가 마을에 사는 학생이 9명, 나 마을에 사는 학생이 5명인 경우입니다.

2-1 기현이는 윗몸일으키기를
$156 - (32 + 29 + 45) = 156 - 106 = 50$(번) 했으므로 윗몸일으키기를 가장 많이 한 학생은 기현입니다.
따라서 막대그래프의 세로 눈금은 적어도
$50 \div 2 = 25$(칸) 필요합니다.

정답과 풀이

주의

막대그래프의 가로가 항목을, 세로가 수량을 나타낼 때 세로 눈금은 적어도 조사한 자료의 가장 큰 값까지 나타낼 수 있어야 합니다.

2-2 2주 때 강낭콩 싹의 길이는 1주 때 길이의 2배이므로 $3 \times 2 = 6$ (cm)입니다. 5주 때 강낭콩 싹의 길이는 2주 때 길이의 3배이므로 $6 \times 3 = 18$ (cm)입니다.
따라서 세로 눈금은 적어도 18 cm까지 나타낼 수 있어야 합니다.

참고

자료를 표로 나타내었을 때 편리한 점
• 합계를 쉽게 알 수 있습니다.
• 각 항목별로 자료의 수를 쉽게 알 수 있습니다.

STEP 1 경시 **기출 유형** 문제   106~107쪽

[주제 학습 20]

월별 읽은 책의 수

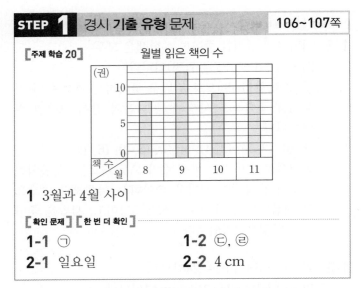

1 3월과 4월 사이

[확인 문제][한 번 더 확인]

1-1 ㉠   **1-2** ㉢, ㉣
2-1 일요일   **2-2** 4 cm

1 선분이 오른쪽 위로 가장 많이 기울어진 때를 찾으면 3월 4월 사이입니다.

[확인 문제][한 번 더 확인]

1-1 반별로 안경을 쓴 학생 수는 다음과 같습니다.
1반: $3+1=4$(명),
2반: $5+4=9$(명),
3반: $2+7=9$(명),
4반: $6+2=8$(명)
따라서 안경을 쓴 학생은 모두 $4+9+9+8=30$(명)입니다.

1-2 ㉠ (무용에 참가한 학생 수)
$=38-(11+9+12)=6$(명)
㉡ 학생들이 가장 많이 참가한 종목은 합창입니다.
㉢ 합주에 참가한 학생은 12명이고, 연극에 참가한 학생은 9명이므로 합주에 참가한 학생은 연극에 참가한 학생보다 $12-9=3$(명) 더 많습니다.
㉣ 합주에 참가한 학생 수는 12명이므로 눈금 한 칸이 2명을 나타내는 그래프에서 $12 \div 2 = 6$(칸)을 그립니다.

2-1 요일별 줄넘기 횟수는 다음과 같습니다.
월: 62회, 화: 68회, 수: 70회, 금: 84회, 토: 88회, 일: 100회
따라서 목요일에 넘은 줄넘기 횟수는
$550-(62+68+70+84+88+100)$
$=500-472$
$=78$(회)
이고 꺾은선그래프를 완성하면 다음과 같습니다.

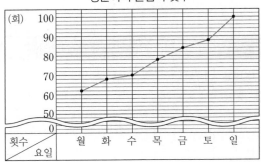

따라서 선분이 오른쪽 위로 가장 많이 기울어진 때를 찾으면 토요일과 일요일 사이입니다.

참고

막대그래프의 특징	• 각각의 크기를 비교하기 쉽습니다. • 수의 크기를 막대로 정확히 나타낼 수 있습니다. • 전체적으로 비교하기 쉽습니다. 예) 반별 학생 수, 좋아하는 운동별 학생 수, 과수원별 사과 생산량 등
꺾은선그래프의 특징	• 시간에 따라 변화하는 모습을 한눈에 알 수 있습니다. • 늘어나고 줄어드는 변화를 쉽게 알 수 있습니다. • 조사하지 않은 중간값을 예상할 수 있습니다. 예) 키의 변화, 몸무게의 변화, 인구 수의 변화, 교실의 온도 변화 등

2-2 기범이의 키의 변화가 가장 클 때는 9살과 10살 사이입니다.

이때 지영이는 136−132=4 (cm) 컸습니다.

참고

물결선을 사용한 꺾은선그래프 그리기
① 물결선으로 나타낼 부분을 정하고 물결선을 그립니다.
② 세로 눈금 한 칸의 크기를 정합니다.
③ 가로 눈금과 세로 눈금이 만나는 자리에 점을 찍습니다.
④ 점과 점 사이를 차례로 선분으로 잇습니다.
⑤ 꺾은선그래프의 제목을 씁니다.

STEP 1 경시 **기출 유형** 문제　　　　108~109쪽

[주제 학습 21] 60분

1 20분

[확인 문제] [한 번 더 확인]

1-1 우진, 40초　　　　**1-2** 1.5시간
2-1 90초　　　　　　**2-2** 10분

---

1 가, 나 두 개의 수도꼭지로 4분 동안 물 18 L를 사용하고, 가 수도꼭지로 4분 동안 12 L를 사용하므로 나 수도꼭지로만 4분 동안 사용한 물의 양은 18−12=6 (L)입니다.
따라서 나 수도꼭지만 열어 물 30 L를 사용하는 데 20분이 걸립니다.

[확인 문제] [한 번 더 확인]

1-1 우진이는 60초 동안 1층부터 4층까지 이동하므로 한 층을 오르는 데 60÷3=20(초)가 걸립니다. 따라서 우진이가 5층까지 가는 데 20×4=80(초)가 걸립니다.
찬호는 60초 동안 1층부터 3층까지 이동하므로 한 층을 오르는 데 60÷2=30(초)가 걸리므로 찬호가 5층까지 가는 데 30×4=120(초)가 걸립니다.
따라서 우진이가 120−80=40(초) 기다려야 합니다.

1-2 • 승용차는 30분 동안 60 km를 달리므로 180 km를 가려면 30분씩 180÷60=3(번)이므로
30×3=90(분)이 걸립니다.
⇨ 90분=1시간 30분

• 오토바이는 60분 동안 60 km를 달리므로 180 km를 가려면 60분씩 180÷60=3(번)이므로
60×3=180(분)이 걸립니다.
⇨ 180분=3시간
따라서 승용차는 오토바이보다
3시간−1시간 30분=1시간 30분=1.5시간
더 빨리 도착합니다.

2-1 가 주유기로 기름을 30초에 15 L를 받으므로 1분에 기름을 15×2=30 (L) 받을 수 있습니다.
나 주유기로 기름을 3분에 60 L를 받으므로 1분에 기름을 60÷3=20 (L) 받을 수 있습니다.
가와 나 주유기를 동시에 사용하면 1분 동안 기름을 30+20=50 (L) 받을 수 있으므로 75 L를 받는 데는 1.5분, 즉 90초 걸립니다.

2-2 2분 동안 받은 물의 양이 24 L이므로 수도꼭지에서 1분 동안 24÷2=12 (L)의 물이 나옵니다.
물이 새는 것을 막은 4분 이후에 넣어야 할 물의 양은 84−12=72 (L)이므로 72÷12=6(분)이 걸립니다.
따라서 수조에 물이 가득 찰 때는 물을 넣기 시작한 지 4+6=10(분) 후입니다.

STEP 1 경시 **기출 유형** 문제　　　　110~111쪽

[주제 학습 22] 27권

1 [예상] ⑩ 2017년의 학생 수는 감소할 것입니다.
[이유] ⑩ 매년 학생 수가 감소하고 있으므로 2017년의 학생 수도 2016년보다 줄어들 것입니다.

[확인 문제] [한 번 더 확인]

1-1 약 141.5 cm

1-2

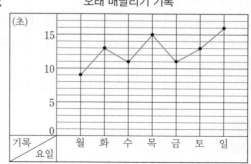

2-1 약 3 kg　　　　　**2-2** 2299개

1 연도별 학생 수의 변화를 알아보려면 꺾은선그래프로 나타내는 것이 더 좋습니다. 꺾은선그래프를 보면 조사하지 않은 자료에 대해 예상해 볼 수 있습니다.

[확인 문제] [한 번 더 확인]

1-1 6월 1일과 7월 1일의 키의 차는 141.6−141.4=0.2 (cm)이므로 6월 16일에는 6월 1일보다 약 0.1 cm 더 큰 141.5 cm로 예상할 수 있습니다.

1-2 토요일의 기록을 □초라 놓고 표를 만들어 봅니다.

요일	월	화	수	목	금	토	일
기록(초)	9	13	11	15	□−2	□	□+3

9+13+11+15+(□−2)+□+(□+3)=88,
48+(□−2)+□+(□+3)=88,
□+□+□=39, □=13
⇨ 금요일: 11초, 토요일: 13초, 일요일: 16초
가로 눈금의 요일과 세로 눈금의 기록이 만나는 자리에 점을 찍고 점들을 선분으로 연결합니다.

참고

꺾은선그래프를 그릴 때 점은 반드시 선분으로 잇고, 순서에 맞게 차례로 이어야 합니다.

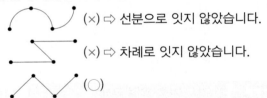

(×) ⇨ 선분으로 잇지 않았습니다.
(×) ⇨ 차례로 잇지 않았습니다.
(○)

2-1 규한이의 몸무게는 1학년 때 21 kg, 4학년 때 30 kg입니다.
규한이의 몸무게는 3년 동안 30−21=9 (kg) 늘었으므로 1년에 약 9÷3=3 (kg)씩 늘었습니다.

2-2 4월의 생산량은 12300개이고, 반올림하여 백의 자리까지 나타낸 수가 12300인 자연수는 12250 이상 12349 이하인 수입니다.
7월의 생산량은 14500개이고, 반올림하여 백의 자리까지 나타낸 수가 14500인 자연수는 14450 이상 14549 이하인 수입니다.
따라서 생산량의 차는 최대 14549−12250=2299(개)입니다.

참고

• 반올림
구하려는 자리 바로 아래 자리의 숫자가 0, 1, 2, 3, 4이면 버리고, 5, 6, 7, 8, 9이면 올리는 방법입니다.

STEP 2 실전 경시 문제 112~117쪽

1 7명
2 17
3 10명
4 7명
5 83점
6 24분
7 4배
8 8명
9 26
10 1시간 10분
11 2권
12 (1) 2000원 (2) 6400원
13 3번
14 651개 이상 660개 이하
15 7000원
16

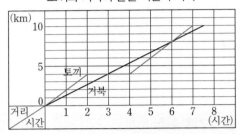

토끼와 거북이 달린 시간과 거리

; 토끼

17 6분
18 500 mL
19 ⑳ 물과 땅의 온도를 비교할 수 있고, 온도가 변화하는 모습을 한눈에 알 수 있기 때문입니다.
20 3가지

1 포도를 좋아하는 학생 수와 키위를 좋아하는 학생 수의 합은 30−(8+7+4)=11(명)입니다.
키위를 좋아하는 학생을 □명이라 하면 포도를 좋아하는 학생은 (□+3)명이므로
□+□+3=11, □×2=8, □=4입니다.
따라서 키위를 좋아하는 학생은 4명이므로 포도를 좋아하는 학생은 4+3=7(명)입니다.

2

과목	국어	과학	영어	수학	사회	합계
남자	8	5	10	14	11	48
여자	12	13	9	㉠	㉡	47
합계	20	18	19	㉢	㉣	95

표에 없는 수 중에서 ㉠+㉡=13을 만족하는 (㉠, ㉡)은 (6, 7), (7, 6)입니다.
• (㉠, ㉡)=(6, 7)일 때: 14+㉠=㉢, ㉢=20 (×)
• (㉠, ㉡)=(7, 6)일 때: 14+㉠=㉢, ㉢=21이고
11+㉡=㉣이므로 ㉣=17입니다. (○)
따라서 색칠된 칸에 알맞은 수는 17입니다.

3 봉사활동을 한 4반과 5반 학생 수의 합은
$44-(7+5+7+9)=16$(명)입니다.
4반 학생은 9명보다 많고, 5반 학생은 5명보다 많으므로 봉사활동을 한 4반 학생은 10명, 5반 학생은 6명입니다.

4 점수가 30점인 학생 수와 40점인 학생 수의 합은
$50-(5+9+16+2+1)=50-33=17$(명)입니다.
점수가 40점인 학생을 □명이라 하면
점수가 30점인 학생은 (17−□)명입니다.
학생들의 총점이 1150점이므로
$(0\times5)+(10\times9)+(20\times16)+30\times(17-□)$
$+(40\times□)+(50\times2)+(60\times1)=1150$,
$10\times□+1080=1150$,
$10\times□=70$, $□=7$입니다.
따라서 점수가 40점인 학생은 7명입니다.

5 3점짜리 문제를 7개, 4점짜리 문제를 8개, 5점짜리 문제를 6개 맞혔으므로 진영이의 수학 점수는
$(3\times7)+(4\times8)+(5\times6)=83$(점)입니다.

6 학교에서 찬우네 집까지 거리는 1000 m이고 20분이 걸리므로 1분에 $1000\div20=50$ (m)를 가는 빠르기입니다. 학교에서 가장 먼 곳에 사는 학생은 경민이고 거리는 1200 m이므로 찬우는 1200 m를 가는 데
$1200\div50=24$(분) 걸립니다.

7 4년 동안 예금한 돈:
$70000+73000+65000+72000=280000$(원)
2013년 예금액: 70000(원)
따라서 채유가 4년 동안 예금한 돈은 2013년에 예금한 돈의 $280000\div70000=4$(배)입니다.

8 디자이너가 되고 싶은 학생을 □명이라 하면 연예인이 되고 싶은 학생은 (□×2)명이므로
$4+5+□+3+7+□\times2+4=35$,
$□\times3=12$, $□=4$입니다.
따라서 연예인이 되고 싶은 학생은 8명입니다.
막대그래프를 완성하면 다음과 같습니다.

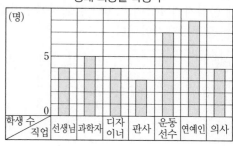

장래 희망별 학생 수

9 ㉠ 오후 3시에는 오후 1시보다 교실의 온도가
$19-15=4$ (℃) 낮아졌습니다. ⇨ □=4
㉡ 온도 변화가 가장 클 때는 9시부터 10시 사이입니다.
⇨ □=9, 10
㉢ 오전 10시와 온도가 같은 시각은 오후 3시입니다.
⇨ □=3
따라서 □ 안에 알맞은 수들의 합은 $4+9+10+3=26$ 입니다.

10 가로 눈금 6칸이 한 시간을 나타내므로 한 칸은 10분을 나타냅니다. 운동을 가장 많이 한 학생은 다온이로 2시간 50분을 했고 가장 적게 한 학생은 수혁이로 1시간 40분을 했습니다.
⇨ (운동한 시간의 차)
$=2$시간 50분-1시간 40분$=1$시간 10분

11 서점별로 막대의 눈금의 수를 구해 봅니다.
가: $10+11=21$, 나: $7+8=15$, 다: $8+10=18$,
라: $11+6=17$
전체 눈금 수는 $21+15+18+17=71$(칸)입니다.
작은 눈금 한 칸이 나타내는 책의 수를 □권이라 하면
$71\times□=142$, $□=2$이므로 가로 눈금 한 칸은 책 2권을 나타냅니다.
따라서 책이 가장 많이 판매된 서점은 가 서점이고, 가 서점의 소설책과 동화책 수의 차는 눈금 한 칸이므로 2권입니다.

12 (1) 세로 눈금 5칸이 1000원을 나타내므로 세로 눈금 한 칸은 200원을 나타냅니다.
⇨ $7400-5400=2000$(원)
(2) 지난달 남은 돈에 입금액은 더하고 출금액을 빼면 다음과 같습니다.
1월: $7000-6400=600$(원),
2월: $600+7800-5800=2600$(원),
3월: $2600+6400-6000=3000$(원),
4월: $3000+7400-5400=5000$(원),
5월: $5000+7600-6200=6400$(원),
6월: $6400+6800-7200=6000$(원)
따라서 통장에 돈이 가장 많은 달은 5월이고 금액은 6400원입니다.

다른 풀이
실선이 점선보다 위에 있으면 입금액이 더 많은 것이므로 차이난 금액만큼 더하고, 실선이 점선보다 아래에 있으면 출금액이 더 많은 것이므로 차이난 금액만큼 빼면 남은 돈을 구할 수 있습니다.

13 일의 자리에서 반올림하여 나타낸 수가 20이 되는 수는 15 이상 25 미만입니다.
따라서 반올림하여 십의 자리까지 나타내면 20명이 되는 때는 11시, 13시, 14시로 3번입니다.

14 두 번째로 판매량이 많았던 달은 6월이고, 사과 판매량은 660개입니다. 따라서 실제 판매량은 651개 이상 660개 이하입니다.

15 (10월 저금액)＋(11월 저금액)
＝35400−7200−6400−8000
＝13800(원)
입니다. 10월 저금액은 6400원보다 많고 11월 저금액은 7200원보다 적습니다.

10월	6500	6600	6700	6800	6900
11월	7300	7200	7100	7000	6900
합계	13800	13800	13800	13800	13800

이 중에서 ㉡, ㉢을 만족하는 경우를 찾으면 10월 저금액은 6800원, 11월 저금액은 7000원입니다.

16 토끼가 달린 시간과 거리를 그래프로 나타내면 토끼가 10 km 지점에 먼저 도착하였습니다.

17 (채은이가 1분 동안 뛴 거리)
＝(1280−480)÷5＝160 (m)
(채은이가 1280 m를 뛰어갈 때 걸리는 시간)
＝1280÷160＝8(분)
따라서 채은이가 처음부터 뛰어간다면 다현이보다
14−8＝6(분) 먼저 도착합니다.

18 40분이 지나면 나 물통은 물의 양이 변화가 없고, 가 물통은 물의 양이 늘어나기 시작합니다.
따라서 그래프에서 40분일 때 나 물통의 부피는 500 mL입니다.

참고

한 그래프에 2가지 자료를 한번에 나타냈을 때 두 그래프가 많이 벌어져 있을수록 차이가 크고 적게 벌어져 있을수록 차이가 작습니다.

20 8월 생산량은 4월 생산량과 같으므로 690대이고, 컴퓨터 생산량이 계속 줄어들어야 하므로 7월의 생산량은 690대 초과 730대 미만입니다.
7월의 생산량은 720대, 710대, 700대가 가능하므로 모두 3가지입니다.

STEP 3 코딩 유형 문제　118~119쪽

1 예

→	↑	↑	→	↑	→	↑	→	→
2	1	1	1	2	1	2	1	1

↑	→	↑
1	2	1

2 12번　　**3** 20번

4 ⬆ ↩ ⬆ ↪ ⬆ ↩ ⬆

1 위쪽으로 2칸, 오른쪽으로 2칸이 이동하도록 명령 기호를 만듭니다.

2 원이 3초 동안 나타났다가 2초 동안 사라지는 것을 5초 간격으로 반복합니다. 따라서 1분 동안 원은
60÷5＝12(번) 나타납니다.

3 고양이가 1초 동안 나타나고 1초 동안 사라진 후 2초 동안 나타나고 2초 동안 사라지므로 6초 간격으로 반복하는 것입니다. 따라서 1분 동안 고양이는 주기를
60÷6＝10(번) 반복하므로 모두 2×10＝20(번) 나타납니다.

4 ① 앞으로 한 칸 이동　② 왼쪽으로 회전
③ 앞으로 한 칸 이동　④ 오른쪽으로 회전
⑤ 앞으로 한 칸 이동　⑥ 왼쪽으로 회전
⑦ 앞으로 한 칸 이동

STEP 4 도전! 최상위 문제　120~123쪽

1 81가지　　**2** 6명
3 3번　　**4** 50분
5 701명　　**6** 240분
7 7001명 이상 9000명 미만
8 16명

1 5반 불참자가 1명이고, 6반 불참자가 2명일 때 경우의 수는 모두 9가지입니다.

5반	1	1	1	1	1	1	1	1	1
6반	2	2	2	2	2	2	2	2	2
7반	1	1	1	3	3	3	4	4	4
8반	2	3	4	1	2	4	1	2	3

5반 불참자가 1명일 때 6반 불참자는 2명, 3명, 4명이 가능하므로 모두 $9 \times 3 = 27$(가지)이고 5반 불참자가 될 수 있는 경우는 1명, 2명, 4명이므로 $27 \times 3 = 81$(가지)입니다.

2 학생은 모두 35명이므로 $15 + 11 +$ 가 $+$ 나 $+$ 다 $+ 1 = 35$, 가 $+$ 나 $+$ 다 $= 8$(명)입니다.

헌혈증서 1장을 낸 학생이 11명, 5장을 낸 학생이 1명이므로 2장, 3장, 4장을 낸 학생들이 모두 $35 - (1 \times 11 + 5 \times 1) = 19$(장)을 모아야 합니다. 즉, 8명이 19장을 모은 것입니다.

8명이 각각 2장씩 내면 16장이 되고, 3장이 더 있으므로 누군가 3장을 더 내야 합니다. 그러기 위해서는 1명이 1장을 더 내고, 또 한 명이 2장을 더 내어 가 $= 6$, 나 $= 1$, 다 $= 1$이거나 1장을 더 낸 학생이 3명이 있어야 하므로 가 $= 5$, 나 $= 3$, 다 $= 0$입니다.

따라서 가는 최대 6명입니다.

다른 풀이

8명의 학생이 헌혈증서 2장, 3장, 4장을 내어 모두 19장을 모아야 합니다. 이것을 다음 표와 같이 나타낼 수 있습니다.

2장	3장	4장	헌혈증서 장수
8	0	0	16
7	1	0	17
7	0	1	18
6	2	0	18
6	1	1	19
6	0	2	20

3 주사위의 눈이 4, 5가 나온 횟수는 $27 - (6 + 5 + 2 + 8) = 6$(번)입니다.

주사위의 눈이 1, 2, 3, 6일 때 나온 눈의 합은 $(1 \times 6) + (2 \times 5) + (3 \times 2) + (6 \times 8) = 70$이므로 주사위의 눈이 4, 5일 때 나온 눈의 수의 합은 $97 - 70 = 27$입니다.

4의 눈이 □회, 5의 눈이 ○회 나왔다고 하면 □ $+$ ○ $= 6$, $4 \times$ □ $+ 5 \times$ ○ $= 27$입니다.

⇨ □ $= 3$, ○ $= 3$이므로 4의 눈은 3번 나왔습니다.

4 큰 수조는 30분에서 40분까지 10분 동안 물이 200 L 늘었으므로 물은 1분에 20 L씩 나오고, 작은 수조의 물은 30분 후 변화를 멈추므로 수조에 가득 찬 물의 양은 $20 \times 30 = 600$ (L)입니다.

큰 수조의 물이 600 L가 되려면 $600 - 200 = 400$ (L)

가 늘어야 하므로 $400 \div 20 = 20$(분)이 걸립니다.

따라서 작은 수조가 채워지는 시간 30분과 큰 수조에 물 400 L가 채워지는 데 걸리는 시간 20분을 더하면 50분 후에 두 수조의 물의 양이 두 번째로 같아집니다.

참고

• 작은 수조에 일정한 양의 물을 넣으면 작은 수조는 가득 찰 때까지 증가하고, 큰 수조는 작은 수조가 가득 차면 물의 양이 증가하기 시작합니다.

• 두 그래프가 만나는 점이 두 수조의 물의 양이 같아지는 점입니다.

5 인구가 가장 많이 감소한 해는 2014년과 2015년 사이입니다.

2014년 인구는 9800명이므로 올림하여 백의 자리까지 나타낸 수가 9800명이 되는 수는 9701명 이상 9800명 이하이고, 2015년 인구는 9000명이므로 올림하여 백의 자리까지 나타낸 수가 9000명이 되는 수는 8901명 이상 9000명 이하입니다.

따라서 최소 $9701 - 9000 = 701$(명) 감소했습니다.

참고

올림하여 백의 자리까지 나타내기
⇨ 백의 자리 미만을 올림

6 가 물통은 60분 동안 90 cm를 채울 수 있으므로 10분 동안 15 cm를 채울 수 있습니다.

나 물통은 30분 동안 15 cm를 채울 수 있으므로 10분 동안 5 cm를 채울 수 있습니다.

두 물통의 물의 높이가 같아진 때부터 (□ $\times$ 10)분 후에 각 물통의 물의 높이는

(가 물통의 물의 높이) $= (90 +$ □ $\times 15)$ cm,

(나 물통의 물의 높이) $= (90 +$ □ $\times 5)$ cm이므로 가 물통의 높이가 나 물통의 높이의 2배가 되면

$90 +$ □ $\times 15 = (90 +$ □ $\times 5) \times 2$,

$90 +$ □ $\times 15 = 180 +$ □ $\times 10$,

□ $\times 5 = 90$, □ $= 18$입니다.

따라서 가 물통의 물의 높이가 나 물통의 물의 높이의 2배가 되는 것은 가 물통에 물을 채우기 시작한 지 $60 + 18 \times 10 = 240$(분) 후입니다.

7 2015년 입장객 수는 68000명이므로 실제 입장객 수의 범위는 67500명 이상 68500명 미만입니다.

2016년 입장객 수는 76000명이므로 실제 입장객 수의 범위는 75500명 이상 76500명 미만입니다.

따라서 실제 입장객 수의 차는 7001명 이상 9000명 미만입니다.

8 점수별 맞힌 문제 수를 표로 나타내면 다음과 같습니다.

점수	0	1	2	3	4	5	6
맞힌 문제 수	0	1	1	1 또는 2	2	2	3

민재네 반 학생이 맞힌 문제 수는 다음과 같습니다.
- 점수가 0점인 학생 1명이 맞힌 문제 수: 0문제
- 점수가 1점인 학생 3명이 맞힌 문제 수: 3문제
- 점수가 2점인 학생 6명이 맞힌 문제 수: 6문제
- 점수가 4점인 학생 6명이 맞힌 문제 수: $2 \times 6 = 12$(문제)
- 점수가 5점인 학생 4명이 맞힌 문제 수: $2 \times 4 = 8$(문제)
- 점수가 6점인 학생 2명이 맞힌 문제 수: $3 \times 2 = 6$(문제)

점수가 3점인 학생을 뺀 나머지 학생이 맞힌 문제 수는 $3 + 6 + 12 + 8 + 6 = 35$(문제)이므로 점수가 3점인 학생이 맞힌 문제의 수는 $51 - 35 = 16$(문제)입니다.
점수가 3점인 학생은 10명이므로 3점짜리 한 문제를 맞힌 학생을 □명이라 하면 1점짜리와 2점짜리 두 문제를 맞힌 학생은 $(10 - □)$명입니다.
$1 \times □ + 2 \times (10 - □) = 16$, $20 - □ = 16$, $□ = 4$
이므로 한 문제를 맞힌 학생은 4명이고 두 문제를 맞힌 학생은 6명입니다. 따라서 두 문제만 맞힌 학생은 모두 $6 + 6 + 4 = 16$(명)입니다.

참고

- 점수가 3점일 때:
  ① 3점짜리 문제 1개를 맞힌 경우
  ② 1점짜리, 2점짜리 문제를 각각 1개씩 맞힌 경우
- 점수가 4점일 때:
  1점짜리, 3점짜리 문제를 각각 1개씩 맞힌 경우
- 점수가 5점일 때:
  2점짜리, 3점짜리 문제를 각각 1개씩 맞힌 경우
- 점수가 6점일 때:
  1점짜리, 2점짜리, 3점짜리 문제를 각각 1개씩 맞힌 경우

특강 영재원·창의융합 문제 124쪽

9 예 • 2014년 고등학교 교사 1인당 학생 수는 2011년에 비해 0.6명 줄었습니다.
  • 교사 1인당 학생 수 감소 폭은 초등학교가 가장 큽니다.
  • 초등학교 학급당 학생 수는 계속 감소할 것입니다.

10 예 그래프를 보면 교사 1인당 학생 수와 학급당 학생 수가 계속해서 감소하고 있으므로 앞으로 인구 수가 줄어들 것입니다.

Ⅵ 규칙성 영역

STEP 1 경시 기출 유형 문제 126~127쪽

[주제 학습 23] 52

1 (왼쪽부터) 3, 35, 6, 8, 63
2 (왼쪽부터) 1, 18, 4, 30 ; $△ \times 6$ 또는 $6 \times △$

[확인 문제] [한 번 더 확인]

1-1 15   **1-2** 27
2-1 $◉ = ★ + 1$ 또는 $★ = ◉ - 1$
2-2 $△ = □ \times 3 + 1$ 또는 $△ = 4 + 3 \times (□ - 1)$
3-1 15   **3-2** 4, 5 ; 41

1 4의 7배는 28이고, 7의 7배는 49이므로 □는 △의 7배입니다.
△와 □ 사이의 대응 관계를 식으로 나타내면 $□ = △ \times 7$입니다.
$△ \times 7 = 21$, $△ = 3$ / $5 \times 7 = □$, $□ = 35$ /
$△ \times 7 = 42$, $△ = 6$ / $△ \times 7 = 56$, $△ = 8$ /
$9 \times 7 = □$, $□ = 63$

2 $2 \times 6 = 12$, $6 \times 6 = 36$, $7 \times 6 = 42$이므로 □는 △의 6배입니다.
$△ \times 6 = 6$, $△ = 1$ / $3 \times 6 = □$, $□ = 18$ /
$△ \times 6 = 24$, $△ = 4$ / $5 \times 6 = □$, $□ = 30$
따라서 △와 □ 사이의 대응 관계를 식으로 나타내면 $□ = △ \times 6$ 또는 $6 \times △$입니다.

[확인 문제] [한 번 더 확인]

1-1 $8 - 4 = 4$, $9 - 5 = 4$, $10 - 6 = 4$이므로
◉와 ♥ 사이의 대응 관계를 식으로 나타내면
$♥ = ◉ - 4$입니다.
$♥ = 11 - 4$, $♥ = 7$이므로 ㉠$= 7$,
$♥ = 12 - 4$, $♥ = 8$이므로 ㉡$= 8$입니다.
따라서 ㉠$+ $㉡$= 7 + 8 = 15$입니다.

1-2 $2 \times 8 = 16$, $3 \times 8 = 24$, $6 \times 8 = 48$이므로
◉와 ♥ 사이의 대응 관계를 식으로 나타내면
$♥ = ◉ \times 8$입니다.
$♥ = 4 \times 8$, $♥ = 32$이므로 ㉡$= 32$,
$40 = ◉ \times 8$, $◉ = 40 \div 8 = 5$이므로 ㉠$= 5$입니다.
따라서 ㉠과 ㉡의 차는 $32 - 5 = 27$입니다.

2-1 의자의 수와 팔걸이의 수 사이의 대응 관계를 표로 나타내어 봅니다.

의자의 수	1	2	3	4	……
팔걸이의 수	2	3	4	5	……

팔걸이의 수는 의자의 수가 1씩 커질 때마다 1씩 늘어납니다.

따라서 의자의 수(★)와 팔걸이의 수(◉) 사이의 대응 관계를 식으로 나타내면 ◉=★+1 또는 ★=◉−1 입니다.

2-2 정사각형의 수와 성냥개비의 수 사이의 대응 관계를 표로 나타내면 다음과 같습니다.

정사각형의 수	1	2	3	4	……
성냥개비의 수	4	7	10	13	……

정사각형이 1개일 때 성냥개비는 4개이고, 정사각형 2개부터는 성냥개비가 3개씩 늘어납니다.

따라서 정사각형의 수(□)와 성냥개비의 수(△) 사이의 대응 관계를 식으로 나타내면 △=□×3+1입니다. (△=4+3×(□−1)이라고 써도 맞습니다.)

3-1 3×5=15, 4×5=20, 5×5=25이므로 ♥와 ◆ 사이의 대응 관계를 식으로 나타내면 ♥×5=◆입니다.

따라서 ◆=75일 때 ♥×5=75이므로 ♥=75÷5=15입니다.

3-2 3÷3=1, 6÷3=2, 9÷3=3이므로
◉와 ★ 사이의 대응 관계를 식으로 나타내면
★=◉÷3입니다.
◉=12일 때 ★=12÷3=4,
◉=15일 때 ★=15÷3=5,
◉=123일 때 ★=123÷3=41입니다.

STEP 1 경시 기출 유형 문제 128~129쪽

[주제 학습 24] □=△−2 또는 △=□+2

1 (왼쪽부터) 오전 6시, 오전 8시, 오후 5시 ;
□=△−8 또는 △=□+8

2 오전 5시

[확인 문제] [한 번 더 확인]

1-1 36　　　　**1-2** 13

2-1 48초　　　**2-2** 4분 54초

3-1 11개　　　**3-2** 40명

---

1 오후 1시와 오전 5시 두 시각의 차이는
13−5=8(시간)이므로
런던이 서울보다 8시간 더 늦습니다.
따라서 △와 □ 사이의 대응 관계를 식으로 나타내면
□=△−8 또는 △=□+8입니다.

2 오후 4시와 오전 10시 두 시각의 차이는
16−10=6(시간)이므로
(예루살렘의 시각)=(서울의 시각)−6시간입니다.
따라서 서울이 오전 11시일 때 같은 날 예루살렘은
오전 11시−6시간=오전 5시입니다.

[확인 문제] [한 번 더 확인]

1-1

하나가 말한 수	4	6	15
두나가 답한 수	13	15	24

4+9=13, 6+9=15, 15+9=24이므로 두나가 답하는 수는 하나가 말한 수에 9를 더하여 답하는 규칙입니다.
따라서 하나가 27이라고 말하면 두나는 27+9=36이라고 답해야 합니다.

1-2

재석이가 낸 카드의 수	4	6	9
준하가 낸 카드의 수	28	42	63

4×7=28, 6×7=42, 9×7=63이므로 준하가 낸 카드의 수는 재석이가 낸 카드의 수에 7을 곱하여 내는 규칙입니다.
준하가 낸 카드가 91이면 □×7=91,
□=91÷7=13이므로 재석이는 13이 쓰인 카드를 냈습니다.

2-1 색 테이프를 한 번 자를 때마다 1도막씩 늘어나므로 색 테이프를 25도막으로 자르려면 모두 24번 잘라야 합니다.
색 테이프를 한 번 자르는 데 걸리는 시간이 2초이므로 25도막으로 자르는 데 걸리는 시간은 모두
2×(25−1)=2×24=48(초)입니다.

참고

자른 횟수	1	2	3	4	……
도막 수	2	3	4	5	……

┌ (도막의 수)=(자른 횟수)+1
└ (자른 횟수)=(도막의 수)−1

2-2 나무 막대를 한 번 자를 때마다 1도막씩 늘어나므로 나무 도막을 50도막으로 자르려면 모두
50−1=49(번) 잘라야 합니다.
나무 막대를 한 번 자르는 데 걸리는 시간이 6초이므로 50도막으로 자르는 데 걸리는 시간은
6×(50−1)=6×49=294(초) ⇨ 4분 54초입니다.

3-1 탁자의 수와 사람의 수 사이의 대응 관계를 표로 나타내면 다음과 같습니다.

탁자의 수	1	2	3	4	……
사람의 수	6	10	14	18	……

탁자가 1개씩 늘어날 때마다 앉을 수 있는 사람은 4명씩 늘어나므로
(앉을 수 있는 사람 수)=4×(탁자의 수)+2입니다.
46=4×(탁자의 수)+2,
44=4×(탁자의 수),
(탁자의 수)=44÷4=11(개)
따라서 46명이 앉으려면 탁자를 11개 붙여야 합니다.

다른 풀이
(앉을 수 있는 사람 수)=6+4×{(탁자의 수)−1}
46=6+4×{(탁자의 수)−1},
40=4×{(탁자의 수)−1}
10=(탁자의 수)−1,
(탁자의 수)=11
따라서 46명이 앉으려면 탁자를 11개 붙여야 합니다.

3-2

탁자의 수	1	2	3	4	……
사람의 수	8	12	16	20	……

탁자가 1개씩 늘어날 때마다 앉을 수 있는 사람은 4명씩 늘어나므로
(앉을 수 있는 사람 수)=4×(탁자의 수)+4입니다.
(앉을 수 있는 사람 수)=4×9+4=40(명)
따라서 탁자 9개를 한 줄로 붙이면 모두 40명이 앉을 수 있습니다.

다른 풀이
(앉을 수 있는 사람 수)=8+4×{(탁자의 수)−1}
　　　　　　　　　　＝8+4×(9−1)
　　　　　　　　　　＝8+4×8
　　　　　　　　　　＝8+32
　　　　　　　　　　＝40(명)

STEP 1 경시 **기출 유형** 문제 　　130~131쪽

[주제 학습 25] 21개

1 17개

[확인 문제] [한 번 더 확인]

1-1 40개　　　　　　**1-2** 15층
2-1 12개　　　　　　**2-2** 12개
3-1 729개　　　　　　**3-2** 1024개

1 정사각형의 수와 면봉의 수 사이의 대응 관계를 표로 나타내면 다음과 같습니다.

정사각형의 수	1	2	3	4	……
면봉의 수	4	7	10	13	……

첫 번째 정사각형에는 면봉이 4개, 두 번째 정사각형부터는 면봉이 3개씩 늘어납니다.
정사각형의 수(□)와 면봉의 수(△) 사이의 대응 관계를 식으로 나타내면 △=3×□+1입니다.
면봉 52개로 만들 수 있는 정사각형의 수를 □라 하면 3×□+1=52, 3×□=51, □=17입니다.
따라서 면봉 52개로 만들 수 있는 정사각형은 모두 17개입니다.

참고
정사각형의 수(□)와 면봉의 수(△) 사이의 대응 관계를 △=4+3×(□−1)과 같은 식으로 나타낼 수도 있습니다.

[확인 문제] [한 번 더 확인]

1-1 탑의 층수와 이쑤시개의 수를 표로 나타내면 다음과 같습니다.

탑의 층수	1	2	3	4	……
이쑤시개의 수	4	8	12	16	……

이쑤시개의 수는 탑의 층수의 4배이므로 10층이 되려면 이쑤시개는 모두 10×4=40(개) 필요합니다.

1-2 탑의 층수와 성냥개비의 수를 표로 나타내면 다음과 같습니다.

탑의 층수	1	2	3	4	……
성냥개비의 수	6	12	18	24	……

성냥개비의 수는 탑의 층수의 6배이므로
(성냥개비의 수)=(탑의 층수)×6입니다.
따라서 (탑의 층수)=(성냥개비의 수)÷6이므로
탑은 모두 90÷6=15(층)이 됩니다.

2-1 색칠한 정사각형을 포함하는 직사각형을 알아보면 다음과 같습니다.

정사각형 1개짜리: 1개,

정사각형 2개짜리: 2개,

정사각형 3개짜리: 3개,

정사각형 4개짜리: 3개,

정사각형 5개짜리: 2개,

정사각형 6개짜리: 1개

따라서 색칠한 정사각형을 포함하는 직사각형은 모두 $1+2+3+3+2+1=12$(개)입니다.

2-2 색칠한 정사각형을 포함하는 직사각형을 알아보면 다음과 같습니다.

정사각형 1개짜리: 1개,

정사각형 2개짜리: 3개,

정사각형 3개짜리: 2개,

정사각형 4개짜리: 3개,

정사각형 6개짜리: 2개,

정사각형 8개짜리: 1개

따라서 색칠한 정사각형을 포함하는 직사각형은 모두 $1+3+2+3+2+1=12$(개)입니다.

3-1 한 변에 놓이는 정사각형의 수와 가장 작은 정사각형의 수를 표로 나타내면 다음과 같습니다.

		×3	×3	
한 변에 놓이는 정사각형의 수	1	3	9	……
가장 작은 정사각형의 수	1	9	81	……

한 변에 놓이는 정사각형의 수는 바로 앞에 놓이는 정사각형의 수의 3배가 됩니다.

따라서 네 번째 그림에서 한 변에 놓이는 정사각형은 $9×3=27$이고, 만들어지는 가장 작은 정사각형은 모두 $27×27=729$(개)입니다.

다른 풀이

정사각형 1개를 작은 정사각형 9개로 나누는 것이므로 작은 정사각형의 수가 9배씩 늘어나는 규칙입니다.

따라서 네 번째 그림에서 만들어지는 가장 작은 정사각형은 모두 $1×9×9×9=729$(개)입니다.

3-2 정삼각형 1개를 작은 정삼각형 4개로 나누는 것이므로 작은 정삼각형의 수가 4배씩 늘어나는 규칙입니다.

따라서 여섯 번째 그림에서 만들어지는 가장 작은 정삼각형은 모두 $1×4×4×4×4×4=1024$(개)입니다.

STEP 1 경시 기출 유형 문제

132~133쪽

[주제 학습 26] 63번째 수

1 262　　　　　　　　**2** 189

[확인 문제] [한 번 더 확인]

1-1 7990　　　　　　**1-2** 5063

2-1 35번째　　　　　 **2-2** (2, 12)

3-1 16　　　　　　　 **3-2** 21

1 $6+4=10$, $10+4=14$, $14+4=18$……에서 4씩 커지는 규칙이므로 6부터 시작하여 4씩 64번 더하여 65번째 수를 구합니다.

⇨ $6+4×64=262$이므로 65번째 수는 262입니다.

2 어떤 수를 □라 하면 □부터 시작하여 6씩 커지는 규칙이므로 □에서 6씩 49번 더하여 50번째 수가 309인 식을 세웁니다.

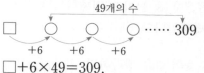

$□+6×49=309$,

$□+294=309$,

$□=309-294$,

$□=15$

따라서 어떤 수, 즉 처음 수가 15이므로

30번째 수는 $15+6×29=189$입니다.

[확인 문제] [한 번 더 확인]

1-1 6490에서 6540으로 뛰어서 셀 때 50 커졌으므로 50씩 뛰어 세는 규칙입니다.

50씩 20번 뛰어 세면 1000 커지므로 7490이 되고, 이 수에서 50씩 10번 뛰어 세면 500 커지므로 7990이 됩니다.

7990에서 50을 한 번 더 뛰어 세면 8040이므로 8000에 가장 가까운 수는 7990입니다.

1-2 1, 2, 3……씩 커지는 규칙으로 뛰어 세었습니다.

100번 뛰어서 세면 1부터 100까지의 합만큼 커지므로 13에서 100번 뛰어서 센 수는 다음과 같습니다.

$13+(1+2+3+……+99+100)$

$=13+(1+100)×100÷2$

$=13+101×100÷2$

$=13+5050$

$=5063$

연속된 수의 합을 구할 때에는 처음 수와 마지막 수를 더한 후 수의 개수를 곱하여 2로 나눕니다.

(연속된 수의 합)
$=\{(처음\ 수)+(마지막\ 수)\}\times(수의\ 개수)\div2$

(예) $1+2+3+\cdots\cdots+10=(1+10)\times10\div2$
$=11\times10\div2=55$

2-1 괄호 안의 수들의 합을 생각하면
$(2),(3),(3),(4),(4),(4),(5),(5),(5),(5)\cdots\cdots$이고,
합이 4인 수의 쌍을 살펴보면 $(1,3),(2,2),(3,1)$과
같이 앞의 수가 순서를 나타냅니다.
$(7,2)$는 합이 9이고, 합이 9인 수의 쌍 중 7번째입니다.
합이 9까지인 수의 쌍은
$1+2+3+4+\cdots\cdots+8=36$(쌍)이고, 합이 9가 되는
수의 쌍 중 8번째 $(8,1)$이 36번째이므로
$(7,2)$는 35번째입니다.

2-2 괄호 안의 수들의 합을 생각하면
$(2),(3),(3),(4),(4),(4),(5),(5),(5),(5)\cdots\cdots$이고,
합이 4인 수의 쌍을 살펴보면 $(1,3),(2,2),(3,1)$과
같이 앞의 수가 순서를 나타냅니다.
합이 13까지인 수의 쌍은
$1+2+3+4+\cdots\cdots+12=78$(쌍)이고, 79번째는 합이 14가 되는 수의 쌍 중 첫 번째인 $(1,13)$이므로 80번째에 놓이는 수의 쌍은 $(2,12)$입니다.

3-1 늘어놓은 분수의 규칙은 분모가 2, 3, 4$\cdots\cdots$인 진분수를 차례로 늘어놓은 것입니다.
분모가 2, 3, 4$\cdots\cdots$인 진분수는 1개, 2개, 3개$\cdots\cdots$이고, $1+2+3+4+\cdots\cdots+8+9=45$이므로 50번째에 오는 분수는 분모가 11인 진분수를 작은 수부터 차례로 늘어놓았을 때 5번째 분수인 $\frac{5}{11}$입니다.
따라서 분모와 분자의 합은 $11+5=16$입니다.

3-2 늘어놓은 분수의 규칙을 찾아 묶어 보면
$1,(1,\frac{1}{2}),(1,\frac{2}{3},\frac{1}{3}),(1,\frac{3}{4},\frac{2}{4},\frac{1}{4})\cdots\cdots$입니다.
$1+2+3+4+\cdots\cdots+8+9+10=55$이므로 56번째 수가 1이고, 57번째 수는 $\frac{10}{11}$입니다.
따라서 분모와 분자의 합은 $11+10=21$입니다.

STEP 1 경시 **기출 유형** 문제   **134~135쪽**

[주제 학습 27] 중지

1 37번   **2** 64개

[확인 문제] [한 번 더 확인]

1-1 E   **1-2** C 줄의 41째 칸

2-1 67   **2-2** 1379

3-1 2   **3-2** 파

---

1 8개의 수가 일정하게 반복되므로 8로 나눈 나머지로 각 손가락을 몇 번 세는지 알 수 있습니다.

손가락	엄지	검지	중지	약지	소지
8로 나눈 나머지	1	2	3	4	5
		0	7	6	

$150\div8=18\cdots6$이므로 150까지 수를 세는 데 검지는 모두 $2\times18+1=37$(번) 셉니다.

2 바둑돌 5개가 ●○●○○ 모양으로 한 묶음이 되어 규칙적으로 놓여 있습니다.
$160\div5=32$이므로 160개의 바둑돌에는
●○●○○의 모양이 32번 반복됩니다.
따라서 바둑돌 160개 중에서 검은 바둑돌은 2개씩 32묶음이므로 $2\times32=64$(개)입니다.

[확인 문제] [한 번 더 확인]

1-1 A에서부터 수를 쓰기 시작하여 다시 A까지 수를 쓰려면 14개의 수가 반복되어야 합니다.
$360\div14=25\cdots10$이므로 360은 나머지가 10인 알파벳 E 아래에 쓰입니다.

1-2 • A 줄 첫째 칸에서 시작하여 A 줄 둘째 칸까지 6개의 수가 반복됩니다.
$123\div6=20\cdots3$이므로 123은 나머지가 3인 C 줄에 놓이게 됩니다.
• 각 칸의 수는 3개 수의 단위로 반복됩니다.
$123\div3=41$이므로 123은 41째 칸에 놓이게 됩니다.
따라서 123은 C 줄의 41째 칸에 놓이게 됩니다.

2-1 각 줄의 가장 왼쪽에 있는 수는 1, 2, 4, 7, 11$\cdots\cdots$이므로 1, 2, 3, 4$\cdots\cdots$씩 커지는 규칙입니다.
따라서 12번째 줄의 가장 왼쪽에 있는 수는
$1+(1+2+3+\cdots\cdots+8+9+10+11)$
$=1+(1+11)\times11\div2=1+66=67$입니다.

2-2 각 줄의 가장 왼쪽에 있는 수는 1, 2, 4, 7, 11……이므로 1, 2, 3, 4……씩 커지는 규칙입니다.
14번째 줄의 가장 왼쪽에 있는 수는
$1+(1+2+3+\cdots\cdots+11+12+13)$
$=1+(1+13)\times13\div2=1+91=92$이므로
14번째 줄의 가장 오른쪽에 있는 수는
$92+14-1=105$입니다.
따라서 14번째 줄에 있는 수들의 합은
$(92+105)\times14\div2=1379$입니다.

3-1 0에서 출발하여 3칸씩 10번을 건너뛰면 다시 0으로 되돌아옵니다.
$1004\div10=100\cdots4$에서 나머지는 4이므로 1004번째 도달하는 수는 0에서 출발하여 3칸씩 4번 건너뛴 것과 같습니다.
따라서 0에서 출발하여 3칸씩 4번 건너뛰어 도달하면 $0 \to 3 \to 6 \to 9 \to 2 \to \cdots\cdots$이므로 1004번째에 도달하는 수는 2입니다.

3-2 도, 레, 미, 파, 솔, 라, 시, 도, 시, 라, 솔, 파, 미, 레가 반복됩니다. 14개의 음이 한 마디로 반복되므로 14로 나눈 나머지로 마지막에 친 음을 알 수 있습니다.
$250\div14=17\cdots12$이므로 마지막에 친 음은 12번째에 친 음인 파입니다.

STEP 2 실전 경시 문제 136~141쪽

1 63
2 53
3 ⑩ $♡=☆\times82$; 1230회
4 ⑩ $□=4+△\times1.5$; 9개
5 50개
6 144
7 오전 7시
8 4월 16일 오전 3시
9 27세
10 10분 50초
11 4번째
12 오후 5시 30분
13 4분
14 6월 19일 화요일
15 13개
16 768각형
17 145장
18 2187개
19 495번째
20 125
21 111
22 225
23 93
24 865865865865

1 $3\div3=1$, $9\div3=3$, $15\div3=5$, $21\div3=7$이므로 $♡=☆\div3$입니다.
따라서 $☆=189$일 때 $♡=189\div3=63$입니다.

2 $1\times54=54$, $3\times18=54$, $9\times6=54$, $54\times1=54$이므로 $△\times□=54$입니다.
$2\times㉠=54$에서 $㉠=54\div2=27$,
$㉡\times9=54$에서 $㉡=54\div9=6$,
$㉢\times3=54$에서 $㉢=54\div3=18$,
$27\times㉣=54$에서 $㉣=54\div27=2$입니다.
⇨ $㉠+㉡+㉢+㉣=27+6+18+2=53$

3 민호의 맥박 수는 1분에 82회이고 분(☆)과 맥박 수(♡) 사이의 대응 관계를 식으로 나타내면
$♡=☆\times82$입니다.
$♡=☆\times82$에서 $☆=15$이면
$♡=15\times82=1230$(회)입니다.
따라서 15분 동안 잰 민호의 맥박 수는 1230회입니다.

4 길이가 4 cm인 용수철에 200 g짜리 추를 한 개 매달면 용수철의 전체 길이는 $4+1.5=5.5$ (cm)가 되므로 $□=4+△\times1.5$입니다.
$□=4+△\times1.5$에서 $□=17.5$이면
$17.5=4+△\times1.5$, $13.5=△\times1.5$,
$△=13.5\div1.5=9$입니다.
따라서 늘어난 용수철의 전체 길이가 17.5 cm이면 200 g짜리 추를 9개 매단 것입니다.

5

식탁의 수	1	2	3	4	……
의자의 수	6	10	14	18	……

식탁이 1개씩 늘어날 때마다 의자는 4개씩 늘어나므로 (의자의 수)=(식탁의 수)$\times4+2$입니다.
따라서 식탁 12개를 한 줄로 이어 붙이면 의자는 모두 $12\times4+2=50$(개) 필요합니다.

6 다나가 답한 수는 지오가 말한 수의 각 자리 수의 합을 2번 곱하는 규칙입니다.
$85 ⇨ (8+5)\times(8+5)=13\times13=169$
$68 ⇨ (6+8)\times(6+8)=14\times14=196$
$56 ⇨ (5+6)\times(5+6)=11\times11=121$
따라서 지오가 39를 말하면 다나는
$(3+9)\times(3+9)=12\times12=144$로 답해야 합니다.

정답과 풀이 / 규칙성 영역

7 서울이 오후 10시일 때 베를린은 오후 3시이므로
서울과 베를린의 두 시각의 시간 차는
오후 10시−오후 3시=7시간입니다.
베를린의 시각이 서울의 시각보다 7시간 느리므로
(베를린의 시각)=(서울의 시각)−7시간입니다.
오후 1시−7시간=13시−7시간=오전 6시
따라서 서울이 오후 1시일 때 베를린은 오전 6시이므로 이때부터 한 시간 동안 통화를 하고 마쳤을 때 베를린의 시각은 오전 7시입니다.

8 런던과 도쿄 두 나라 시각의 시간 차는
오후 1시−오전 5시=13시−5시=8시간입니다.
도쿄가 런던보다 8시간 빠르므로
(도쿄의 시각)=(런던의 시각)+8시간
               =4월 15일 오후 7시+8시간
               =4월 15일 오후 7시+5시간+3시간
               =4월 15일 자정 12시+3시간
               =4월 16일 오전 3시

> **참고**
>
> 런던과 도쿄는 원래 시차가 9시간인데, 유럽이 3월 마지막 일요일부터 10월 마지막 일요일까지 서머타임을 시행하여 런던과 도쿄의 시차가 8시간이 나게 됩니다.

9 준호는 2014년에 9세였으므로 2016년에는 11세입니다.
2016년에 아버지는 45세, 준호는 11세이므로 아버지의 나이와 준호의 나이 사이의 대응 관계를 식으로 나타내면 (준호의 나이)=(아버지의 나이)−34입니다.
따라서 아버지가 61세가 되는 해에 준호는
61−34=27(세)가 됩니다.

10 4 m 20 cm=420 cm이므로 420÷30=14에서
30 cm짜리 나무 도막을 14도막까지 만들 수 있습니다.
목재를 한 번 자를 때마다 도막의 수는 1씩 늘어나므로 목재를 14도막으로 자르려면 모두 14−1=13(번) 잘라야 합니다.
따라서 목재를 14도막으로 자르는 데 걸리는 시간은
모두 50×(14−1)=50×13=650(초)
⇨ 10분 50초입니다.

11 12.8 m=1280 cm이므로 1280÷80=16(개)의 의자가 놓여 있습니다.
의자 2개를 빼낸 16−2=14(개)를 원 모양 위에 놓아 그림을 그려 봅니다.

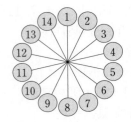

따라서 11번째 의자와 마주 보는 의자는 4번째 의자입니다.

12 공연은 한 회에 45분 동안 하고 30분 동안 쉽니다.
3회가 끝나는 시각: 13시 15분,
점심 시간이 지나고 4회가 시작하는 시각: 14시 15분,
5회가 시작하는 시각: 14시 15분+1시간 15분=15시 30분,
6회가 시작하는 시각: 15시 30분+1시간 15분=16시 45분,
6회가 끝나는 시각: 16시 45분+45분=17시 30분
따라서 공연이 모두 끝나는 시각은 오후 5시 30분입니다.

13 세균 한 마리가 늘어나는 규칙을 알아봅니다.

1 → 2 → 4 → 8 → 16 → 32 → 64 → 128 → 256
  30초 30초 30초 30초 30초 30초 30초 30초

세균 한 마리가 256마리가 되려면 30초씩 8번 지나야 합니다.
따라서 세균 한 마리가 256마리 되는 데 걸리는 시간은 30초×8=240초 ⇨ 4분입니다.

> **참고**
>
> 일정한 시간마다 몸이 둘로 나뉘므로 세균은 늘어나는 수의 2배씩 늘어납니다.

14 68000÷4000=17이므로 4000원씩 17번을 저금해야 68000원이 됩니다.
1월 10일에 처음 저금하였으므로 17번째 저금하는 날은 1월 10일에서 160일 후입니다.
160÷7=22…6이므로 68000원을 모으는 때는 화요일입니다.
1월 10일부터 5월 31일까지 날수는
21+28+31+30+31=141(일)이므로
1월 10일에서 160일 후는 6월 19일입니다.
따라서 윤아가 68000원을 모으는 때는 6월 19일 화요일입니다.

15

정오각형의 수	1	2	3	4	……
성냥개비의 수	5	9	13	17	……

정오각형의 수가 1씩 늘어날 때마다 성냥개비의 수는 4씩 늘어나므로

정오각형의 수(□)와 성냥개비의 수(△) 사이의 대응 관계를 식으로 나타내면

△=□×4+1입니다.

성냥개비 53개로 만들 수 있는 정오각형의 수를 □라 하면 □×4+1=53이므로

□×4=52, □=13입니다.

따라서 성냥개비 53개로 만들 수 있는 정오각형은 13 개입니다.

16 첫 번째에 그려진 삼각형의 한 변은 두 번째에서 4개 로 늘어납니다.

두 번째에 그려진 12각형의 한 변은 세 번째에서 4개 로 늘어납니다.

각 순서에 그려진 도형은 앞 순서의 변의 수의 4배입니다.

첫 번째: 삼각형,

두 번째: 3×4=12 ⇨ 12각형,

세 번째: 12×4=48 ⇨ 48각형,

네 번째: 48×4=192 ⇨ 192각형,

5번째: 192×4=768 ⇨ 768각형

17 첫 번째: 1장

두 번째: 1+2+2=5(장)

세 번째: 2+2+3+3+3=13(장)

네 번째: 3+3+3+4+4+4+4=25(장)

□번째: (□−1)+……+(□−1)+(□+□+……+□)

⇨ 9번째: 8+8+……+8+9+9+……+9
= 64+81=145(장)

18 첫 번째: 3개,

두 번째: 3×3=9(개),

세 번째: 3×3×3=27(개),

네 번째: 3×3×3×3=81(개)

따라서 7번째에 남는 삼각형은

3×3×3×3×3×3×3=2187(개)입니다.

19 늘어놓은 분수를 다음과 같이 묶어 보면

$(\frac{1}{2})$, $(\frac{1}{3}, \frac{2}{3})$, $(\frac{1}{4}, \frac{2}{4}, \frac{3}{4})$ ……입니다.

$\frac{30}{32}$은 31번째 묶음 중 30번째 분수입니다.

30번째 묶음까지 분수의 개수는

1+2+3+……+30=(31×30)÷2=465(개)이므로

$\frac{30}{32}$은 465+30=495(번째) 분수입니다.

20 20번째 수는 85이고, 42번째 수는 173이므로 일정하게 커지는 수를 □라고 하면

85+□×(42−20)=173, □×22=88, □=4입니다.

첫 번째 수를 ㉠이라고 하면 20번째 수는

㉠+4×19=85, ㉠+76=85, ㉠=9입니다.

따라서 30번째 수는 9+4×29=125입니다.

21 수를 채운 표에서 1, 3, 5, 7……의 수가 홀수 번째 줄 은 왼쪽에서 오른쪽으로 커지고, 짝수 번째 줄은 오른 쪽에서 왼쪽으로 커지므로 같은 줄에서의 A, B, C, D 의 합은 모두 같습니다.

A, B, C, D를 첫째 줄과 둘째 줄로 정했을 때의 합은 64, 둘째 줄과 셋째 줄로 정했을 때의 합은 128이므로 64씩 늘어나는 규칙입니다.

64, 128, 192, 256, 320, 384, 448이므로

A+B+C+D=448이 되려면 7번째 줄과 8번째 줄에 서 정하면 됩니다.

B는 7번째 줄에 있으므로 오른쪽으로 갈수록 큰 수가 됩니다.

홀수 번째 줄의 맨 왼쪽에 있는 수는 1부터 32씩 커지므로 7번째 줄 맨 왼쪽의 수는 1+32×3=97입니다.

따라서 B가 될 수 있는 가장 큰 수는 7번째 줄 중에서 맨 오른쪽에 있는 수이므로 97+4=111입니다.

22 〈1〉=1+2+3+4+7, 〈2〉=1+2+3+5+8,

〈3〉=1+2+3+6+9, 〈4〉=1+4+7+5+6,

〈5〉=2+5+8+4+6, 〈6〉=3+6+9+4+5,

〈7〉=1+4+7+8+9, 〈8〉=2+5+8+7+9,

〈9〉=3+6+7+8+9이므로 각각의 〈☆〉은 5개의 수 의 합입니다.

〈1〉+〈2〉+〈3〉+……+〈9〉에는 각각의 수가 5개씩 있으므로 각각의 수를 5번씩 더하여 전체 합을 구합니다.

⇨ (1+2+3+4+5+6+7+8+9)×5=45×5=225

23 수 2가 포함된 굵은 선 안의 수는 다음과 같은 두 수가 쌍으로 되어 있습니다.

(2, 3), (20, 21), (38, 39)……
+18   +18

정답과
풀이

규칙성 영역

수 13이 포함된 굵은 선 안의 수는 다음과 같은 두 수가 쌍으로 되어 있습니다.

(13, 14), (29, 30), (45, 46)……
　　　+16　　　+16

색칠된 칸의 수는 다음 두 열에 공통으로 놓이는 수입니다.

┌ 3, 21, 39, 57, 75, 93, 111……
└ 13, 29, 45, 61, 77, 93, 109……

따라서 색칠된 칸에 쓰이는 수는 93입니다.

24 앞에서부터 시작하여 8, 두 번째, 세 번째 수의 합이 19이므로 두 번째와 세 번째 수의 합은 11이어야 합니다. 그런데 두 번째, 세 번째 수의 합에 네 번째 수를 더해도 19이므로 네 번째 수는 8입니다.

이와 같이 앞에서부터 세 자리씩 반복되는 규칙이어야 한다는 것을 알 수 있습니다.

또한 맨 앞자리 수가 8이므로 규칙에 따라 두 자리씩 건너뛸 때마다 8이 있어야 하고, 반대로 오른쪽 맨 끝의 수가 5이므로 규칙에 따라 두 자리씩 건너뛸 때마다 5가 있어야 합니다.

따라서 8과 5 사이에 들어갈 숫자는 19−8−5=6이므로 비밀번호는 865865865865입니다.

STEP 3 코딩 유형 문제　　142~143쪽

1 3번	**2** 5번
3 4	**4** 9

1 ① A를 ㉠으로 정하기:

㉠	㉡
5	10

에서

㉠	㉡	A
5	10	5

가 됩니다.

② ㉠을 ㉡으로 정하기:

㉠	㉡	A
5	10	5

에서

㉠	㉡	A
10	10	5

가 됩니다.

③ ㉡을 A로 정하기:

㉠	㉡	A
10	10	5

에서

㉠	㉡	A
10	5	5

가 됩니다.

따라서 3번의 과정을 거쳐 ㉠ 5, ㉡ 10에서 ㉠ 10, ㉡ 5로 교환됩니다.

2 ㉠ 10, ㉡ 20, ㉢ 30에서 임시저장소 A를 만들면

① A를 ㉠으로 정하기:

㉠	㉡	㉢
10	20	30

에서

㉠	㉡	㉢	A
10	20	30	10

이 됩니다.

② ㉠을 ㉡으로 정하기:

㉠	㉡	㉢	A
10	20	30	10

에서

㉠	㉡	㉢	A
20	20	30	10

이 됩니다.

③ ㉡을 A로 정하기:

㉠	㉡	㉢	A
20	20	30	10

에서

㉠	㉡	㉢	A
20	10	30	10

이 됩니다.

④ ㉡을 ㉢으로 정하기:

㉠	㉡	㉢	A
20	10	30	10

에서

㉠	㉡	㉢	A
20	30	30	10

이 됩니다.

⑤ ㉢을 A로 정하기:

㉠	㉡	㉢	A
20	30	30	10

에서

㉠	㉡	㉢	A
20	30	10	10

이 됩니다.

따라서 5번의 과정을 거쳐 ㉠ 10, ㉡ 20, ㉢ 30에서 ㉠ 20, ㉡ 30, ㉢ 10으로 교환됩니다.

3 22부터 끝까지 순서도의 기호에 따라 차례로 계산합니다.

- 22+1=23, 23÷6=3…5
  ⇨ 나누어떨어지지 않으므로 다시 +1을 하여 계산합니다.
- 23+1=24, 24÷6=4이므로 나누어떨어집니다.

따라서 시작수가 22일 때 끝수는 4입니다.

4 78부터 끝까지 순서도의 기호에 따라 차례로 계산합니다.

- 78−2=76, 76÷8=9…4
  ⇨ 나누어떨어지지 않으므로 다시 −2를 하여 계산합니다.
- 76−2=74, 74÷8=9…2
  ⇨ 나누어떨어지지 않으므로 다시 −2를 하여 계산합니다.
- 74−2=72, 72÷8=9이므로 나누어떨어집니다.

따라서 시작수가 78일 때 끝수는 9입니다.

STEP 4 도전! 최상위 문제 144~147쪽

1 ⑩ △=□×6 ; 140분	**2** 11벌
3 8월 7일 오후 4시	**4** 720
5 3번	**6** 24개
7 65개	**8** 156개

1

달리기 시간(분)	10	20	30	……
소비하는 열량(kcal)	60	120	180	……

달리기를 하는 시간(□)이 10분씩 늘어날 때마다 소비하는 열량(△)은 60 kcal씩 늘어납니다.

⇨ △=□×6

(피자 3조각의 섭취 열량)=280×3=840 (kcal)이므로 달리기를 하여 840 kcal를 모두 소비하는 데 걸리는 시간을 구하면 □×6=840, □=840÷6, □=140(분)입니다.

따라서 피자 3조각을 먹고 섭취한 열량을 모두 소비하려면 적어도 **140분** 동안 달리기를 해야 합니다.

2 치마 한 벌을 만드는 데 걸리는 시간이 20분이므로 1시간 동안 3벌, 2시간 동안 6벌을 만들 수 있습니다.

바지 한 벌을 만드는 데 걸리는 시간이 40분이므로 2시간 동안 3벌을 만들 수 있습니다.

2시간 동안 만드는 치마는 바지보다 3벌이 더 많으므로 9시부터 만들면 2시간 후인 오전 11시에는 3벌, 오후 1시에는 6벌, 오후 3시에는 9벌 차이가 납니다.

따라서 1시간 후인 오후 4시에는 치마를 3벌 더 만들고 바지를 1벌 더 만들므로 오후 4시까지 만든 치마는 바지보다 9+2=11(벌) 더 많습니다.

3 같은 날 서울이 오후 6시 20분일 때 리우데자네이루가 오전 6시 20분이므로 서울이 리우데자네이루보다 12시간 빠릅니다.

(리우데자네이루의 시각)=(서울의 시각)−12시간이므로 독일과 경기를 할 때의 리우데자네이루의 시각은 8월 8일 오전 4시보다 12시간 전인 8월 7일 오후 4시입니다.

4 규칙대로 늘어놓으면 다음과 같습니다.

네 번째: 8+6−4=10,
5번째: 10+6−8=8,
6번째: 8+6−10=4,
7번째: 4+6−8=2,
8번째: 2+6−4=4

2, 4, 8, 10, 8, 4가 반복되어 나타나고 120÷6=20이므로 120번째까지의 수의 합은

(2+4+8+10+8+4)×20=36×20=720입니다.

5 토너먼트 방식으로 경기를 할 때, 세 팀일 경우 총 경기 횟수는 2번, 네 팀일 경우 총 경기 횟수는 3번, 다섯 팀일 경우 총 경기 횟수는 4번입니다.

총 경기 횟수가 전체 팀의 수보다 1 적으므로 경기에 참가한 팀은 모두 12팀입니다.

12팀이 토너먼트로 경기하는 방식을 그림으로 나타내면 다음과 같습니다.

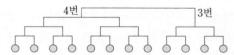

따라서 준우승한 팀은 부전승이 1번 있으므로 3번 경기하였습니다.

> **참고**
>
> 준우승한 팀이 우승한 팀보다 경기 횟수가 적으려면 준우승한 팀은 부전승으로 올라가야 합니다.
> 부전승은 추첨이나 상대의 기권으로 경기를 하지 않고 이기는 것을 말합니다.

6 500원, 100원, 50원짜리 동전의 수를 각각 □, △, ◎라고 하면 □+△+◎=48입니다.

500×□=(50×◎)×2이므로 500×□=100×◎, ◎=□×5입니다.

□=1, ◎=5인 경우 △=48−6=42이므로
500×1+100×42+50×5=4950(원)입니다.

□=2, ◎=10인 경우 △=48−12=36이므로
500×2+100×36+50×10=5100(원)입니다.

□=3, ◎=15인 경우 △=48−18=30이므로
500×3+100×30+50×15=5250(원)입니다.

□=4, ◎=20인 경우 △=48−24=24이므로
500×4+100×24+50×20=5400(원)입니다.

따라서 100원짜리 동전은 24개입니다.

7

순서	첫 번째	두 번째	세 번째	네 번째	……
흰색 삼각형의 수	3	6	10	15	……
보라색 삼각형의 수	1	3	6	10	……
두 삼각형의 수의 차	2	3	4	5	……

각각의 그림에서 흰색 삼각형의 수와 보라색 삼각형의 수의 차는 2, 3, 4……로 1씩 늘어납니다.

따라서 첫 번째부터 10번째 그림에 있는 두 삼각형의 수의 차를 더하면
2+3+4+5+6+7+8+9+10+11=65(개)입니다.
따라서 첫 번째부터 10번째까지 흰색 삼각형은 보라색 삼각형보다 65개 더 많습니다.

8

순서	첫 번째	두 번째	세 번째	네 번째	5번째	……
점의 수	1	2	4	6	9	……
규칙	1×1	1×2	2×2	2×3	3×3	……

가는 직선과 굵은 직선이 만나서 생기는 점의 수는
(가는 직선의 수)×(굵은 직선의 수)입니다.
(짝수 번째의 굵은 직선의 수)=(짝수 번째의 수)÷2이고
(짝수 번째의 가는 직선의 수)=(굵은 직선의 수)+1
입니다.
따라서 24번째 그림에서 직선이 만나 생기는 점은 모두 (24÷2)×(24÷2+1)=12×13=156(개)입니다.

특강 영재원·**창의융합** 문제 　　　　**148쪽**

9 예 ① 막대 1개를 이용할 경우:
　　　　6 cm, 8 cm, 13 cm(3가지)
　　② 막대 2개를 이용할 경우:
　　　　6+8=14 (cm), 8−6=2 (cm)
　　　　6+13=19 (cm), 13−6=7 (cm)
　　　　8+13=21 (cm), 13−8=5 (cm)
　　　　⇨ 막대 2개를 이용할 경우 잴 수 있는 길이는
　　　　　모두 6가지입니다.
　　③ 막대 3개를 이용할 경우:
　　　　6+8+13=27 (cm), 6+8−13=1 (cm),
　　　　6+13−8=11 (cm), 8+13−6=15 (cm)
　　　　⇨ 막대 3개를 이용할 경우 잴 수 있는 길이는
　　　　　모두 4가지입니다.
　　　따라서 길이가 6 cm, 8 cm, 13 cm인 막대를 이용
　　　하여 잴 수 있는 길이는 모두 3+6+4=13(가지)
　　　입니다. ; 13가지

Ⅶ 논리추론 문제해결 영역

STEP 1 경시 **기출 유형** 문제 　　　　**150~151쪽**

[주제 학습 28] 22년 후
1 16세
2 12년 후

[확인 문제] [한 번 더 확인]
1-1 44세　　　　　　　　**1-2** 40세, 60세
2-1 54세　　　　　　　　**2-2** 61세, 32세
3-1 70세　　　　　　　　**3-2** 56세, 28세

1 □년 후 윤아의 나이는 (12+□)세, 할머니의 연세는 (76+□)세입니다.
윤아의 나이의 5배가 할머니의 나이일 때
(12+□)×5=76+□, 60+□×5=76+□,
□×4=16, □=4입니다.
4년 후에 할머니의 연세가 윤아의 나이의 5배가 되므로 4년 후에 윤아의 나이는 12+4=16(세)입니다.

2 올해 하나와 두나의 나이의 합은 12+8=20(세)입니다.
나이의 합이 44세가 되려면 44−20=24(세)가 많아져야 하고 두 사람의 나이의 합은 일 년에 두 살씩 늘어납니다. 따라서 두 사람의 나이의 합이 44세가 되는 것은 24÷2=12(년) 후입니다.

다른 풀이

□년 후 하나의 나이는 (12+□)세이고 두나의 나이는 (8+□)세입니다.
두 사람의 나이의 합이 44세이므로
12+□+8+□=44, □×2+20=44,
□×2=24, □=12입니다.
12년 후 하나의 나이는 24세이고 두나의 나이는 20세이므로 두 사람의 나이의 합은 24+20=44(세)입니다.

[확인 문제] [한 번 더 확인]
1-1 어머니의 나이를 □세라 하면
내 나이는 (55−□)세, 아버지의 나이는 (□+5)세입니다.
내 나이의 4배는 아버지의 나이보다 5세 적으므로
(55−□)×4=□+5−5, 220−□×4=□,
220=□×5, □=44입니다.
따라서 어머니의 나이는 44세입니다.

1-2 할머니와 이모의 나이 차를 □세라 하고 할머니가 이모의 나이일 때 이모의 나이는 할머니의 나이의 $\frac{1}{2}$이므로 할머니의 나이는 (□+□+□)세이고, 이모의 나이는 (□+□)세입니다. 두 사람의 나이의 합이 100세이므로 □+□+□+□+□=100, □=20입니다.

따라서 이모의 연세는 20+20=40(세), 할머니의 연세는 20+20+20=60(세)입니다.

다른 풀이

지금 이모의 나이를 □세라 하면 할머니가 이모의 나이일 때 이모의 나이는 할머니 나이의 $\frac{1}{2}$이었으므로 할머니의 나이가 □세일 때 이모의 나이는 (□×$\frac{1}{2}$)세입니다.

할머니와 이모의 나이 차이는 (□×$\frac{1}{2}$)세로 항상 같으므로 이모의 나이가 □세일 때 할머니의 나이는 (□+□×$\frac{1}{2}$)세입니다.

두 사람의 나이의 합이 100세이므로 □+□+□×$\frac{1}{2}$=100, □×$\frac{5}{2}$=100, □=40입니다. 따라서 이모는 40세이고 할머니는 40+40×$\frac{1}{2}$=60(세)입니다.

2-1 아버지와 아들의 나이 차를 □세라 하면
지금 아들의 나이는 (2+□)세, 지금 아버지의 나이는 (2+□+□)세입니다.
2+□+□+□=80, 3×□=78, □=78÷3=26이므로 지금 아버지의 나이는 2+26+26=54(세)입니다.

2-2 어머니와 아들의 나이 차를 □세라 하면
지금 아들의 나이는 (3+□)세,
지금 어머니의 나이는 (3+□+□)세입니다.
3+□+□+□=90, □+□+□=87,
□=87÷3=29이므로 지금 아들의 나이는
3+29=32(세), 지금 어머니의 나이는
32+29=61(세)입니다.

3-1 16년 전 김 선생님의 아들의 나이를 □세라 하면
16년 전 김 선생님의 나이는 (□×3-3)세입니다.
올해 아들의 나이는 (□+16)세이고, 김 선생님의 나이는 □×3-3+16=□×3+13(세)입니다.
올해 김 선생님의 나이는 아들의 나이의 2배이므로

□×3+13=□+16+□+16,
□×3+13=□×2+32, □=32-13, □=19입니다.
따라서 올해 아들의 나이는 19+16=35(세), 김 선생님의 나이는 35×2=70(세)입니다.

3-2 15년 전 딸의 나이를 □세라 하면
15년 전 어머니의 나이는 (□×3+2)세입니다.
올해 딸의 나이는 (□+15)세이고, 어머니의 나이는 □×3+2+15=□×3+17(세)입니다.
올해 어머니의 나이는 딸의 나이의 2배이므로
□×3+17=□+15+□+15,
□×3+17=□×2+30, □=30-17, □=13입니다.
따라서 올해 딸의 나이는 13+15=28(세), 어머니의 나이는 28×2=56(세)입니다.

정답과 풀이

논리추론 문제해결 영역

STEP 1 경시 **기출 유형 문제**　　152~153쪽

[주제 학습 29] 참말쟁이
1 군만두, 짜장면, 짬뽕, 볶음밥

[확인 문제] [한 번 더 확인]
1-1 호영　　　　　　**1-2** 바다
2-1 하미, 태웅, 백호, 구슬
2-2 지민, 명호, 선수, 호진

1 아버지는 짬뽕을 좋아하지 않는데 아버지와 형이 짬뽕과 군만두를 주문했으므로 아버지는 군만두, 형은 짬뽕을 좋아합니다.
어머니는 짜장면, 아버지는 군만두, 형은 짬뽕을 좋아하므로 지호는 볶음밥을 좋아합니다.

[확인 문제] [한 번 더 확인]

1-1 호영이는 창민이가 받았다고 말하고 창민이는 호영이가 거짓말을 했다고 하므로 둘 중 한 명은 반드시 거짓말을 하고 있습니다.
또한 지우는 호영이가 받았다고 말하고 호영이는 창민이가 받았다고 하므로 둘 중 한 명은 반드시 거짓말을 하고 있습니다.
그런데 네 명 중 한 명만이 거짓말을 하고 있으므로 호영이가 거짓말을 하고 있습니다.

1-2 하늘, 금별, 은별, 새별의 말이 모두 참말일 때, 나머지 네 명의 말이 거짓말이므로 하늘, 금별, 은별, 새별의 말도 거짓말입니다. 바다의 말이 참말이라면 나머지 4명의 말은 거짓말입니다.

따라서 참말을 한 사람은 바다입니다.

2-1 • 태웅이의 주인은 네나의 가장 친한 친구입니다.

⇨ 태웅이의 주인은 네나가 아닙니다.

• 하나는 구슬이의 주인은 모르지만 세나의 강아지인 백호를 돌보았습니다.

⇨ 백호의 주인은 세나입니다.

• 하나는 강아지의 이름을 자신의 이름의 앞 글자를 따서 지었습니다.

⇨ 하미의 주인은 하나입니다.

이것을 표로 나타내면 다음과 같습니다.

	하나	두나	세나	네나
백호			○	
태웅				×
구슬				
하미	○			

따라서 태웅이의 주인은 두나이고, 구슬이의 주인은 네나입니다.

2-2 표를 그린 후 문제 내용에 따라 표에 ○, ×를 표시하면서 각 과수원에서 재배하는 과일을 찾으면 다음과 같습니다.

• 사과를 재배하는 과수원은 명호가 가장 좋아하는 친구의 과수원입니다.

⇨ 명호네는 사과를 재배하지 않습니다.

• 지민이는 호진이네 과수원에서 수확한 포도를 선물로 받았습니다.

⇨ 호진이네 과수원은 포도를 재배합니다.

• 선수는 선수네 과수원에서 수확한 과일로 곶감을 만들어 할머니 댁에 보냈습니다.

⇨ 선수네는 감을 재배합니다.

	명호	선수	지민	호진
사과	×			
배				
감		○		
포도				○

따라서 지민이네 과수원은 사과, 명호네 과수원은 배를 재배합니다.

STEP 1 경시 **기출 유형** 문제 　154~155쪽

【주제 학습 30】 56마리

1 9바퀴

2 70분

【확인 문제】【한 번 더 확인】

1-1 1시간 30분 　　　　**1-2** 6일째

2-1 혜진, 영수 　　　　**2-2** 36장

1 톱니바퀴 ㉮는 10초에 4바퀴를 돌므로 5초에는 4÷2=2(바퀴)를 돕니다.

따라서 45초 동안에는 2×9=18(바퀴)를 돕니다.

톱니바퀴 ㉯는 15초에 9바퀴를 돌므로 5초에는 9÷3=3(바퀴)를 돕니다.

따라서 45초 동안에는 3×9=27(바퀴)를 돕니다.

⇨ 27−18=9(바퀴)

2 ㉮ 수도꼭지로는 20분 동안 8 L=8000 mL의 물을 받을 수 있으므로 1분 동안은 400 mL의 물을 받을 수 있고, ㉯ 수도꼭지로는 5분 동안 4 L=4000 mL의 물을 받을 수 있으므로 1분 동안은 800 mL의 물을 받을 수 있습니다.

따라서 ㉮, ㉯ 두 수도꼭지를 동시에 사용하면 1분 동안 400+800=1200 (mL)의 물을 받을 수 있으므로 84 L들이 물탱크에 물을 가득 채우려면

84 L=84000 mL이므로 84000÷1200=70(분)이 걸립니다.

【확인 문제】【한 번 더 확인】

1-1 큰 수도꼭지 한 개로만 수영장에 물을 가득 채우는 데 9시간이 걸리므로 큰 수도꼭지 3개로는 3시간이 걸립니다. 또 작은 수도꼭지 한 개로만 수영장에 물을 가득 채우는 데 18시간이 걸리므로 작은 수도꼭지 6개로는 3시간이 걸립니다.

따라서 큰 수도꼭지 3개와 작은 수도꼭지 6개를 동시에 사용하면 수영장에 물을 가득 채우는 데 1시간 30분이 걸립니다.

1-2 물의 높이가 5 m 올라가고 2 m 내려가므로 하루에 3 m씩 늘어납니다. 5일째 되는 날 물탱크 안의 물은 5×3=15 (m)가 되고, 6일째의 오전 12시부터 오후 5시 사이에 물의 높이가 5 m 올라가 15+5=20 (m)가 되므로 물이 넘치게 됩니다.

따라서 처음 물을 받기 시작한 지 6일째 되는 날 물이 넘칩니다.

2-1 (혜진이의 구슬 수)

$$=(전체\ 구슬\ 수의\ \frac{1}{3})+4$$

$$=(60의\ \frac{1}{3})+4$$

$$=20+4=24(개)$$

(승우의 구슬 수)

$$=(혜진이의\ 구슬\ 수의\ \frac{1}{2})$$

$$=(24의\ \frac{1}{2})=12(개)$$

(영수의 구슬 수)$=24-15=9(개)$

(민찬이의 구슬 수)

$$=(혜진이의\ 구슬\ 수의\ \frac{1}{4})+(영수의\ 구슬\ 수)$$

$$=(24의\ \frac{1}{4})+9=6+9$$

$$=15(개)$$

따라서 혜진이가 24개로 가장 많고 영수가 9개로 가장 적습니다.

2-2 은호가 가지고 있는 카드의 수가 두 사람이 가지고 있는 의 카드 수의 $\frac{1}{2}$보다 1장이 적다면 진희가 가지고 있는 카드는 두 사람이 가지고 있는 카드의 $\frac{1}{2}$보다 1장이 많은 셈입니다.

또 진희가 가지고 있는 카드는 두 사람이 가지고 있는 카드의 $\frac{1}{4}$보다 10장이 많다고 하였으므로 두 사람이 가지고 있는 카드의 수를 그림으로 나타내면 다음과 같습니다.

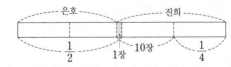

따라서 (두 사람이 가지고 있는 카드의 $\frac{1}{4}$)$+1=10(장)$입니다.

즉, 두 사람이 가지고 있는 카드의 $\frac{1}{4}$은 $10-1=9(장)$이므로 두 사람이 가지고 있는 카드는 $9\times4=36(장)$입니다.

STEP 2 실전 경시 문제 | 156~161쪽

1 36세 **2** 2004년
3 79세 **4** 2살, 2살, 9살
5 5번 **6** 2
7 □ **8** 3번
9 81 **10** ㈎ 가게, 신발
11 주미, 이선, 수진, 경희
12 수영
13

14

1	4	3	2
3	2	1	4
2	1	4	3
4	3	2	1

15 9개, 16개, 23개 **16** 20개
17 13마리 **18** 7반
19 3개
20 ㉴ 7개가 들어 있는 바구니에서 4개를 가져갑니다.
21 1 **22** 4번
23 4개 **24** 20

1 나이가 가장 적은 사람의 나이를 □세라 하면 6명의 나이는 각각 □, □+4, □+8, □+12, □+16, □+20입니다.
또 나이가 가장 많은 사람은 나이가 가장 적은 사람의 나이의 2배이므로 □+20=□×2입니다.
따라서 □=20이므로 나이가 두 번째로 많은 사람의 나이는 20+16=36(세)입니다.

2 2021년에 나의 나이는 12세, 나와 누나의 나이 차이를 □세라 하면 나와 누나의 나이의 합은 (12+12+□)세입니다.
2021년에 누나와 나의 나이의 합은 차의 5배이므로 12+12+□=□×5, 24=□×4, □=6입니다.
따라서 누나는 나보다 6세 많으므로 2010년의 6년 전인 2004년에 태어났습니다.

3 7년 전 형과 동생의 나이의 합을 □세라 하면 7년 전 할아버지의 연세는 (□×3)세입니다.

내년 형과 동생의 나이의 합은 □+8×2=□+16(세)이고 내년의 할아버지의 연세는 (□×3+8)세입니다.

내년 형과 동생의 나이의 합의 2배가 내년 할아버지 연세와 같으므로 (□+16)×2=□×3+8,

□×2+32=□×3+8, □=32−8=24입니다.

따라서 올해 할아버지의 연세는 24×3+7=79(세)입니다.

> **참고**
>
> 두 사람의 나이의 차는 매년 똑같지만 나이의 합은 매년 2 살씩 늘어납니다.

4

곱이 36인 세 수
(1, 1, 36)
(1, 2, 18)
(1, 3, 12)
(1, 6, 6)
(2, 2, 9)
(2, 3, 6)
(3, 3, 4)

쌍둥이 동생들이 있다고 하였으므로 위의 수들 중 같은 수가 있는 세 수를 찾아보면 (1, 1, 36), (2, 2, 9), (3, 3, 4)입니다.

나이가 가장 많은 아들이 초등학생이므로 세 아들의 나이는 각각 2살, 2살, 9살입니다.

5

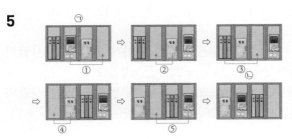

따라서 적어도 5번 움직여야 ⓒ과 같이 정리할 수 있습니다.

6

2 3	4 8	8 6	4 14	2 3	1 7	4 ㉠

대각선 아래에 있는 두 수를 곱해서 대각선 위에 십의 자리 숫자와 일의 자리 숫자를 각각 쓰는 규칙입니다.

➡ 3×8=24, 8×6=48, 6×14=84, 14×3=42, 3×7=21

따라서 7×㉠=14, ㉠=2입니다.

7 오른쪽으로 90° 회전하고 왼쪽 아래에 ○, □이 번갈아 늘어납니다. 순서대로 그려 보면

6번째 모양은 □○□ , 7번째 모양은 □□□ ○○ ,

8번째 모양은 ○○□ ○○○ 이므로

?에 오는 모양은 □입니다.

8 653412 → 653421 → 654321 → 123456
이므로 적어도 3번 뒤집어야 합니다.

653412 → 214356 → 213456 → 123456도 가능합니다.

9 연산 규칙 ◎는 앞의 수를 뒤의 수의 횟수만큼 곱한 것입니다.

㉠◎ⓒ=(㉠을 ⓒ번 곱한 수)

=㉠×㉠×㉠×……×㉠ (ⓒ번)

➡ 3◎4=3×3×3×3=81

10 ㉣에 의해 ㈏ 가게에서는 옷을 팝니다. ㉢, ㉣에 의해 ㈎ 가게에서만 신발을 팝니다. 따라서 ㈐ 가게에서는 가방을 팝니다.

	옷	가방	신발
㈎	×	×	○
㈏	○	×	×
㈐	×	○	×

ⓒ, ㉢에 의해 현수는 가방을 샀습니다.

㉠, ⓒ, ㉤에 의해 예지는 신발과 가방을 사지 않았으므로 옷을 샀습니다.

따라서 영애는 신발을 샀습니다.

➡ 예지는 ㈏ 가게에서 옷을, 현수는 ㈐ 가게에서 가방을, 영애는 ㈎ 가게에서 신발을 샀습니다.

	옷	가방	신발
예지	○	×	×
현수	×	○	×
영애	×	×	○

11 • ⓒ에서 수진이보다 나이가 적은 사람 한 명은 4세가 되므로 수진이는 9세입니다.

• ㉢에서 주미는 12세입니다.

• 경희와 이선이는 10세와 4세 중 하나입니다. ㉠에서 이선이는 경희보다 나이가 많으므로 이선이가 10세, 경희가 4세입니다.

➡ 주미>이선>수진>경희

12 표를 이용하여 나타내면 다음과 같습니다.

이름＼100점	수영	민호	진아	성규	건태
수영	○	○	×	×	○
민호	○	×	×	○	×
진아	×	×	×	○	×
성규	○	×	×	×	×
건태	○	○	○	×	×

표에서 수영이가 100점이라면 4명이 바르게 말했고 진아만 거짓을 말한 셈입니다.
따라서 100점을 받은 사람은 수영입니다.

다른 풀이

수영이가 100점일 경우:
수영, 민호, 성규, 건태는 바르게 말했고 진아만 거짓을 말했습니다.
민호가 100점일 경우:
수영, 건태는 바르게 말했고 민호, 성규, 진아는 거짓을 말했습니다.
진아가 100점일 경우:
건태만 바르게 말했고, 수영, 민호, 진아, 성규는 거짓을 말했습니다.
성규가 100점일 경우:
민호, 진아는 바르게 말했고 수영, 성규, 건태는 거짓을 말했습니다.
건태가 100점일 경우:
수영만 바르게 말했고 민호, 진아, 성규, 건태는 거짓을 말했습니다.
따라서 100점을 받은 사람은 수영입니다.

13 조건 ㉠에 의해 보물이 없는 곳을 찾습니다.

×	×	×	×	♡
	×		×	
	×		×	
	×		×	
×	♡	×	×	×

조건 ㉡에 의해 보물이 없는 곳을 찾습니다.

×	×	×	×	♡
①	×	②	×	×
③	×	④	⑤	×
×	×	×	⑥	×
×	♡	×	×	×

①, ④, ⑤에 보물이 있으면 조건 ㉠, ㉡을 만족하지 않으므로 보물이 있는 곳은 ②, ③, ⑥입니다.

14

1		2
②		④
①	⑤	3
4		③

①은 1, 3, 4가 들어갈 수 없으므로 2이고, ②는 3입니다.
③은 2, 3, 4가 들어갈 수 없으므로 1이고, ④는 4입니다.
⑤는 2, 3, 4가 들어갈 수 없으므로 1이고, 남은 칸에 조건에 알맞은 수를 써넣습니다.

15 상자 3개에 들어 있던 구슬의 수를 큰 것부터 순서대로 □개, △개, ☆개라 하면 나중에 각각의 상자에 들어 있는 구슬의 수는 (□－14)개, (△＋7)개, (☆＋7)개입니다.
그런데 △＋7은 △와 ☆은 될 수 없으므로 △＋7＝□입니다.
또 ☆＋7＝△, ☆＝△－7입니다.
따라서 상자에 들어 있던 구슬의 수는 각각 △＋7, △, △－7이고 (△＋7)＋△＋(△－7)＝48이므로
△＋△＋△＝48, △＝16입니다.
⇨ △＝16, □＝23, ☆＝9
따라서 처음 세 상자에 들어 있던 구슬의 개수를 작은 것부터 차례로 쓰면 9개, 16개, 23개입니다.

16 한 시간 동안 넣는 물의 양은
(10×6－15×3)÷(6－3)＝5입니다.
원래 있던 물의 양은 15×3－5×3＝30이므로
2시간 동안 물을 다 퍼내는 데 필요한 펌프의 수를 □개라 하면 30＋(5×2)＝□×2, 40＝□×2, □＝20입니다.

17

	1년생	2년생	3년생	4년생	5년생	합계
1년째	1					
2년째	1	1				
3년째	2	1	1			
4년째	3	2	1	1		
5년째	5	3	2	1	1	12

처음 암소는 1년째에 1년생 암송아지 1마리를 낳습니다. 2년째에도 처음 암소는 1년생 암송아지 1마리를 낳고, 1년째에 태어난 암송아지는 2년생이 됩니다.
3년째에는 처음 암소가 낳은 1년생 암송아지 1마리와 1년째 낳았던 암송아지가 3년생이 되어 다시 1마리의 암송아지를 낳으므로 1년생 암송아지가 2마리가 됩니다.

정답과 풀이

논리추론 문제해결 영역

이와 같은 방법으로 생각하면 5년째에는 암소가 12마리가 되고 처음 암소를 포함해서 모두 13마리가 됩니다.

18 · 2반이 우승 반이므로 3번의 경기에서 모두 이겼습니다.
· 4반이 준우승 반이므로 2반과 3회전에서 경기를 하였습니다.
· 5반과 8반이 대결하여 5반이 이겼으므로 두 반은 1회전에서 만났습니다.
· 7반의 성적은 1승 1패이므로 1회전에서만 이겼습니다. 또 5반과 2반은 경기를 한 적이 없으므로 2반은 2회전에서 7반과 경기를 했습니다.

19 은주가 가져간 개수에 관계없이 미라가 마지막 바둑돌을 가져가야 하므로 미라는 두 사람이 가져간 바둑돌의 개수의 합이 4개가 되도록 가져가야 합니다.
따라서 $15 \div 4 = 3 \cdots 3$이므로 미라는 처음에 3개를 가져가야 합니다.

20 만약 준형이가 어느 한 바구니에 있는 구슬을 모두 가져간다면 지욱이는 남은 두 바구니의 구슬의 개수가 같도록 가져가면 항상 이길 수 있습니다.
또, 준형이가 한 바구니에서 구슬을 가져간 후 두 바구니의 구슬의 개수가 같아졌다면 지욱이는 구슬의 개수가 다른 바구니에 있는 구슬을 모두 가져가면 이길 수 있습니다.
그러나 먼저 하는 사람이 구슬 7개 중 4개를 가져가면 각각의 바구니에는 1개, 2개, 3개가 남게 되어 지욱이가 이길 수 없습니다.
따라서 지욱이는 구슬을 먼저 가져와야 하고, 구슬 7개가 들어 있는 바구니에서 4개를 가져가면 됩니다.

21 30을 부르는 사람이 지는 것이므로 이기기 위해서는 29를 반드시 불러야 합니다. 두 사람이 부른 수의 개수가 4개가 되도록 부르면 됩니다.
$29 \div 4 = 7 \cdots 1$이므로 29를 4로 나눈 나머지인 1만큼을 처음에 불러야 합니다.
따라서 누가 항상 이기기 위해서는 처음에 1을 부르면 됩니다.

22 올라간 계단과 내려온 계단의 수가 같으면 처음 시작한 곳으로 돌아오게 됩니다.
2번 이기면 위로 $3 \times 2 = 6$(칸) 올라가므로 3번 져야 아래로 $2 \times 3 = 6$(칸) 내려올 수 있습니다.
4번 이기면 위로 $3 \times 4 = 12$(칸) 올라가므로 6번 져야 아래로 $2 \times 6 = 12$(칸) 내려올 수 있습니다.

따라서 10번 중에 4번을 이겨야 처음 시작한 곳으로 돌아올 수 있습니다.

23 마지막 공깃돌을 가져간 사람이 지므로 재석이는 반드시 34번째 공깃돌을 가져가고 1개를 남겨야 이길 수 있습니다. 재석이와 명수가 가져간 공깃돌의 개수의 합이 6개가 되도록 가져가야 하므로 $34 \div 6 = 5 \cdots 4$에서 재석이는 처음에 4개를 가져가야 합니다.

24 ④에서 현수가 1개에서 7개까지 어떤 개수만큼 가져가더라도 남은 바둑돌이 1개에서 7개까지 이어야 정훈이가 모두 가져가서 이길 수 있습니다. 이런 개수는 8개뿐이므로 ③에서 ㉣는 8개입니다. 또 두 사람이 가져간 바둑돌의 개수의 합이 8개이어야 이길 수 있습니다.
③에서 현수가 7개를 가져가면 정훈이는 1개를 가져가므로 ㉢는 1개입니다. 또 ②단계가 끝나면 남은 바둑돌은 16개입니다.
②에서 현수가 3개를 가져가면 정훈이는 5개를 가져가므로 ㉡는 5개입니다. 또 ①단계가 끝나면 남은 바둑돌은 24개이므로 ㉮는 6개입니다.
$\Rightarrow$ ㉮+㉡+㉢+㉣$= 6 + 5 + 1 + 8 = 20$

STEP 3 코딩 유형 문제 162~163쪽

1 101	**2** 010
3 7	**4** 4번

1 ㉠에 5가 있으므로 1, ㉡에 5가 없으므로 0, ㉢에 5가 있으므로 1입니다.
따라서 101입니다.

2 ⎡1⎤⎡0⎤⎡1⎤을 오른쪽으로 자리 이동하면 ⎡ ⎤⎡1⎤⎡0⎤1이므로 넘친 숫자를 빼고 빈 자리에 0을 추가하면 ⎡0⎤⎡1⎤⎡0⎤입니다.

3 시작부터 끝까지 순서도의 기호에 따라 차례로 계산해 봅니다.
$50 + 2 = 52 \rightarrow 52 - 1 = 51$
　　　　(7로 나누어떨어지는 수: 거짓)
　　　$\rightarrow 51 - 1 = 50$
　　　　(7로 나누어떨어지는 수: 거짓)
　　　$\rightarrow 50 - 1 = 49$
　　　　(7로 나누어떨어지는 수: 참)
　　　$\rightarrow 49 \div 7 = 7$(끝)

4 시작부터 끝까지 순서도의 기호에 따라 차례로 계산해 봅니다.

$0+1=1 \rightarrow 1+3=4 \rightarrow 4 \times 2=8 \rightarrow$ 50보다 큰 수 (거짓)

$8+3=11 \rightarrow 11 \times 2=22 \rightarrow$ 50보다 큰 수 (거짓)

$22+3=25 \rightarrow 25 \times 2=50 \rightarrow$ 50보다 큰 수 (거짓)

$50+3=53 \rightarrow 53 \times 2=106 \rightarrow$ 50보다 큰 수 (참) → 끝

STEP 4 도전! 최상위 문제 164~167쪽

1 12살   **2** 17개

3 파란색, 초록색, 노란색, 주황색, 빨간색

4 12개   **5** 915

6 14세   **7** 205

8 156 또는 651, 255 또는 552, 354 또는 453

1 지영이가 20살이 안 된다고 하였으므로 1살부터 19살까지 생각할 수 있습니다. 그런데 지민이의 나이는 지영이의 나이의 $\frac{2}{3}$이므로 지영이의 나이는 3으로 나누어떨어지는 수임을 알 수 있습니다.

또 지우의 나이는 지민이의 나이의 $1\frac{1}{5}$배이면 지민이의 나이는 5로 나누어떨어지는 수임을 알 수 있습니다. 즉, 지민이의 나이는 1에서 19까지의 수 중에서 5로 나누어떨어지는 수이므로 5, 10, 15가 될 수 있습니다. 각각의 경우에 지영이와 지우의 나이를 알아봅니다.

지민	5	10	15
지우	6	12	18
지영	×	15	×

따라서 지우의 나이는 12살입니다.

2 빨간색 칩의 개수에 따라 같은 것을 찾아보면 다음과 같습니다.

- 빨간색 칩이 7개일 경우: [711], [703]
- 빨간색 칩이 6개일 경우: [641], [633], [625], [617], [609]
- 빨간색 칩이 5개일 경우: [571], [563], [555], [547], [539]
- 빨간색 칩이 4개일 경우: [493], [485], [477], [469]
- 빨간색 칩이 3개일 경우: [399]

따라서 [711]과 같은 것은 2+5+5+4+1=17(개)입니다.

3 예상한 것이 모두 틀렸으므로 표로 나타내면 다음과 같습니다.

	빨간색	파란색	노란색	초록색	주황색
1반	×		×	×	
2반	×		×		×
3반	×				
4반	×	×	×	×	
5반					

	빨간색	파란색	노란색	초록색	주황색
1반	×	○	×	×	×
⇨ 2반	×	×	×	○	×
3반	×	×	○	×	×
4반	×	×	×	×	○
5반	○	×	×	×	×

따라서 1반은 파란색, 2반은 초록색, 3반은 노란색, 4반은 주황색, 5반은 빨간색 탱탱볼을 가져갔습니다.

4 경수가 반드시 이기려면 다음과 같은 순서로 수를 불러야 합니다.

시우(2)−경수(3)−시우(4 또는 5)−경수−시우−……−경수(100)

이 과정을 거꾸로 생각하면 다음과 같습니다.

경수(100)−시우(최대 99까지)−경수(50)−시우(최대 49까지)−경수(25)−시우(최대 24까지)−경수(12)−시우(최대 11까지)−경수(6)−시우(최대 5까지)−경수(3)−시우(2)

따라서 경수가 반드시 이기려면 두 사람이 부른 수는 적어도 12개입니다.

5
- 875 → '1스트라이크'이므로 숫자 3개 중에서 한 개가 숫자와 자리가 맞습니다.
- 386 → '아웃'이므로 3, 8, 6 모두 포함하지 않습니다.
- 927 → '1스트라이크'이므로 만약 875에서 7이 맞다면 927에서는 7이 자리를 옮겼으므로 '볼'이 있어야 하지만 '스트라이크'이므로 7도 포함하지 않습니다. 따라서 9□5 또는 □25가 됩니다.
- 429 → '1볼'이고 927에서 9는 자리를 옮기고 2는 옮기지 않았으므로 9는 백의 자리가 맞습니다.

따라서 9□5이고 남은 숫자 1이 십의 자리에 들어갈 수 있으므로 수비가 정한 세 자리 수는 915입니다.

6 1년 전 지호의 나이를 ㉠세라 하면 올해 삼촌의 나이는 (㉠×5+1)세이고, 2년 후 유주의 나이를 ㉡세라 하면 올해 삼촌의 나이는 (㉡×8−2)세입니다.

즉, ㉠×5+1=㉡×8−2에서 ㉠×5+3=㉡×8이므로 ㉠×5+3이 8로 나누어떨어지는 ㉠을 찾습니다.

㉠=1인 경우: 1×5+3=8 (×),

㉠=3인 경우: 3×5+3=18 (×),

㉠=5인 경우: 5×5+3=28 (×),

㉠=7인 경우: 7×5+3=38 (×),

㉠=8인 경우: 8×5+3=43 (×),

㉠=9인 경우: 9×5+3=48이므로

㉡=48÷8=6입니다.

따라서 올해 지호의 나이는 9+1=10(세)이고, 유주의 나이는 6−2=4(세)이므로 두 사람의 나이의 합은 10+4=14(세)입니다.

7 먼저 (□, 1)의 위치에 있는 수를 조사하면 다음과 같습니다.

(10, 1)　(30, 1)　(50, 1) …… (190, 1)

2016 → 2004 → 1992 …… 1908

$\underset{-12}{}$ $\underset{-12}{}$ $\underset{-12}{}$

	1	2	3	4	5	6	7
⋮							
190	1908	1907	1906	1905	1904	1903	
200			1898	1899	1900	1901	1902
⋮							

1908의 위치는 (190, 1)이고 1908부터 차례로 수를 쓰면 1900의 위치는 (200, 5)이므로 ㉠+㉡=200+5=205입니다.

8 1단계 ㉠㉡㉢+㉢㉡㉠=㉣㉤㉥

2단계 ㉣㉤㉥+㉥㉤㉣=1㉦㉧㉨

3단계 1㉦㉧㉨+㉨㉧㉦1=6666

3단계에서 ㉨=5, ㉧+㉦=6입니다.

2단계에서 ㉣+㉥=15이고, ㉦은 홀수, ㉧은 ㉨과 같거나 ㉨보다 크므로 ㉧=5, ㉦=1입니다.

즉, ㉣㉤㉥+㉥㉤㉣=1515이고, ㉣+㉥=15인 수 중에서 차가 1인 ㉣, ㉥은 8과 7이므로 ㉣㉤㉥=807입니다.

1단계에서 ㉠㉡㉢+㉢㉡㉠=807이므로 ㉠+㉢=7, ㉡=5입니다.

따라서 구하는 수는 156 또는 651, 255 또는 552, 354 또는 453입니다.

9

1열		○		○	
2열					
3열					
4열					
5열					

10 7340

9 영규가 이기려면 5열에 바둑돌을 놓지 않아야 합니다. 5열에 놓지 않기 위해서는 4열의 ○표한 곳에 놓아야 합니다.

4열의 ○표한 곳에 놓으려면 3열의 ○표한 곳에 놓아야 합니다.

3열의 ○표한 곳에 놓으려면 2열의 ○표한 곳에 놓아야 하고, 그러려면 1열의 ○표한 곳에 놓아야 합니다.

1열		○		○	
2열	○		○		○
3열		○		○	
4열	○		○		○
5열					

10 ③에서 비밀번호는 1□□□, □2□□, □□4□, □□□8 중 하나입니다.

㉠ 1□□□인 경우: 2, 4, 8은 비밀번호의 숫자가 아닌데 이것은 ②와 모순입니다.

㉡ □2□□인 경우: 1, 4, 8은 비밀번호의 숫자가 아니며, ②에서 0, 4, 8 중 하나가 B이므로 B는 0을 나타냅니다. 따라서 □20□, □2□0입니다. 이때 ①을 만족하는 것은 3207, 5207, 3250, 7250입니다.

㉢ □□4□인 경우: 1, 2, 8은 비밀번호의 숫자가 아니며, ②에서 B는 0을 나타냅니다.

따라서 □04□, □□40입니다. 이때 ①을 만족하는 것은 3047, 5047, 5340, 7340입니다.

㉣ □□□8인 경우: 1, 2, 4는 비밀번호의 숫자가 아니며, ②에서 B는 0을 나타냅니다.

따라서 □0□8, □□08입니다. 이때 ①을 만족하는 것은 3058, 7058, 5308, 7308입니다.

따라서 가장 큰 수는 7340입니다.

배움으로 행복한 내일을 꿈꾸는
천재교육 커뮤니티 안내

. . .

 교재 안내부터 구매까지 한 번에!
천재교육 홈페이지

자사가 발행하는 참고서, 교과서에 대한 소개는 물론
도서 구매도 할 수 있습니다. 회원에게 지급되는 별을 모아
다양한 상품 응모에도 도전해 보세요!

 다양한 교육 꿀팁에 깜짝 이벤트는 덤!
천재교육 인스타그램

천재교육의 새롭고 중요한 소식을 가장 먼저 접하고 싶다면?
천재교육 인스타그램 팔로우가 필수!
깜짝 이벤트도 수시로 진행되니 놓치지 마세요!

 수업이 편리해지는
천재교육 ACA 사이트

오직 선생님만을 위한, 천재교육 모든 교재에 대한 정보가 담긴
아카 사이트에서는 다양한 수업자료 및 부가 자료는 물론
시험 출제에 필요한 문제도 다운로드하실 수 있습니다.

https://aca.chunjae.co.kr

 천재교육을 사랑하는 샘들의 모임
천사샘

학원 강사, 공부방 선생님이시라면 누구나 가입할 수 있는 천사샘!
교재 개발 및 평가를 통해 교재 검토진으로 참여할 수 있는 기회는 물론
다양한 교사용 교재 증정 이벤트가 선생님을 기다립니다.

 아이와 함께 성장하는 학부모들의 모임공간
튠맘 학습연구소

튠맘 학습연구소는 초·중등 학부모를 대상으로 다양한 이벤트와 함께
교재 리뷰 및 학습 정보를 제공하는 네이버 카페입니다.
초등학생, 중학생 자녀를 둔 학부모님이라면 튠맘 학습연구소로 오세요!

정답은
이안에
있어 !